普通高等教育"十二五"规划教材

高等学校电子信息类教材

现代移动通信技术及应用

Mobile Communications:Technologies and Applications

杨东凯　修春娣　编著

电子工业出版社

Publishing House of Electronics Industry

北京·BEIJING

内 容 简 介

本书系统讲述了移动通信的基本概念、信道特性、传输技术以及移动通信在典型实用系统中的应用。全书共分 10 章。其中，第 1~6 章属于移动通信原理部分，具体内容包括移动通信概论、移动通信信道、移动组网技术，以及移动通信中的信源编码、信道编码和调制技术；第 7 章介绍了移动通信中的定位技术；第 8、9 章介绍了典型的移动通信系统——卫星移动通信系统和深空通信系统；第 10 章对未来移动通信系统及关键技术进行了展望。

本书内容丰富，结构完整，特色鲜明，实用性强，可作为高校理工科信息与通信工程专业及相关专业的本科生教材或参考书，也可供从事移动通信相关研究的专业人员阅读。

本书的配套教学课件可从华信教育资源网（www.hxedu.com.cn）注册后免费下载。

图书在版编目（CIP）数据

现代移动通信技术及应用/杨东凯，修春娣编著. —北京：电子工业出版社，2013.7
高等学校电子信息类教材

ISBN 978-7-121-20283-4

Ⅰ. ①现… Ⅱ. ①杨… ②修… Ⅲ. ①移动通信－通信技术－高等学校－教材 Ⅳ. ①TN929.5

中国版本图书馆 CIP 数据核字（2013）第 089941 号

责任编辑：张来盛（zhangls@phei.com.cn）
印　　刷：北京捷迅佳彩印刷有限公司
装　　订：北京捷迅佳彩印刷有限公司
出版发行：电子工业出版社
　　　　　北京市海淀区万寿路 173 信箱　　邮编：100036
开　　本：787×1 092　1/16　　印张：13.25　　字数：339 千字
版　　次：2013 年 7 月第 1 版
印　　次：2025 年 2 月第 7 次印刷
定　　价：46.00 元

凡所购买电子工业出版社图书有缺损问题，请向购买书店调换。若书店售缺，请与本社发行部联系，联系及邮购电话：(010) 88254888，88258888。

质量投诉请发邮件至 zlts@phei.com.cn，盗版侵权举报请发邮件至 dbqq@phei.com.cn。

本书咨询联系方式：(010) 88254467；zhangls@phei.com.cn。

前　言

移动通信是指通信双方中的一方或者两方处于移动状态时的通信。随着电子技术、计算机技术的发展，移动通信已经迅速发展了三十余年，目前更是呈现了快速成长的势头。第三代移动通信(3G)、第四代移动通信(4G)、卫星移动通信等正纷纷进入人们的日常生活。移动通信系统也正在逐步融合定位导航功能，其中包括卫星定位系统的融合。移动通信系统自身的增值定位业务扩展，呈现出通信导航一体化的发展趋势。对于卫星移动通信，更是在国内出现了像CAPS(中国区域定位系统)这样的创新型应用，它是将通信卫星中传输的数据加以二次开发，以获得用户的位置信息。我国开发的第一代北斗系统，也是充分利用了导航卫星的数据传输功能从而能够为移动用户提供短信息服务，在抗震救灾中发挥了重要的作用。可以说，现代移动通信系统的概念，其内涵和外延均已经发生了根本性的变化。

作为针对通信与信息系统学科的发展而进行通信理论学习和实践应用的课程体系，考虑到要体现工程应用与理论知识结合的特色，本书在现有移动通信教材的基础上，综合考虑了通信中的基础理论和移动通信系统的结合。在讲解调制、编码等基础理论知识时，就融合了实际工程中对这些基础知识的运用，并通过对实际系统的介绍使学生更好地理解调制、编码等知识。为了更好地体现航空航天特色，本书特别介绍了卫星移动通信并将其作为独立的一章，重点介绍航空移动卫星通信、海事移动卫星通信，以及陆地移动卫星通信和通信导航融合的北斗系统和CAPS系统。深空移动通信是近年来发展迅速的方向，书中也专门对其做了详细的介绍，包括编码调制和链路预算等内容。移动通信系统中的定位导航是最近几年发展起来的新兴业务，本书专门安排了一章，以丰富的实例内容讨论了当前已经应用或者正在开发的新技术，包括信号强度、到达时间和到达角度等。总之，本书将提供给读者一个清晰完整的概念，当今的移动通信系统以及未来的移动通信系统，不管是基于空间卫星的，还是基于地面基站的，都将离不开位置信息以及基于位置的服务。

本书共分10章，具体结构安排如下：

第1章主要介绍移动通信的基本概念和发展历史，以及几个典型的移动通信系统。

第2章主要介绍移动通信的信道特点，包括空间传播的损耗、衰落，以及由此涉及的信号参数，如时延扩展、相关带宽等；分析宽带无线通信的信道模型以及信道中的噪声和干扰。

第3章主要介绍移动通信组网技术，包括多址接入、网络结构、信道配置和覆盖，以及移动网络管理。

第4章至第6章主要介绍移动通信中的信源编码、信道编码和调制技术，分别针对不同类型的移动通信系统进行介绍。

第7章介绍移动通信系统中的无线定位技术及算法，以及定位信息在实用移动通信网络中的功能和应用。

第8章介绍卫星移动通信系统，通过对其应用领域的划分分别进行讨论，包括海事、航空和陆地应用，其中也包含了所用到的编码、调制等技术内容；另外，还介绍卫星移动通信的新兴应用，以及集通信、导航功能于一身的北斗一代系统和区域导航定位系统。

第9章介绍深空通信技术的特点、所用到的编码调制技术、深空网络，以及深空通信的发展趋势。

第 10 章对未来的移动通信系统进行展望,并分析其中的关键技术。

本书由北京航空航天大学杨东凯教授和修春娣老师编著。其中,第 1~4 章、第 6 章、第 9 章和第 10 章由杨东凯编写,第 5 章、第 7 章和第 8 章由修春娣编写,胡薇薇对第 4 章图像编码部分做了补充;全书由杨东凯进行了统稿。

在本书的编写过程中,北京航空航天大学的张其善教授给予了深切的关怀和鼓励,编著者所在教研室王力军老师和朱长怀老师提供了支持与帮助,研究生季刚、袁延荣、周练赤、苏兆安和何宇等参与了文字校对和习题收集整理工作,在此一并表示感谢。

尽管本教材积累了编著者多年教学和科研实践的经验和成果,但由于所涉及的知识面广,编著者水平有限,书中难免存在许多不足之处,敬请广大读者批评指正。

编著者

2013 年 3 月

目　　录

第1章 移动通信概论

1.1 移动通信的定义

移动通信是通信领域中最具活力、最具发展前途的一种通信方式,是当今信息社会中最具个性化的通信手段。它的发展与普及改变了社会,也改变了人类的生活方式,让人们领略到了现代化与信息化的气息。如今,手机已成为人们身边的必需品,并已经开始形成了与此相关的手机文化,如拇指文化等。

移动通信是指通信的双方或至少有一方处于移动状态时进行的通信,包括海、陆、空移动通信。例如,固定体(固定无线电台、有线用户等)与移动体(汽车、船舶、飞机或行人)之间,移动体与移动体之间的信息传递,都属于移动通信的范畴,如图1.1所示。

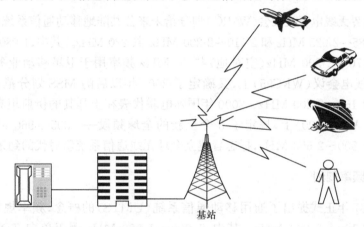

基站

图1.1 移动通信的范畴

图1.1中的基站可以是位于地面的陆地移动通信系统基站,也可以是位于空中的航空飞行器,或者是在天空轨道上运行的卫星。

1.2 移动通信的工作频段

频谱是宝贵的资源,为了有效使用有限的频率资源,对频率的分配和使用必须服从国际和国内的统一管理,否则将造成干扰或浪费。

国际电信联盟组织(ITU)规定,陆地移动通信的主要频段划分如表1.1所示。

表1.1 陆地移动通信的主要频段划分

序号	1	2	3	4	5	6	7	8	9	10
频段/MHz	29.7~47	47~50	54~68	68~78.88	72.5~87	90~100	138~144	148~149.9	150.5~156.762 5	156.837 5~174

序号	11	12	13	14	15	16	17	18	19	20
频段/MHz	223～328.6	335.4～339.9	406.1～430	444～470	470～960	1 427～1 525	1 668.4～1 690	1 700～2 690	3 500～4 200	4 400～5 000

我国也有相应的规定,现阶段主要有:

- 160 MHz 频段:138～149.9 MHz,150.05～167 MHz;
- 450 MHz 频段:403～420 MHz,450～470 MHz;
- 900 MHz 频段:890～915 MHz(移动台发),935～960 MHz(移动台收);

另外,900 MHz 频段中的 806～821 MHz、851～866 MHz 分配给了集群移动通信,825～845 MHz、870～890 MHz 分配给部队使用。

第三代移动通信系统(3G)的工作频段主要为 2 000 MHz 频段,频率规划在全球不同国家和地区略有不同。

1. ITU 的规划

1992 年,世界无线电行政大会(WARC)划分给未来公共陆地移动通信系统(FPLMTS)的频率范围是 1 885～2 025 MHz 和 2 110～2 200 MHz,共 230 MHz。其中,1 980～2 010 MHz(地对空)和 2 170～2 200 MHz(空对地)共 60 MHz 频率用于卫星移动业务(MSS)。在 1995 年世界无线电会议(WRC95)上,又确定了 2005 年以后的 MSS 划分范围是 1 980～2 025 MHz 和 2 160～2 200 MHz。2000 年国际电联代表在土耳其的伊斯坦布尔召开的世界无线电会议(WRC2000)上,规定了 3 个全新的全球频段——805～960 MHz、1 710～1 885 MHz 和 2 500～2 690 MHz,标志着建立全球无线通信系统新时代的到来。

2. 欧洲的频率规划

欧洲于 1987 年正式提出了通用移动通信系统(UMTS)的概念,频率规划为 1 900～2 025 MHz 和 2 100～2 200 MHz。其中,1 900～1 920 MHz 用于单向 TDD 陆地业务;1 920～1 980 MHz 用于 FDD 上行陆地业务;2 110～2 170 MHz 和 2 010～2 025 MHz 用于 FDD 下行陆地业务;1 980～2 010 MHz 和 2 170～2 200 MHz 用于卫星业务(MSS)。

3. 日本的频率规划

日本的第二代移动通信(2G)未能与国际标准统一,但日本已明确表示其第三代移动通信(3G)要与国际标准相一致,并将 1 918～2 010 MHz 与 2 110～2200 MHz 分配给 3G 使用,1 895～1 918 MHz 划分给 PHS(个人手持式电话系统,TDD 方式)。

4. 美国的频率规划

美国将 IMT—2000 核心频段中的 1 850～1 990 MHz 频段划分给了 PCS(个人通信系统),可以用这些频段开展 3G 业务;将 1 900～2 025 MHz 频段划分给卫星移动业务,期望能部分满足 3G 业务的空间业务部分的需要;根据 1997 年平衡预算法(BBA-97)的要求,将 2 110～2 150 MHz 频段重新划分,供 3G 移动业务使用;将 2 165～2 200 MHz 频段划分给卫星移动业务,可供 IMT-2000 空间业务使用。同时,由于美国移动业务使用非常广泛、频率资源紧张,所以不得不采取频带配对、频带转移等措施,这使得频率规划变得非常困难。例如,MMDS(多信道多点分配系统)和ITFS(教育电视固定业务)共用 2 500～2 686 MHz频段,FCC(联邦通信委员会)建议在此频段中划出 90 MHz 给 IMT－2000 业务,但所需成本包括频段重新划分、设备投资、营运费等费用将增加,由此将花费几百亿美元,同时产生的人力物力以及时间的代价也将非常巨大。

5. 中国的频率规划现状

中国的频率划分主要包括:1 700～2 300 MHz 用于移动、固定和空间业务,1 990～2 010 MHz用于航空无线电导航业务,2 090～2 120 MHz 用于空间科学(气象辅助、地球探测、地对空方向),2 085～2 120 MHz 可用于无线电定位业务(不干扰固定业务的情况下),GSM1800 则主要包括 1 710～1 755 MHz 和 1 805～1 850 MHz 共 2×45 MHz。

而在 2007 年 WARC-07 上,IMT(第三代及第四代移动通信系统)的新频段也得以最终确定。地面 IMT 候选频段为:3.4～3.6 GHz 的 200 MHz 带宽、2.3～2.4 GHz 的100 MHz 带宽、698～806 MHz 的 108 MHz 带宽和 450～470 MHz 的 20 MHz 带宽;卫星 IMT 候选频段为:1 518～1 525 MHz 的 7 MHz 带宽和 1 668～1 675 MHz 的 7 MHz 带宽。同时决定将1 518～1 525 MHz 和 1 668～1 675 MHz 用于 IMT 卫星通信技术,原用于 IMT－2000 卫星通信的频段将可用于所有 IMT 系统。

在涉及我国 TD-SCDMA 未来在全球发展的频率问题的相关议题上,我国主持的2.3～2.4 GHz 起草组修改的决议在第一天的全体大会上即得到通过,是 IMT 的 7 个地面候选频段中第一个经大会审议达成一致意见的频段。

对于新一代移动通信的频率规划,2008—2010 年后逐步显露的 3G＋/4G 的频谱总需求可能会高达 1.5～2.0 GHz 之巨,需逐步有计划地规划其 6～8 GHz 以下传播条件依然较有利的频段,其中包括对 2 700～2 900 MHz 及 3.0～6 GHz 或 3.0～8 GHz 频段的进一步分析考虑,以作为 3G＋/4G 移动通信的可能应用频段;如果 4G 的基本框架包括移动业务与宽带无线接入相互融合为通用无线接入,则目前正在积极考虑的 3.0～3.4 GHz、3.4～3.6 GHz、5.3 GHz、5.8 GHz 等宽带无线接入的频带也将会成为重要考虑对象。中国目前对 350～450 MHz、800～900 MHz 及 2.4～5.8 GHz 频段的频率再规划考虑,也将有助于将来在此传播条件很好的较低频段展开向新一代移动通信业务演进发展。到 2012 年,全球60 个国家将完成 4G 频率发放。

1.3 移动通信的特点和分类

移动通信因其移动性,必须使用无线通信方式。无线通信与有线通信相比,其信道是时变的和随机的,从而大大降低了通信容量和质量。同时,由于移动通信在无线通信的基础上引入了用户的移动性,从而在信道动态性的基础上又增加了用户的动态性,实现起来更加复杂,性能也更差。

在移动通信中,终端是移动的,传输线路随着终端的移动而分配动态无线链路,这两重动态性实现了人类对移动通信的梦想。其代价是沉重的,但也是值得的,这二重动态性正是指导移动通信技术发展的原动力。可以说,移动通信技术的发展就是围绕如何适应信道和用户二重动态性来进行的。3G 中进一步引入了业务类型动态选择特性——三重动态性。

以上三重动态特性,导致移动通信具有如下主要特点:

1) 无线电波传播复杂。目前移动通信的频率范围在 VHF(30～300 MHz)和 UHF (300～3 000 MHz)范围内。该频段的特点是:传播距离在视距范围内,通常为几十千米;天线短,抗干扰能力强;以直射波、反射波、散射波等方式传播,受地形地物影响很大。如,在城市中高楼林立、高低不平、疏密不同以及形状各异,进一步加剧了移动通信传播路径的复杂化,并导致其传输特性变化十分剧烈。无线电波传播示意图如图 1.2 所示。

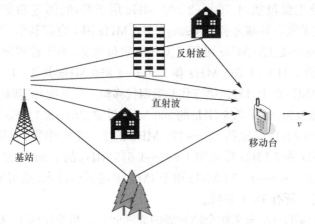

图 1.2 无线电波传播示意图

2) 移动台受干扰严重。移动台在工作过程中受到的噪声影响主要包括城市环境噪声、各种车辆发动机点火噪声、微波炉干扰噪声等。移动通信网是多频段、多终端同时工作的系统,移动终端工作时往往受到来自其他方的干扰,包括共道干扰、邻道干扰、互调干扰、多址干扰,以及近地无用信号压制远地有用信号等。

3) 无线频率资源有限。无线电频谱是一种特殊的自然资源,尽管电磁波频谱相当宽,但作为无线通信使用的资源很有限,ITU 定义 3 000 GHz 以下为无线电频谱。由于受到频率划分使用政策、划分技术和可以使用的无线电设备等的限制,ITU 当前频段主要在 9 kHz～400 GHz 频率范围内。实际上,目前使用的较高频段只有几十 GHz,商用移动通信系统一般工作在 3 GHz 以下,可用的信道容量是极其有限的。

4) 对移动设备要求高。移动设备工作于一种不固定的状态,外界影响(如震动、日晒、雨淋、碰撞等)很难预料,因此要求移动设备具有很强的适应能力,性能稳定可靠,携带方便,功耗低,适应不同的人群应用。

5) 通信系统复杂。移动设备在整个通信服务区内自由、随机地运动,需要系统对其频率和功率进行控制,并完成位置登记、越区切换、漫游等跟踪,其信令种类较固定网要复杂得多,入网和计费方式也有特殊要求。

关于移动通信的分类,按信号形式可分为模拟网和数字网;按服务范围可分为专用网和公用网;按业务类型可分为电话网、数据网和综合业务网;按覆盖范围可分为广域网、城域网、局域网和个域网;按使用环境可分为陆地通信、海上通信、空中通信;按制式可分为 FD-MA、TDMA 和 CDMA;按工作方式可分为同频单工、同频双工、异频单工、异频双工、半双工;按适用对象可分为民用设备和军用设备。

1.4　典型的移动通信应用系统

1. 无绳电话系统

无绳电话最初是为满足有线电话用户的需求而诞生的,初期主要用于家庭,由一个与有线电话用户线相连的基站和手持机构成,基站与一部手持机之间利用无线电沟通。无绳电话自诞生之后很快得到了商业应用,并由室内走向室外,其基站通过用户线与公用电话网的交换机相连而进入本地电话交换系统,其系统构成如图 1.3 所示。通常在办公楼、居民楼群之间、火车站、机场、繁华街道、商业中心及交通要道设立基站,形成一种微蜂窝或微微蜂窝结构形式。无绳电话用户只要看到这种基站的标志,即可使用手持机呼叫,这就是所谓的"Telepoint(公用无绳电话)"。

近年来,基于无绳概念发展起来的无线用户交换（WPABX）受到了很高的重视,作为无绳数据通信的无线局域网（WLAN）也得到了相应的发展;无绳通信是发展个人通信网（PCN）的基础之一。

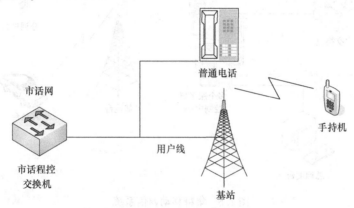

图 1.3　公用无绳电话系统构成

2. 无线电寻呼系统

无线电寻呼系统是一种单向通信系统,既可作为公用系统,也可作为专用系统,仅是规模大小不同而已。其用户设备俗称"BP 机",因其振铃声近似于"BP…BP…"声而得名。图 1.4 示出了无线电寻呼系统的组成。其中,寻呼控制中心与市话网相连,当市话用户要呼叫某一移动用户时,可拨打寻呼中心的专用号码,话务员记录所要寻找的用户号码及需要传递的消息,并自动在无线信道上发出呼叫,此时用户"BP 机"上显示呼叫的号码及相关信息。

当然,无线电寻呼系统也可以自动寻呼,不需要话务员操作。受蜂窝移动通信网短信业务的冲击,公用无线电寻呼业务目前已停止。

3. 集群移动通信系统

集群移动通信系统属于调度系统的专用通信网。这种系统一般由控制中心总调度台、分调度台、基地台及移动台组成,如图 1.5 所示。

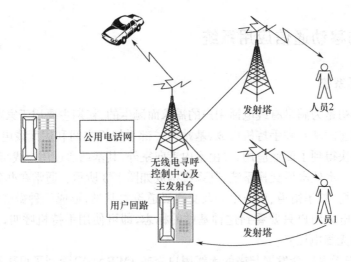

图 1.4　无线电寻呼系统的组成

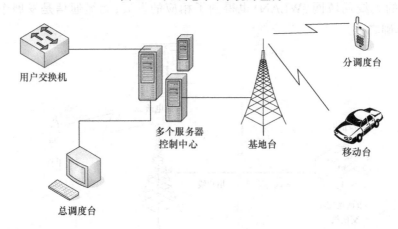

图 1.5　集群移动通信系统

　　集群移动通信系统可以实现将几个部门所需的基地台和控制中心统一规划建设,集中管理,共用频率资源及覆盖区,实现资源共享和费用分担,从而获得最大的社会效益。

　　这种系统支持单呼、组呼、全呼、紧急告警/呼叫、多级优先及私密电话等多种适于调度的功能,也可与有线用户通过本部门的交换机进行通话,但这仅是辅助业务并受到一定限制。

　　最早的集群通信系统是出现于 20 世纪 70 年代的模拟系统,20 世纪 90 年代中期数字集群技术在全球范围内兴起。我国于 90 年代末期引入数字集群技术,其应用遍及铁道、交通、公安、民航等部门以及应对突发事件、重大事件的各行各业。在我国应用较成熟的数字集群系统有 TETRA、iDEN 等多种制式。

4. 蜂窝移动通信系统

　　蜂窝移动通信系统是当今世界主流的移动通信系统,它集语音、数据等多种业务于一体,可与公用电话网相连接,实现移动用户与本地电话网用户、长途电话网用户及国际电话网用户的通话接续,也可实现数据业务的接续。

这类通信系统利用"蜂窝"的概念对有限的频谱资源进行重复利用,从而大大提高了用户容量。它的迅猛发展以及用户数量的日益增多,奠定了移动通信乃至无线通信在当今通信领域中的重要地位。

5. 卫星移动通信系统

卫星移动通信是指利用卫星中继,在海上、空中和地形复杂而人口稀疏的地区实现移动通信。最早的卫星移动通信主要应用于海上,又称为海事通信。1976 年国际海事卫星组织(INMARSAT)在太平洋、大西洋、印度洋上空发射了 3 颗地球同步轨道卫星,称为 Inmarsat-A 卫星。模拟话音以调频方式进行通信,每路话音占用 50 kHz 的射频带宽,在 L 波段(1.5~1.6 GHz)工作,一般使用 1 m 以上的抛物面天线。后又发展出 Inmarsat 航空、Inmarsat-C、Inmarsat-M、Inmarsat-B 四类业务,既有数据业务,也有话音业务。

最近 10 年,以手持机为终端的非同步卫星作为移动通信的载体也已涌现,如铱星系统(6 轨道 66 颗星,765 km)、Global Star 系统(8 轨道 48 颗星,1 400 km)、奥德赛系统(3 轨道 12 颗星,10 000 km)、白羊系统(4 轨道 48 颗星,1 000 km)等。

卫星移动通信系统已有商用系统问世,并处于各方争取投资、争取运营者和争取用户的关键时刻。在 21 世纪,以手持机为中心的中低轨卫星移动通信必将在全球的"个人通信网"中成为重要的组成部分。我国也已经正式立项,在"十二五"规划中实现卫星移动通信业务的突破及产业化发展。

6. 分组无线网

分组无线网是利用无线信道进行分组交换的通信网络,即网络中传输的信息要以"分组"为基本单位,其中含有源地址、宿地址、路由信息以及正文。由于各个分组中额外的信息占用了时间,故而此网特别适用于实时性要求不严、短消息比较多的数据通信。若要用于传输语音,则必须保证时间延迟不大于规定值。

分组传输适用于有中心的星形网络结构,也适用于无中心的分布式网络结构,每个节点均可作为中继节点使用,保持通信不中断。

随着数据业务的增长,世界各国均致力于移动数据通信网络的研究,且大都以分组传输为基础。例如,ARDIS(先进的无线电数据信息服务)系统由 IBM 和 Motorola 公司于 1983 年提出;Mobitex(全国性互连的集群无线电网络)由 Ericsson 公司和瑞典电信公司联合开发,1986 年在瑞典首次运行,1991 年为美国所采用;CDPD(蜂窝数字分组数据)由 IBM 联合 9 家运营商联合开发;TETRA(全欧集群无线电)是 ETSI(欧洲电信标准化协会)为集群无线电和移动数据系统制定的标准,1995 年被确定,1997 年得到全面推广。

7. 平流层通信系统

平流层一般指距地表高度为 18~50 km 的空域,其中气流主要表现为水平方向运动,对流现象弱,也称"同温层"。平流层通信平台既不同于卫星,也不属于 ITU 定义的空间站,其所处的空间在各种通信卫星和地面站之间,目前是地球上空尚未开发完全的空间资源,它对未来移动通信的发展具有十分重要的战略意义。

平流层通信系统利用定点的准静止的长驻空飞艇,携带通信有效载荷与地面设施和卫星网络实现双向通信。多个飞艇之间的通信还可构成网络,实现更大范围、更大容量及更优性能的通信服务。平流层通信系统构成示意图如图 1.6 所示。

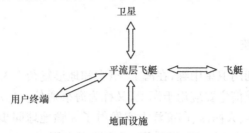

图 1.6　平流层通信系统示意图

根据通信量的不同要求,可以将一个平流层平台的覆盖范围分成几个环形区域。中心区域为通信密集区,主要用于通信量要求较大的场合(如市中心区),具有较大的仰角;外层为通信稀疏区,主要用于通信量要求较小的场合(如市郊区或农村地区),具有较小的仰角。为充分利用频率资源,平流层平台采用空分技术复用信道,通过天线波束形成技术在地面上构成"蜂窝小区"结构。

平流层通信系统与其他通信系统相比,具有以下特点:

1) 与卫星通信相比,与地面的距离近,延迟时间约为 0.5 ms,自由空间损耗比同步卫星可减小 65 dB。

2) 平流层平台若在 20 km 高度,作为高空接力站的作用距离比地面站约大 10 倍,可达 1 000 km。信道瑞利衰落一般为 20 dB/十倍频程,比地面 50 dB/十倍频程小 30 dB,可大大降低发射功率。作为探测平台比 10 000 m 高度的飞机探测距离远 70%。

3) 平流层平台的位置机动、灵活,可用于城市上空,也可用于海洋、山区,必要时还可迅速转移,用于自然灾害发生区域。

4) 平流层平台成本比通信卫星低约一个数量级,且不需要组网即可完成某特定区域的通信,发射、回收等操作也很方便、经济。

5) 平流层平台可以方便地回收,不像卫星会造成空间垃圾,其高度在民航飞机飞行高度之上,不会构成对民航的安全威胁。

6) 平流层平台通常位于国境之内,频率资源等可以自行设定,不受国际规定的某些限制。

1.5　移动通信的发展简史

移动通信从 1898 年 M. G. 马克尼完成无线通信实验时就开始产生了,而现代移动通信技术的发展则是从 20 世纪 20 年代开始的,至今大致经历了 7 个阶段:

1) 20 世纪 20 年代至 40 年代,为早期发展阶段。在此期间,首先在几个短波频段 (2 MHz)上开发出专用移动通信系统,代表是美国底特律市警察使用的车载无线电系统,此阶段可认为是现代移动通信的起步阶段,特点是专用系统,工作频率较低。

2) 20 世纪 40 年代中期至 60 年代初期。在此期间,公司移动通信业务开始问世。1946 年,根据美国联邦通信委员会 (FCC) 的计划,贝尔电话实验室在圣路易斯城建立了世界上第一个公用汽车电话网,称为"城市系统"。该系统的频率范围是 35～40 MHz,采用 FM 调制方式。随后,德国(1950 年)、法国(1956 年)、英国(1959 年)等相继研制了各自的公用移动电话系统。美国贝尔实验室完成了人工交换的接续问题,此阶段的特点是专用移动网向公用移动网过渡,接续方式为人工,网络的容量较小。

3) 20 世纪 60 年代中期至 70 年代中期。此间美国推出了改进型移动电话系统(IMTS),采用大区制、中小容量,实现了无线频道的自动选择,并能够自动接续到公用电话网。德国也推出了具有相同技术水平的 B 网。可以说这一阶段是移动通信系统的改进与完善阶段,其特点是大区制、中小容量,实现了自动选频与自动接续。

4) 20 世纪 70 年代中期至 80 年代中期。随着用户数量的增加,大区制所能提供的容量很快饱和,构建移动通信系统必须探索新体制。在此方面最重要的突破是贝尔实验室在 20 世纪 70 年代提出的蜂窝网的概念,蜂窝网即所谓的小区制,由于实现了频率复用,可大大提高系统容量。可以说,蜂窝网的概念有效解决了公用移动通信系统要求容量大与频率资源有限的矛盾。大规模集成电路的发展导致微处理器技术日趋成熟,以及计算机技术的迅猛发展,使得大型通信网的管理与控制成为可能。这直接导致了移动通信的蓬勃发展。1978 年年底,美国贝尔实验室成功研制出高级移动电话系统(AMPS),建成了蜂窝状移动通信网,大大提高了系统容量。1979 年,日本推出了 800 MHz 汽车电话系统(HAMTS),在东京、大阪、神户等地投入商用。1985 年,英国开发出全接入通信系统(TACS),首先在伦敦投入使用,然后推广到全国。与此同时,加拿大也推出了自己的移动电话系统(MTS)。1980 年,瑞典等北欧四国开发出了 NMT-450 移动通信网,并投入使用。

此阶段的特点是蜂窝移动通信网成为实用系统,并在世界各地迅速发展,形成了所谓的第一代移动通信系统。在此阶段,移动通信大发展的原因除了用户需求迅猛增长这一主要推动力之外,其他方面主要是技术发展所提供的条件。同时微电子技术在这一时期得到了长足发展,使通信设备小型化、微型化有了可能,各种便携电台不断推出。

5) 从 20 世纪 80 年代中期开始到 20 世纪末,是数字移动通信系统发展和成熟的时期。以 AMPS 和 TACS 为代表的第一代蜂窝移动通信网是模拟系统。其突出问题是频谱利用率低,移动设备复杂,费用较高,业务种类受到限制,通话易被窃听,且其容量不能满足需求。

为改变上述现状,20 世纪 80 年代中期欧洲率先推出了泛欧数字移动通信网(GSM)体系,并于 1991 年 7 月投入商用,很快在世界范围内获得了广泛认可。

在美国,由于模拟系统在当时尚能满足需求,其数字系统的实现要晚于欧洲。为了扩大容量并与模拟系统兼容,1991 年美国推出了第一套数字蜂窝系统(D-AMPS),它是美国电子工业协会(EIA)的数字蜂窝暂行标准,即 IS-54,其容量是 AMPS 的 3 倍。1995 年美国电信工业协会(TIA)正式颁布了第二套数字蜂窝系统标准窄带 CDMA(N-CDMA)标准(即 IS-95A 标准)。1998 年升级为 IS-95B 标准。另外,日本于 1993 年推出了太平洋数字蜂窝系统(PDC)。

此阶段发展的数字蜂窝系统频谱利用率高,系统容量大,语音、数据业务兼有。

6) 2000 年开始 3G/4G 的涌现。伴随着 2.5G 产品 GPRS 的商用,人们的目光开始转向下一代移动通信技术——3G。所谓 3G,国际电联称之为 IMT2000,欧洲的电信业巨头们则称其为 UMTS(通用移动通信系统)。其主流标准包括北美和韩国的 cdma2000、欧洲和日本的 WCDMA 以及中国的 TD-SCDMA。

3G 和 2G 相比,有以下几个鲜明的特点:语音通信和多媒体通信相结合,业务种类涉及音乐、图像、网页、视频等;采用 CDMA 和分组交换技术,区别于 2G 的 TDMA 和电路交换技术;支持更多的用户,更高的传输速率。

3G 正方兴未艾之时,4G 或超 3G(B3G)的讨论已如火如荼地展开。4G 的概念主要集中于广带(Broadband)接入和分布网络,具有非对称的超过 2 Mbps 的数据传输能力,是集 3G 与 WLAN 于一体并能够传输高质量视频图像以及图像传输质量与高清晰度电视不相上下的技术产品。4G 系统能够以 100 Mbps 的速度下载,并能够满足几乎所有用户对于无线服务的要求,包括广带无线固定接入、广带无线局域网、移动广带系统和互操作广播网络等。

7) 2010 年 4G 新技术投入应用。2009 年 12 月,长期演进技术(LTE)在世界上首次投入公共应用,TeliaSonera 公司在瑞典首都斯德哥尔摩和挪威首都奥斯陆同时启用 4G/LTE 网络,推出了 LTE 服务项目,成为全球第一个正式商用的 4G 网络。

2010 年 2 月的世界移动通信大会上,4G 时代的核心技术——LTE 成为关注的焦点。爱立信成功演示了一种 LTE/4G 新系统,其下载速率最高达到了 1 Gbps,创世界纪录,远超出了目前普通互联网的网速。至此,LTE 将成为全世界大部分移动通信营运商采用的移动宽带技术,据全球移动通信系统协会公布的数据,全世界已有 74 家运营商参与或承诺参与 LTE 的测试或应用。美国、日本分别在 2010 年开始 LTE 技术的商业应用,中国移动也在上海世博会上推出全球第一个 TD-LTE 试验网。据预测,到 2013 年,全球 LTE 网络的用户数将达 7 200 万。

2010 年 12 月,国际电信联盟(ITU)将 WiMAX、HSPA+、LTE 正式纳入 4G 标准,加上之前已经确定的 LTE-Advanced 和 WirelessMAN-Advanced 两种标准,目前 4G 标准已经达到了 5 种。按照移动通信技术每 10 年产生新一代体制的发展规律,2010 年是 4G 技术发展应用具有里程碑意义的一年。

1.6 我国陆地移动通信的发展

我国发展移动通信业务始于 1981 年,介于国际移动通信发展的第四和第五个阶段之间。当时采用的是早期的 150 MHz 系统,8 个信道,20 个用户;随后开始转向发展 450 MHz 系统,如重庆电信局的诺瓦特系统和河南省的 MAT-A 系统。从此我国的移动通信发展迅速,主要事件如下:

- 1987 年,上海开通模拟 TACS 900 MHz 蜂窝系统;
- 1987 年 11 月,广东开通了珠江三角洲的 900 MHz 系统;
- 1994 年 9 月,广东首先建成 GSM 网,10 月试运行;
- 1996 年我国研制出自主的数字蜂窝系统,并产业化;
- 1996 年 12 月广州建起第一个 CDMA 试验网;
- 1997 年 10 月广州、上海、西安、北京四个城市 CDMA 漫游测试通过,11 月北京试点向社会开放;
- 2005 年 6 月我国完成了 WCDMA、cdma2000 和 TD-SCDMA 三大系统的网络测试;
- 2009 年 1 月,我国 3G 牌照正式发放,其中中国电信采用 WCDMA,中国联通采用 cdma2000,中国移动采用 TD-SCDMA,形成了 3G 的"三国时代"。

对于 4G,我国目前尚处于研发阶段,国家科技部制定了重大项目研发计划,针对关键技术进行研发,与欧洲也建成了联合研发队伍进行集中攻关。企业界(如华为、中兴等)也在纷纷研究其中的技术内容与有关国际标准组织的动向。2010 年 4 月,我国具有核心自主知识产权的 TD-LTE 演示网在世博会园区开通,其下行速率为 100 Mbps,上行速率为 50 Mbps,演示网络的峰值传输速率达到了宽带移动通信的要求,标志着 TD-LTE 从实验室走向商用,为中国争夺未来全球 4G 标准上的话语权和战略制高点迈出了关键一步。

习题

1.1 移动通信的基本定义是什么?
1.2 列表说明移动通信的主要工作频段。
1.3 简述移动通信的主要特点。
1.4 移动通信系统的分类方式有哪些?请列举。
1.5 简述典型的移动通信应用系统。
1.6 简述移动通信的发展历史。
1.7 了解我国陆地移动通信系统的发展过程。

第2章 移动通信的信道

2.1 无线电波传播机制

目前所讨论的移动通信,所使用的无线电频率大多超过 800 MHz,其波长相对于建筑物尺寸来说非常小;电磁波(即无线电波)在建筑物内和建筑物外的传播均可看成沿着确定的路线进行的传播,图 2.1 和图 2.2 分别表示了这两种场景,其中共包含 3 种基本机制:反射、衍射和散射。

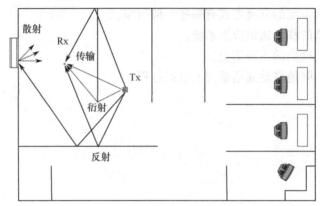

图 2.1 室内区域电波传播机制

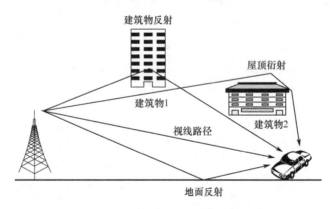

图 2.2 室外区域电波传播机制

1. 反射

当电磁波碰到尺寸大于其波长的障碍物时,会发生镜面反射。通常入射到地面、建筑物的墙壁、天花板和地板上的电磁波,经过镜面反射和传输,其振幅系数通常由平面波分析决定。经过反射和传输后,电磁波的衰减与频率、入射角和介质特性(材料、厚度、均匀性等)有关。室内对此考虑要多一些,而室外因多次反射传输,所以信号强度减小到可以忽略不计。

2. 衍射

电磁波入射到建筑物、墙壁和其他大型物体的边缘时,可把边缘看作二次波源,衍射场由二次波源产生并从衍射的边缘处以柱面波传播。通过这种方式可有效地将信号传播到阴影区域中。由于二次波源的产生,衍射造成的损耗比反射造成的损耗大得多,因此,衍射在室外环境中是很重要的一种现象,而在室内则十分微弱。

3. 散射

不规则的物体,如表面粗糙的墙壁和家具(室内),车辆和树叶(室外)等,可使电磁波向各个方向散射,形成球面波,特别是当物体尺寸近似于或小于电磁波波长时。在多个方向上传播会导致功率电平减小,特别是离散射源较远时。

2.2 移动环境下接收信号的 4 种效应

在上述电波传播机制下,接收点处的信号将会出现如下 4 种效应:
- 阴影效应;
- 多径效应;
- 多普勒效应;
- 远近效应。

1. 阴影效应

由于大型建筑物和其他物体的阻挡,在电磁波传播的接收区域中会产生传播半盲区,类似于太阳光受阻挡后产生的阴影,称之为阴影效应。电磁波波长较短时,阴影可见;电磁波波长较长时,阴影不可见,但是接收终端(如手机)与相应仪表可以测试出来。图 2.3 所示为阴影效应的示意图。

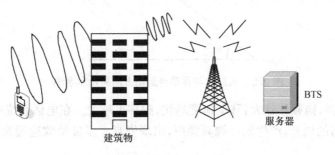

图 2.3　阴影效应示意图

2. 多径效应

由于接收者所处地理环境的复杂性,使得接收到的信号不仅有直接波,也有从不同建筑物反射及绕射过来的多条不同路径信号,且它们到达时的信号强度、到达时间及到达时的载波相位都不一样。接收点处的信号是上述信号的矢量和,这种效应称为多径效应,不同路径信号间的干扰称为多径干扰。在某些情况下,直射波信号不存在,接收点处的信号仅是多个不同路径反射波的矢量和。图 2.4 为多径效应的示意图。

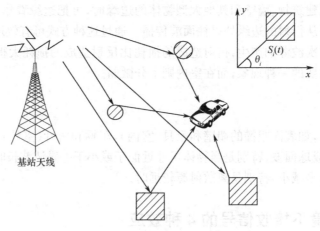

图 2.4　多径效应的示意图

3. 多普勒效应

当接收点处于高速运动中,或者移动通信两端(发送端和接收端)的相对运动速度超过一定值时,接收信号的载波频率将随运动速度 v 的不同而产生不同的频移,即产生多普勒效应,该频移称为多普勒频移。

多普勒频移 f_D 与移动台的运动速度 v、接收信号载波的波长 λ 和电波到达的入射角 θ 有关,即 $f_D = \dfrac{v}{\lambda}\cos\theta$,如图 2.5 所示。

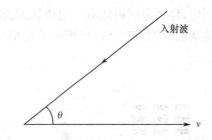

图 2.5　入射波与移动台运动方向夹角示意图

工作频率越高,则频移越大;移动速度越快,频移也越大。在电话系统中,多普勒频移可影响 300 Hz 左右的语音,产生附加调频噪声,出现失真。多普勒效应通常利用锁相技术来克服。

4. 远近效应

由于接收用户的随机移动性,移动用户与基站间的距离也在随机变化,若各移动用户发射信号的功率一样,则到达基站时信号的强弱将不同,离基站近的信号强,离基站远的信号弱,由此可导致离基站远的用户出现通信中断的现象,称之为远近效应。

2.3 移动通信中信号的损耗

移动通信中信号的损耗主要是指接收信号强度相对于发射信号的变化。根据 2.2 节所讨论的 4 种效应,信号的损耗可分为:

- 阴影衰落,由阴影效应产生;
- 多径衰落,由多径效应产生(也称多路径衰落);
- 频率选择性衰落,由多径效应产生;
- 时间选择性衰落,由多普勒效应产生;
- 自由空间中的损耗,与远近效应相对应。

其中,频率选择性衰落和时间选择性衰落又称为快衰落,阴影衰落又称为慢衰落。快衰落和慢衰落两者之间的关系如图 2.6 所示。

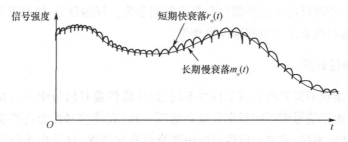

图 2.6　移动通信中的快衰落和慢衰落

2.3.1 慢衰落(阴影衰落)

当无线电波在传播路径上遇到起伏地形,如建筑物、植物(高大的树林)等障碍物的阻挡时,会产生电磁场的阴影。移动接收端通过不同障碍物的阴影时,接收天线处场强中值的变化会引起信号衰落,称之为阴影衰落。这种变化速率较为缓慢,因此称为慢衰落(通常比传送信息率慢)。

慢衰落的深度,即接收信号局部电平变化的幅度,取决于信号频率与障碍物的状况。频率较高的信号比频率较低的信号容易穿透建筑物;反之,低频率信号比高频率信号具有较强的绕射能力。

慢衰落的衰落速率与频率无关,主要取决于传播环境,即接收天线周围地形,如山丘地形、建筑物的分布与高度、街道走向、基站天线的位置和高度以及移动站运动速度等。

慢衰落对路径损耗的影响可用一个随机变量 X 表示,测试数据表明,变量 X 近似服从对数正态分布,其概率密度函数为:

$$p(x) = \frac{1}{\sqrt{2\pi\sigma^2}}\exp\left[-\frac{(x-m)^2}{2\sigma^2}\right] \tag{2.1}$$

式中,m 为 X 的期望值,σ 为标准偏差,均用 dB 表示。慢衰落的变化分布概率密度函数如图 2.7 所示。

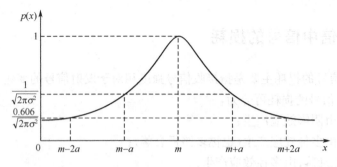

图 2.7　慢衰落的变化分布概率密度函数

2.3.2　快衰落

相对于快衰落而言,慢衰落是宏观变化,是以较大的空间尺度来度量的。而快衰落是微观变化,在较小的空间尺度内信号幅度会发生急剧变化。仔细划分,快衰落又可分为频率选择性衰落、时间选择性衰落和空间选择性衰落。

1. 频率选择性衰落

此类衰落是指在不同频段上衰落特性不同,即传输信道对信号中不同频率分量具有不同的随机响应。由于信号中不同频率分量衰落不一致,衰落信号波形将产生失真。一般情况下,对于模拟通信系统,主要考虑信号的幅度衰落变化情况,这是由于信号沿着不同的路径运行了不同的距离,不同相位的到达信号相加,造成了信号幅度的波动。由于信道的不规则性,该波动情况必须用统计方法来分析,即将幅度波动的模型视为一种特殊分布的随机变量。最常见的分布是瑞利分布,其概率密度函数如下式所示:

$$f_{ric} = \frac{r}{\sigma^2} \exp\left[-\frac{r^2}{2\sigma^2}\right] \quad (r \geqslant 0) \tag{2.2}$$

式中,r 是信号幅度的随机变量,σ 是其标准偏差。此时有如下基本假设前提:

1) 发射端和接收端无直射波通路;

2) 有大量反射波存在,且到达接收天线的方向是随机的,相位也是随机的,在 $0 \sim 2\pi$ 范围内均匀分布;

3) 各反射波的幅度和相位均为统计独立。

若假设条件 1) 不成立,即存在很强的直达波路径时,信号幅度的分布则变为莱斯分布,其概率密度函数如下式所示:

$$f_{ric} = \frac{r}{\sigma^2} \exp\left[-\frac{(r^2+k^2)}{2\sigma^2}\right] I_0\left(\frac{kr}{\sigma^2}\right) \quad (r \geqslant 0, k \geqslant 0) \tag{2.3}$$

式中,k 是用来计算直达波分量相对于其他多径信号强度的一个因子。

瑞利分布和莱斯分布的概率密度函数分别如图 2.8(a) 和 (b) 所示。通过接收信号幅度的分布可以了解在何时或何地接收到所需的信号强度,其余时间和地点通常看成信号中断。

对于数字移动通信系统,频率选择性衰落通常用时延扩展来描述,与时延扩展对应的频域参数为相关带宽。对于数字信号传输,基本的信号为脉冲信号,经过多径传播后接收信号将产生时延扩展。若发射端信号为窄脉冲信号,即 $S_0(t) = a_0 \delta(t)$,则接收信号为 N 个不同

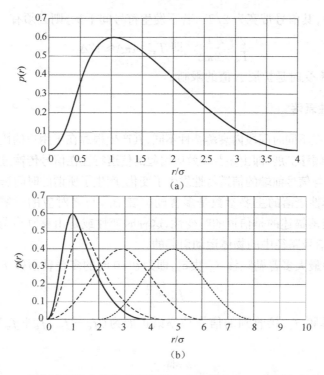

(a)

(b)

图 2.8　频率选择性衰落的瑞利分布(a)和莱斯分布(b)的概率密度函数

路径传来的信号之和:

$$R_{\mathrm{o}}(t) = \sum_{i=1}^{N} a_i s_i \big[(t - \tau_i(t)) \big] \qquad (2.4)$$

式中,a_i 为第 i 条路径的衰落系数;$\tau_i(t)$ 为第 i 条路径的相对的时延差。若发射脉冲宽度为 T,则接收脉冲宽度为 $T+\Delta$,Δ 即定义为时延扩展,如图 2.9 所示。

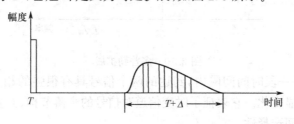

图 2.9　时延扩展示意图

　　在数字传输中,由于时延扩展,接收信号中一个码元的波形会扩展到其他码元周期中,引起码间干扰。为避免码间干扰,应使码元周期大于多径效应引起的时延扩展 Δ;或者说,码元速率 R_b 小于时延扩展的倒数 $R_b < 1/\Delta$。对于工作频段为 450 MHz 或者 900 MHz 的传输系统,时延扩展典型值在市区为 1.0～3.0 μs,在郊区为 0.2～2.0 μs。一般情况下,市区大于郊区时延扩展。因此,从时延扩展考虑,市区传播条件更为恶劣。

　　相关带宽是对移动信道传输一定带宽信号能力的统计度量,是移动信道的一个特性。

一般地,相关带宽与时延扩展成反比,但其具体定义不是很严格,工程上常用 $B_{\mathrm{c}} = \dfrac{1}{2\pi\Delta}$ 估算。

若信号带宽超过相关带宽,将出现大的失真。例如,数字信号的符号宽度为 T_{s}(即信号传输

速率为 $1/T_s$ 波特),其信号带宽为 $2/T_s$,若不发生符号间干扰,则必须有

$$\frac{2}{T_s} \leqslant \frac{1}{2\pi\Delta} \quad 即 \quad T_s \geqslant 4\pi\Delta \approx 12\Delta \tag{2.5}$$

可见,信号速率受时延扩展 Δ 值的限制。

2. 时间选择性衰落

此类衰落是指在不同时间段内衰落特性不同,其产生根源在于用户的快速移动,信号在频域上产生了多普勒频移扩展,即由多普勒效应引起的信道特性在信号传输过程中发生变化,信号尾端的信道特性与信号前端的信道特性发生了变化,产生了所谓的时间选择性衰落。

描述时间选择性衰落的主要参数是多普勒扩展 B_D,与之对应的时域参数是相关时间 T_c。时间选择性衰落描述的是信道的时变性,这种时变性或是由移动台与基站间的相对运动引起的,或是由信号路径中的物体运动引起的。

多普勒扩展由最大多普勒频移 f_m 决定,即为 $\theta=0$ 时的多普勒频移 f,有

$$f_m = \frac{v}{\lambda} \tag{2.6}$$

发射频率为单频 f_c,接收到的信号功率谱扩展为 $(f_c - f_m, f_c + f_m)$ 范围,如图 2.10 所示。

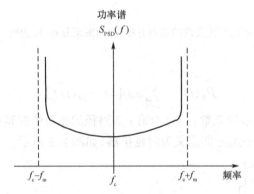

图 2.10 多普勒扩展

相关时间是指在一段时间间隔内,到达的两个信号具有很强的相关性,即在相关时间内,信道特性没有明显变化。它表征了时变信道对信号的衰落节拍,并发生在传输波形的特定时间段上,具有时间选择性。

粗略地讲,相关时间 T_c 定义为多普勒扩展的倒数,即

$$T_c \approx \frac{1}{f_m} \tag{2.7}$$

3. 空间选择性衰落

此类衰落是第三类快衰落,是指在不同的地点衰落特性不一致,又称为平坦衰落,即在时域、频域中不存在选择性衰落。

空间选择性衰落用角度扩展和相关距离来描述。角度扩展 δ 描述了功率谱在空间上的色散程度,可分布在 $0 \sim 360°$ 之间,角度扩展越大,表明散射越强,信号在空间的色散度越

高;反之表明散射越弱,信号在空间的色散度越低。

相关距离是衡量空间信号随空间相关矩阵变化的参数,在相关距离内,空间传输函数可认为是平坦的。相关距离可近似定义为

$$D_a = \frac{0.187}{\delta \cos\theta} \tag{2.8}$$

式中,θ 为接收信号到达角。

快衰落很容易引起高的差错率,但在实际应用中,也不能单纯靠增加信号发射功率来解决。一般而言,采用频谱交错的差错控制码、分集技术、定向天线技术等可以减少其影响。

2.3.3 衰落信道的区分

综上所述,移动通信信道的衰落类型及其区分原则如表 2.1 所示。其中 B_s 为信号带宽,T_s 为信号周期,Δ 是时延扩展,B_c 为相关带宽,B_D 为多普勒扩展。由此可以看出,阴影衰落属于慢衰落的一种,但是多径效应和多普勒效应导致的衰落也不一定全是快衰落,是否是快衰落应由移动速度及信号发送速率共同决定。另外,考虑空间选择性的移动信道又称为矢量信道,否则称为标量信道,即只考虑时间和频率的二维信道。

表 2.1　移动通信信道的衰落类型及其区分原则

平坦衰落	$B_s \ll B_c, T_s \gg \Delta$
频率选择性衰落	$B_s > B_c, T_s \ll \Delta$
快衰落	$B_s < B_D, T_s > T_c$
慢衰落	$B_s \gg B_D, T_s \ll T_c$

2.3.4 传播路径损耗

在移动通信中,无线电波的能量在空间中传播时也会随距离而变化,其变化规律与具体的传播环境相关,包括用于部署无线网络的蜂窝层次结构中的小区尺寸和地形。传播路径损耗直接与远近效应相关。下一节将详述各种条件下的信号传播损耗。

2.4　信号传播的路径损耗模型

在移动通信中,通信距离是一个衡量系统性能指标的关键因素。为满足一定通信距离的要求,必须计算信号的覆盖范围。在任何情况下,信号覆盖范围计算的核心都是路径损耗模型,它把信号强度损耗与两个终端之间的距离联系起来。路径损耗是指由于反射、建筑物周围的散射和内部的折射而造成的接收信号功率随着距离增大而减小的现象。

2.4.1 自由空间的传播损耗

在大多数环境中,无线信号的强度随着距离的 α 次幂而降低,α 称为距离功率斜率或路径损耗斜率。如果发送功率为 P_t,则在离发射端 d(m)处接收的信号功率将与 $P_t \cdot d^{-\alpha}$ 成比例。最简单的情况为 $\alpha = 2$,即信号强度随距离的平方而衰减。

无线信号经由天线发射后会在各个方向上传播,并在半径为 d 的球面上均等分布。因此,接收点的总信号功率密度为 $P_t/(4\pi d^2)$。如果接收天线面积在天线无方向性的条件下

为 $A_r = \lambda^2/(4\pi)$，则自由空间传播的路径损耗定义如下：

$$\frac{P_t}{P_r} = \left(\frac{\lambda}{4\pi d}\right)^{-2} \quad \text{或} \quad \frac{P_t}{P_r} = \left(\frac{4\pi d}{\lambda}\right)^2 \tag{2.9}$$

式中，λ 为信号载波频率。

在移动通信中，当距离很小且有直射波时，如在微小区中，或收发都在同一地方时，其传播损耗非常接近自由空间的情况，约和距离 d 的平方成正比。

自由空间传播损耗常作为其他情况下传播损耗的比较标准。

作为一般情况，定义路径传播损耗为：在实际的传播路径中，全向发射天线的发射功率 P_t 与全向接收天线收到的功率 P_r 之比，即：

$$L_p = \frac{P_t}{P_r} \tag{2.10}$$

此定义和自由空间的传播并无不同，只是此处的具体环境是实际的。不同的环境有不同的路径传播损耗。

在移动通信环境中，传播损耗和频率、距离有关，也和收发天线高度有关，更和地形高度有关。如何计算传输损耗，需在系统设计前加以预测，在有条件时也可进行实测。自 20 世纪 50 年代起，无线通信领域的专家学者通过大量的理论分析和实验总结，建立了一系列适合于各种情况下的路径传播损耗模型。有基于理论的模型，有基于实测数据的经验模型，也有基于理论与经验的混合模型。其表示形式各不相同，有的是解析公式，有的是图标曲线，还有的是计算机辅助模型等。通常理论模型为了简化分析，对区域地形做了简单的假设，使其理想化（如平面地等），而缺乏考虑实际地形的影响。基于经验数据的模型常受具体实际地形的影响，而缺乏普遍使用性，例如基于某一城市数据的模型，可能到另一城市就不太合适而且有较大的误差。对于所有研究的特定的环境，选取合适的模型是非常重要的。

下面着重介绍移动通信中常用的几种模型。

1. 平面地的理论模型

假设发送端和接收端都位于地球海拔高度之上，两者之间是平坦的地面，则信号传播主要方式为直射波和反射波（如图 2.11 所示），反射波的存在将会导致接收端的信号强度要么增强，要么减弱。

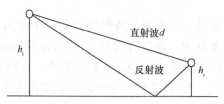

图 2.11　平面地的传播理论模型

在发射天线有一定高度的前提下，接收端的信号功率可用下式表示：

$$P_r = P_t \left[\frac{\lambda}{4\pi d}\right]^2 \cdot |1 + Re^{j\frac{2\pi}{\lambda}\Delta r}|^2 \tag{2.11}$$

式中，第一项为直射波，第二项为反射波，$\left[\dfrac{\lambda}{4\pi d}\right]^2$ 为自由空间损耗因子，Δr 为反射波与直射波之间的行程差，R 为反射系数，理想平面条件下 $R = -1$。

对于理想平面,有

$$\left|1-\mathrm{e}^{\mathrm{j}\frac{2\pi}{\lambda}\Delta r}\right|^2=\left|1-\cos\left(\frac{2\pi}{\lambda}\Delta r\right)-\mathrm{j}\sin\left(\frac{2\pi}{\lambda}\Delta r\right)\right|^2=4\left|\sin\left(\frac{2\pi}{\lambda}\Delta r\right)\right|^2 \qquad (2.12)$$

由图示的几何关系,当 $h_\mathrm{t}+h_\mathrm{r}\ll d$ 时,$\Delta r=2h_\mathrm{t}\cdot h_\mathrm{r}/d$,代入上式可得

$$P_\mathrm{r}=P_\mathrm{t}\left[\frac{\lambda}{4\pi d}\right]^2\cdot4\left|\sin\left(\frac{\pi}{\lambda}\Delta r\right)\right|^2=P_\mathrm{t}\left[\frac{\lambda}{4\pi d}\right]^2\cdot4\left|\frac{\pi}{\lambda}\cdot\frac{2h_\mathrm{t}\cdot h_\mathrm{r}}{d}\right|^2$$

$$=P_\mathrm{t}\frac{(h_\mathrm{t}\cdot h_\mathrm{r})^2}{d^4} \qquad (2.13)$$

其中应用了 $\sin\left(\frac{\pi}{\lambda}\Delta r\right)\approx\frac{\pi}{\lambda}\Delta r$ 的关系式。

因此,理想平坦地的路径传播损耗为:

$$L_\mathrm{p}=\frac{P_\mathrm{t}}{P_\mathrm{r}}=\frac{d^4}{(h_t\cdot h_r)^2} \qquad (2.14)$$

上式表明,传播损耗与距离的 4 次方成正比,与收发天线高度的平方成反比,且与频率无关。但实测结果与频率有关,且与接收端是一次方关系而不是二次方。而且,上述模型是在理想的平地上推导出来的,其中对反射系数,平坦地传播距离远大于收发天线高度之和等均是假设前提,所以此理论模型只有部分指导意义。即在理论上路径传播损耗与距离的 4 次方成正比,而和发送端天线的高度平方成反比。

2. 艾格里模型

艾格里模型是在平坦地的理论公式中加入地形因子和频率因子,其路径传播损耗公式为:

$$L_\mathrm{p}=88+20\lg f_\mathrm{(MHz)}-20\lg h_\mathrm{r(m)}+40\lg d_\mathrm{(km)}-C_\mathrm{T} \qquad (2.15)$$

式中,C_T 为地形校正因子(单位为 dB)。在上述公式中,选择的基准是地形起伏和障碍物高度为 15 m(此时 $C_\mathrm{T}=0$),且适用的频率范围为 40~50 MHz,距离在 1 km 视距范围内。当频率不超过 1 000 MHz,距离不超过 60 km 时,误差也不大。

例如,IEEE 车辆技术学会电波传播委员会在报告中指出,对于 900 MHz 的地形因子,中值为 27.5 dB。如果接收端天线高度为 $h_\mathrm{r}=1.5$ m,则 900 MHz 的传播损耗中值为:

$$L_\mathrm{p}=139.1-20\lg h_\mathrm{t}+40\lg d \qquad (2.16)$$

北京无线电管理技术站对北京城区、郊区的场强测试后,提出适合北京地区的艾格里修正模型为:

$$L_\mathrm{p}=100.7+20\lg f+40\lg d-20\lg h_\mathrm{t}-20\lg h_\mathrm{r}-0.65d-C_\mathrm{T} \qquad (2.17)$$

即在式(2.15)中加入了 $(-0.65d)$ 的修正项。

3. 奥村模型(Okumura)

该模型是 Okumura 等人在日本东京利用不同频率、不同天线高度并选择不同的距离进行一系列测试,根据测试结果结合经验曲线而构成的模型。其特点是将大城市市区视为"准平坦地形",设路径损耗为 0,以此为基础对郊区、开阔地进行修正。该模型提供的数据较齐全,可以在掌握该城地形、地物的情况下,得到更加准确的预测结果。但是奥村模型也表明,实测数据与理论分析有差别。例如传播损耗与距离并非是固定的 4 次方关系,而是在 2~6

之间变化,且与发射天线高度有一定关系,在 1~15 km 之内时,传播损耗与距离约为 2.0~3.5 次方的关系,发射天线高度越高,幂次越小。在 40~100 km 之间时,约为 4.2~6.6 次方,且天线越高,其值反而越大。在 15~40 km 之间时,约为 3.5~4.2 次方之间。另外,传播损耗与频率也不是完全的二次方关系,而是在 2 的上下波动。尽管如此,理论分析还是能够给人以明确的概念,且在一定范围内是与实际相符的,所以理论关系在许多场合也是可以应用的。

4. 秦模型(Hata)

秦模型是 Hata 根据奥村模型的曲线拟合出的经验公式,保留了奥村模型的风格,以准平坦地形的市区传播损耗为标准,其他地区在此基础上进行修正。该模型的使用范围是:频率为 150~1 500 kHz,发射端天线高度为 30~200 m,接收天线高度为 1~10 m,距离为 1~20 km,其经验公式为(针对市区):

$$L_p = 69.55 + 26.16 \lg f - 13.82 \lg h_t - a(h_r) + (44.9 - 6.55 \lg h_t) \lg d \qquad (2.18)$$

式中,$a(h_r)$ 为接收端天线修正因子,以 1.5 km 为基准,由传播环境中建筑物的密度和高度等因素决定。对于大城市,修正因子为

$$a(h_r) = 8.29 [\lg(1.54 h_r)]^2 - 1.1 \quad (f \leqslant 200 \text{ MHz})$$
$$a(h_r) = 3.2 [\lg(1.75 h_r)]^2 - 4.97 \quad (f \geqslant 400 \text{ MHz}) \qquad (2.19)$$

根据上述市区的经验公式,Hata 模型还给出了郊区及开阔地的修正因子为

$$C_{T(郊区)} = 2 \left[\lg \frac{f}{28} \right]^2 + 5.4$$
$$C_{T(开阔地)} = 4.78 (\lg f)^2 - 18.33 \lg f + 40.94 \qquad (2.20)$$

在 1~20 km 范围内,Hata 模型的预测结果与 Okumura 模型十分接近。但对于小于 1 km 或大于 20 km 的情况,则不能应用 Hata 模型。

根据北京无线电管理技术站在北京地区的测量,用上述公式计算 460 kHz 的预测值和测量值相比误差很小,在市区的误差≤0.05 dB,在郊区的误差≤1.9 dB。因此 Hata 模型可用于北京地区的传播损耗预测。

欧洲科学与技术研究协会(EURO-COST)的 COST-231 工作委员会对 Hata 模型进行了扩展,使之可适用于 PCS 系统,适用频率为 1.5~2 GHz。市区路径损耗公式为

$$L_p = 46.3 + 33.91 \lg f - 13.82 \lg h_t - a(h_r) + (44.9 - 6.55 \lg h_t) \lg d + C_T \qquad (2.21)$$

对于市中心,$C_T = 3$ dB;对于中等城市和郊区,$C_T = 0$ dB。

2.4.2 建筑物内的电波传播

随着移动通信的发展,人们在室内、室外各种情况下进行移动通信的情况越来越多。对建筑物内的电波传播机制同样需要进行深入研究,并且越来越得到人们的重视。建筑物内的电波传播一般分两种情况:电波由室外向建筑物内的穿透传播和仅在建筑物内的传播。

1. 电波由室外向建筑物内穿透

电磁波由室外向室内发送时,需要穿透墙壁、楼层,会产生很大的衰减,穿透损耗定义为室外信号功率与室内信号功率之比。这种损耗与建筑物的结构(砖石、钢筋混凝土等)有关,

也与室内位置(如靠近窗口、所处楼层、建筑物中心等)及无线电波频率有关。

对于此类损耗,没有固定的理论公式,也没有固定的经验数据。在进行此类环境下的移动通信系统设计时,只能通过大量测量,取其中间值设为参考。其大致规律如下:钢筋混凝土结构的穿透损耗大于砖石或土木结构;随进入室内的深度增加,穿透损耗量有增大趋势;穿透损耗随楼层的变高而变小,即地下室的损耗最大。对于频率,低频信号的穿透损耗比高频信号大,即高频信号易于到达室内。

对于一层的穿透损耗中值,日本测定的值为 150 MHz /22 dB,400 MHz /18 dB,800 MHz/17 dB;英国测定的值为 150 MHz/14 dB,460 MHz/12 dB;美国芝加哥测定的值为 800 MHz/15 dB。上述差别主要原因除测量点的选取位置不同,测量样品数目不同及测试技术有差别外,还有各地房屋结构的区别。日本的房屋为了防震,多用连结成网的金属构架,所以其数值比英、美要大一些。对于地下室,不论是在日本还是在英、美等国家,穿透损耗均在 30 dB 以上。

相比于一层而言,楼层越高穿透损耗越小,信号接收功率也就越大。在 1~13 层之内,穿透损耗基本呈直线下降,约为每层 2~2.7 dB。在 13 层以上时,功率增长就不快了,大约高度每增加一倍只增加 7 dB,但不会超过自由空间的信号强度。需要注意的是,穿透损耗是将该层室内信号强度与 1 层室外信号强度相比,因而楼层很高时,有可能室内信号强度大于 1 层室外信号强度。

高楼对信号的遮挡效应也很明显,且频率越高越严重。对于 800 MHz 的信号,高楼遮挡传播路径在其阴影区的损耗约为 27 dB。

2. 电波在建筑物内的传播

电波在建筑物内的传播分为同一房间、同一楼层不同房间以及不同楼层不同房间三种情况,后两种情况可利用楼层数 $n=1$ 或 $n>1$ 来区分。

若发射端与接收端同处一室,相距只有几米或几十米,且中间无阻挡,则可以认为是直射传播,此时信号强度可按自由空间的损耗公式计算。但由于室内墙壁的反射,接收信号的强度会随地点的变化而起伏。尽管起伏不会太大,在某些要求较高的通信场合还是需要考虑的,尤其是利用信号强度来实现定位的应用场合。接收端在室内移动时也会导致接收信号衰落,但衰落速度很慢,属于莱斯衰落,不会有大的多径时延(一般小于 120 ns,最大为 10 000 ns),基本不影响信号接收。

当发射端与接收端共处于同一建筑物内但不在同一房间时,情况则非常复杂。如果两房间有门窗相通或通过走廊的门窗可以使反射的信号相通,则路径损耗相比自由空间增加不大。如果没有门窗相通,两房间之间也没有可移动的软分隔,只有钢筋水泥隔墙,则传播损耗将会增加 20 dB 左右。若相隔多个房间或者不在同一楼层,则损耗更大。

对于楼层的影响,测试结果表明路径损耗与楼层之间符合非线性关系,综合考虑可得如下的损耗公式:

$$L_p = A + L_f(n) + B\lg(d) + X \qquad (2.22)$$

式中,$L_f(n)$ 表示功率损耗与楼层数 n 的函数关系;X 为一个对数正态分布随机变量,表示阴影衰落;d 为发射端与接收端之间的距离,单位为 m;A 为 1 m 处的路径损耗;B 为距离功率关系斜率。例如,对于 1.8 GHz 信号在同一建筑物内的路径损耗可用表 2.2 中的参数进行计算。

表 2.2　用于室内路径损耗计算的参数

环境	住宅	办公楼	商业楼
A/dB	38	38	38
B/dB	28	30	22
$L_f(n)$/dB	$4n$	$15+4(n-1)$	$6+3(n-1)$
X/dB	8	10	10

表中给出了三类室内环境参数:住宅,办公室和商业大楼(摘自 TIA 在 PCS 应用中对 RF 信道模型的建议)。可以看出,距离功率关系斜率 B 并不相等。日本测试的结果也表明,小于 40 m 时,室内传播路径损耗基本上与距离的平方成比例,和自由空间损耗接近;大于 40 m 时,280 MHz 的信号损耗增加很快,而 800 MHz 的信号损耗则仍以二次方的关系增加。

2.4.3　IMT-2000 模型

IMT-2000 是第三代移动通信系统的统称,为了更好地应用和推广 IMT-2000 系统,也便于评估其中的传输技术,人们对适合于 IMT-2000 系统的传播环境模型进行了广泛研究和深入分析,包括各类地形及各类环境,总结出了三类相对通用的无线环境,共同构成 IMT-2000 的工作环境:

- 车载无线环境,对应于宏小区类型;
- 室外到室内和步行者环境,对应于微小区类型;
- 室内无线环境,对应于微微小区类型。

1. 车载无线环境

此类环境对应的小区范围较大,信号发射功率较高,车辆运行速度也较大。一般情况下不存在直射波分量,接收信号由反射波组成,功率随距离的增加呈现 3~5 的路径损耗指数;建筑物穿透损耗的标准偏差约为 10 dB,阴影衰落标准偏差不高于 10 dB,典型的时延扩展值为 0.8 ns 左右,最大值可到几十 ms。平均路径损耗公式如下式所示:

$$\bar{L}=40(1-4\times10^{-2}\Delta h_t)\lg d-18\lg\Delta h_t+21\lg f_c+80 \tag{2.23}$$

式中,d 为传播距离(km),f_c 为载波频率(MHz),Δh_t 为基站天线高度(m)。

2. 室外到室内和步行者环境

此类环境的特点是信号覆盖范围小,信号发射功率低,移动端移动速度低,直射波和反射波可同时存在,路径损耗指数变化范围很大(2~6),时延扩展 Δ 在 100~1 800 ns 之间变化。此外,当移动端沿街道拐角运动时,信号功率会突然衰减 15~20 dB,建筑物穿透损耗的典型值为 12 dB,标准偏差为 8 dB。阴影衰落的标准差在室外为 10 dB,室内为 12 dB,在非视距(即无直射波)的情况下,平均路径损耗可用下式表示:

$$\bar{L}=40\lg d+30\lg f_c+49 \tag{2.24}$$

式中,d 为用单位 m 表示的传播距离。

3. 室内无线环境

此类环境的特点是区域范围小,传输功率小,路径损耗指数在 2~5 之间变化,建筑物穿透损耗根据建筑材料不同而不同,如轻质编织物 3 dB,而混凝土砖块结构为 13~20 dB。阴影衰落标准偏差的典型值为 12 dB,时延扩展 △ 在 35~460 ns 之间变化。平均路径损耗可用下式计算:

$$\overline{L} = 37 + 30\lg d + 18.3^{(F+2)/(F+1)^{-0.46}} \tag{2.25}$$

式中,F 为路径上的楼层数。

2.4.4 时延扩展

前文已经介绍,时延扩展对系统的通信性能有较大影响。一般情况下时延扩展较小,但是也存在大的多径时延的情况。为了准确地评价无线传输技术的性能,IMT-2000 为上述三种环境分别定义了三种多径信道,具有不同时延扩展值和不同的发生概率,如表 2.3 所示。其中,信道 A 代表经常发生的低时延信道,信道 B 代表经常发生的中等时延信道,信道 C 代表很少发生的大时延扩展情况。

表 2.3 IMT-2000 时延扩展典型数值

环境	信道 A		信道 B		信道 C	
	Δ_{max}/ns	发生率(%)	Δ_{max}/ns	发生率(%)	Δ_{max}/ns	发生率/%
室内环境	35	50	100	45	460	5
室外到室内、步行	100	40	750	55	800	5
车载环境	400	40	4 000	55	12 000	5

2.5 移动信道中的噪声和干扰

前面详细分析了无线信号在移动环境下传输的衰落和损耗特性。除此之外,在移动通信和无线信道中还存在某些噪声和干扰,这也是导致通信性能变坏的重要原因。为了保证接收信号的质量,必须研究噪声和干扰的影响。

移动信道中的噪声大致分为自然噪声和人为噪声。前者包括大气噪声和太阳噪声等;后者包括汽车及其他发动机点火噪声,通信电子干扰,工业、科研、医疗、家电设备干扰和电力线干扰等。人为噪声多属于冲击性噪声,大量噪声的叠加也可能形成连续的噪声或者连续噪声与冲击噪声的叠加。一般而言,这种噪声的频谱较宽,其强度随频率升高而降低。

除噪声外,干扰是限制移动通信系统性能的主要因素。在移动通信环境中,干扰类型主要有同频干扰、邻道干扰、互调干扰、阻塞干扰和近端对远端的干扰等。

1. 同频干扰

顾名思义,同频干扰是指工作在相同频率上的用户之间的干扰。在构建移动通信系统时,为了提高频率利用率,在一定距离范围之外的用户使用相同的频率进行通信,称为频率复用。

根据前述无线电信号的传播损耗理论，复用区域相隔越远，此类干扰就越小，但频率复用次数（在某地域范围内）也随之降低，即频率利用率越低。因此，在实际工作中两者要兼顾，应在满足通信质量的前提下，确定相同频率复用使用的最小距离，即同频复用距离。该复用距离不仅取决于通信距离，还和调制方式、电波传播特性、选用的工作方式、通信可靠性等有关。

2. 邻道干扰

邻道干扰是指工作在相邻和相近信道的用户之间的干扰。主要是发射机的带外辐射和接收机的响应共同作用造成的。如图 2.12 所示，发射机的辐射并非单一频率而是一个频带，它在邻道的辐射功率和有用信号一起进入接收机，而接收机的响应又对邻道发射的主辐射衰减不够大，因此邻道发射机主信号也进入接收机一起构成邻道干扰。

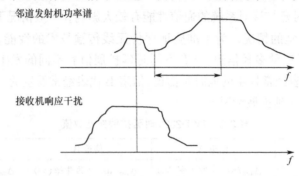

图 2.12　邻道干扰示意图

为了减小邻道干扰，必须限制发射机的邻道辐射，应不大于 -70 dB（相比于子载频功率）；对接收机的响应要求，其邻道选择性不低于 70 dB（邻道间隔为 20、25、30 kHz 时），信道间隔为 12.5 kHz 时应不低于 60 dB。

3. 互调干扰

互调干扰是由传输设备中的非线性电路产生的。当有两个以上不同频率作用于同一非线性电路时，两个频率将会互相调制产生新的频率，如正好落于某一信道，并为工作于该频率的接收机所接收，即构成对接收机的互调干扰。例如，当输入的两频率之和（或某一频率的两倍）与输入的另一频率之差正好等于某一信道频率时，则该信道即可能受该两（或三）信号的互调干扰。

$$2f_A - f_B = f_A \quad \text{（两信号）}$$
$$f_A + f_B - f_C = f_D \quad \text{（三信号）} \tag{2.26}$$

式中，f_A、f_B、f_C 和 f_D 四个频率是泛指的，因此可以说，四个频率中的任意两个频率之差等于其余两个之差时，它们之间就构成互调干扰的频率关系（若为三个不同的频率，其中一个使用两次，如 f_A），即

$$f_A - f_B = f_C - f_A \quad \text{（三信号）}$$
$$f_A - f_C = f_D - f_B \quad \text{（四信号）} \tag{2.27}$$

根据上述关系式，就可以在信道频率分配时避免互调干扰，但这样做容易降低频率的使用效率，因此通常依靠减少互调干扰功率使其得到抑制，减少互调干扰功率的方法与互调干

扰的类型有关。

1) 发射机互调。一部发射机的信号进入另一部发射机,在其末级功放的非线性作用下与输出信号相互调制,产生不需要的组合频率,如果该组合频率正好落于某接收机通带范围之内,则必然会受到此互调产物的干扰。此类互调干扰称为发射机互调干扰。如图 2.13 所示,发射机 A 的发射信号进入发射机 B,使 B 产生新的频率 $2f_B - f_A$;同样,发射机 B 信号进入发射机 A,使 A 产生新频率 $2f_A - f_B$;$2f_B - f_A$ 和 $2f_A - f_B$ 分别称为发射机 B 和 A 的互调产物。

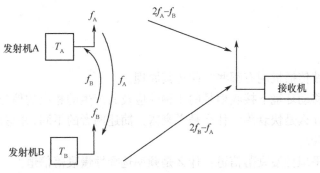

图 2.13　发射机互调

发射机互调除了通过功率放大器的非线性产生外,也可能通过发射机输出端外部的某些非线性物体产生,如与天线连接的螺栓有锈蚀或接触不良时,也会使通过它的多频电流互调而产生辐射互调产物。减少发射机互调干扰的措施主要有:

- 加大发射机天线之间的距离;
- 采用单向隔离器件和高品质因子的谐振腔;
- 提高发射机的互调转换损耗。

2) 接收机互调。接收机的前端也存在非线性,而且有较宽的射频带宽,当多个强干扰信号进入接收机前端电路时,干扰信号互相混频后产生可落入接收机频带之内的互调产物,称之为接收机互调干扰。该干扰电平与接收的干扰信号强度和前端非线性程度有关,减小措施主要有:

- 提高接收机前端电路的线性度;
- 在接收机前端插入滤波器,提高其选择性;
- 选用合适的频道工作。

4. 阻塞干扰

在某些特殊情况下,若接收机收到一个强干扰信号,尽管该信号频率离接收机工作频率较远,但接收机前端电路的非线性致使有用信号增益降低或噪声增大,使接收机灵敏度下降的现象称为阻塞干扰。此类干扰与干扰信号幅度有关,幅度越大,则干扰越严重,有时可导致通信中断。

5. 近端对远端的干扰

此类干扰是由远近效应产生的,主要是由于信号的路径传播损耗随距离增大而增大导致的,即距离近的用户信号对距离远的用户信号的干扰,有时甚至造成远端用户的有用信号被淹没。

克服此类干扰的措施主要有:

- 系统采用自动功率控制技术,即根据双方的距离自动调节发射功率;
- 合理选用频率使之间隔加大。

一般而言,出于对频率资源利用率的考虑,多采用自动功率控制技术来实现对此类干扰的抑制。

习题

2.1 无线电波传播机制有哪些? 简述其原理。

2.2 请简述移动环境下接收信号的 4 种效应及其产生的相应的信号损耗。

2.3 请解释什么是快衰落? 什么是慢衰落? 简述两者的不同,并写出快衰落和慢衰落分别服从的分布情况。

2.4 什么是平坦性慢衰落信道? 什么是频率选择性慢衰落信道?

2.5 信号传播的路径损耗模型有哪些? 写出各路径损耗的计算公式。

2.6 概述移动通信中自由空间传播损耗模型,写出其相应的表达式。

2.7 了解建筑物内电波传播损耗情况。

2.8 概述 IMT-2000 模型在移动通信中通用的应用环境及其相应的路径损耗计算公式,并理解公式中各参数的意义。

2.9 移动通信信道环境中的噪声和干扰有哪些? 克服各类干扰的措施有哪些?

附录 A 地形环境的分类

1. 地形特征定义

地形特征利用地形波动高度 Δh 来描述,Δh 定义为距接收点 10 km 范围内,10% 高度线和 90% 高度线的高度差,如图 2.14 所示,10% 高度线是指在地形剖面图上有 10% 的地形高度超过此线的一条水平线,90% 高度线指有 90% 地段高度超过此线。

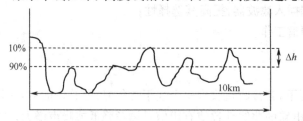

图 2.14 地形波动高度 Δh

2. 地形分类

在实际电波传播中,地形可粗略分为两大类,即准平坦地形和不规则地形。前者是指该地区的地形波动高度在 20 m 以内,且起伏缓慢,地形峰顶与谷底之间的水平距离大于波动高度,在以千米(km)计的范围内,其平均地形高度仍小于 20 m。后者是指波动高度大于 20 m 的其他地形,又可分为若干类,包括丘陵地形、孤立山峰、斜坡和水陆混合地形等。表 2.4 给出了以波动高度 Δh 区分的各类地形。

表 2.4 各类地形 Δh 的估计值

地形	$\Delta h/m$	地形	$\Delta h/m$
非常平坦地形	0～5	小山区	80～150
平坦地形	5～10	山区	150～300
准平坦地形	10～20	陡峭山区	300～700
小土岗式起伏地形	20～40	特别陡峭山区	≫700
丘陵地形	40～80		

3. 传播环境分类

无线电波信号在传播过程中,除了地形波动的影响外,还受传播路径中有无建筑物,建筑物是否高大、是否密集等因素的影响。根据这些因素,可以将传播环境分为如下四类。

1) 开阔地区:在电波传播方向上没有建筑物或高大树木等障碍的开阔地带。其间可有少量的农舍,如平原地区的农村。另外,在传播方向 300～400 km 以内没有任何阻挡的小片场地,如广场也可视为开阔地区。

2) 郊区:有 1～2 层小楼房,但分布稀疏,可有小树林等,如城市外围以及公路网。

3) 中小城市地区:建筑物较多,有商业中心,可有高层建筑,但数量不多,街道较宽。

4) 大城市地区:建筑物密集,且高层建筑较多,街道较宽。

附录 B 分贝的有关定义

1. dB

分贝或 dB 是一种计量单位,通常用于计算测量功率和功率之比的对数。使用 dB 可将乘法和除法运算转化为简单的加法和减法。每个节点、中继器或信道甚至系统中的一个模块,均可看作一个有特定分贝增益的黑盒子,如图 2.15 所示。其分贝增益如下式所示:

$$分贝增益 = 10 \lg\left(\frac{P_{\text{out}}}{P_{\text{in}}}\right) \tag{2.28}$$

式中,P_{out} 是输出信号功率,P_{in} 是输入信号功率。若上式值为负,则为分贝损耗。

图 2.15 分贝定义描述模型

2. dBW/dBm

与 1 W 绝对功率相比的分贝增益用 dBW 表示,与 1 mW 绝对功率相比的分贝增益用 dBm 表示。例如,输入功率为 50 mW,相对于 1 mW 而言,输入功率为 $10 \lg\left(\frac{50 \text{ mW}}{1 \text{ W}}\right) =$

16.98 dBM;若用 1 W 作为绝对值,则输入功率为 $10\ \lg\left(\dfrac{50\ \text{mW}}{1\ \text{W}}\right)=10\ \lg50-30=-13.02$ dBW。即 dBW 和 dBm 两单位之间的数值相差 30。dBW 和 dBm 是用来衡量信号功率值的单位。

3. dBi/dBd

dBi/dBd 是表示增益值的单位(功率增益),两者都是相对值,但参考基准不同。dBi 的参考基准是全方向性天线,dBd 的参考基准是偶极子,两者略有不同。一般认为,用 dBi 表示的值要比 dBd 表示的值大 2.15。例如,对于增益为 16 dBd 的天线,其增益折算成单位 dBi 时,则为 18.15 dBi。

4. dBc

dBc 也是表示功率相对值的单位,与 dB 的计算方法完全一样。一般来说,dBc 是相对于载波功率而言的,在许多情况下,用来度量与载波功率的相对值。如用于度量同频干扰、互调干扰、带外干扰等的相对量值。原则上 dBc 可以用 dB 代替。

5. dB-Hz

dB-Hz 是用于分析通信链路(特别是卫星通信)中的载波—噪声功率谱密度比时用到的一个量纲。载波—噪声功率谱密度比的计算公式为 $P_s/(P_n/B)$,其中 P_s 为信号功率,P_n 为热噪声功率,B 为接收机前端滤波器带宽,因此载波—噪声功率谱密度比值单位为 dB-Hz,用于表征接收信号质量。

第3章　移动组网技术

3.1　移动通信网络概述

由第 2 章可知,无线信号在移动环境中的变化,不仅与信号频率有关,还与传播环境有关。移动通信网是指为了实现多个用户共享频率资源和通信设施,并实现相互之间通信而构建的网络。此网络可以完成移动用户之间、移动用户与固定用户之间的信息交换。在构建移动通信网时,必须解决以下几个方面的问题:

1) 对于给定的频率资源,用户如何共享? 即采用什么样的多址方式,使得有限的资源能够传输更大容量的信息?

2) 由于传播损耗的存在,用户之间的传输距离总是有限的,基站和移动台之间的通信距离也不可能无限远。如何满足服务区内任意位置的用户均能完成通信? 基站的数量如何设置? 不同基站之间的频率资源如何合理有效地分配以满足更多用户的需求?

3) 某一服务区内如果有多个基站,如何实现基站之间的互联? 如何实现基站与固定网络之间的互联?

4) 移动通信中用户移动是其基本特点。当用户从某一基站的覆盖区移动到另一基站的覆盖区时,用户通信过程的移动连续性如何保证?

5) 移动通信网络如何有序地,实现移动用户与固定用户之间、移动用户与移动用户之间的通信,如何对呼叫过程、网络互联过程进行管理等,也是必须要回答的问题。

本章的内容就是围绕上述基本问题展开讨论,包括大区制移动通信、小区制移动通信、多址接入技术、信令系统及移动性管理等。

3.2　大区制组网技术

3.2.1　大区制移动通信网的工作模式

简单地讲,大区制就是在一个大范围内由一个主台和多个属台共同构成的移动通信网。最初的移动通信只是单一频率组网,即所有电台均工作在同一频率上,其中只有一个主台,其余为属台。主台可以呼叫任一属台而建立通信。工作方式为单工,或叫单频工,即发时不能收,收时不能发。属台也可以呼叫主台,或在属台之间通信,但均服从主台管理。这种简单的组网方式最初用于警察通信,稍后用于汽车调度通信。主台大都是固定的,将其天线升高可以扩大它的无线电覆盖范围。由于工作频率只有一个,同时只能有一对用户通话。

为了进一步扩大覆盖范围,主台改为基地台,天线可以进一步升高,发射功率也可加大,且基地台本身不再作为用户使用,仅起转发作用。任何移动用户要通信,必须将信息发给基地台,再由基地台转发给另一移动用户。此时基地台的收发各有一个频率,对应移动台的发和收,故用户的工作方式为半双工(有时称异频单工),如图 3.1 所示。其中 f_1 为基地台收、移动台发的频率,称为上行频率;f_2 为基地台发、移动台收的频率,称为下行频率;f_1 和 f_2 合称为一对收发信道,对于基地台而言,f_1/f_2 则是同时工作的一个全双工信道。

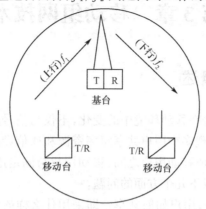

图 3.1　半双工(异频单工)的组网方式

如果要求同时能有两对用户通话,则必须有两对收发信道,即 f_1 与 f_2,f_3 与 f_4。为了使该网内任何用户均可通信,移动台必须在这两对信道上都能工作,并由基地台(简称基台)控制其工作频率,不至于相互冲突,这种技术称为多信道共用技术(后面将详细介绍)。当有多个信道时,基台要结合交换机,升级为基站,将不同的信道互相连接起来,使任何两个移动用户互相通信。若移动用户还需与固定用户通信,则交换机还要与市话网相连,如图 3.2 所示。

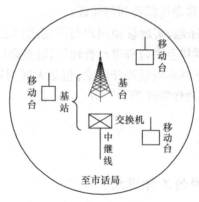

图 3.2　基站与市话网相连

利用该配置只能实现单工操作,即必须用按键(称为 PTT 键)来工作。按下此键发射机工作,接收机断开,可以发话;松开此键发射机停止工作,接收机接通,只能收听。这种工作模式对于调度非常实用,但对于普通用户则感到很不方便。对于大多数用户而言,都希望用与普通电话相同的双工方式(每个用户均可同时收、发,或者说上、下行信道同时工作),此时的频率配置如图 3.3 所示。

在移动电台应用中,收、发共用一根天线,为避免发射机功率进入接收机,还必须在收、发信机之间设置一个双工器,以隔离发射机和接收机。为此,收发频率必须有一定的间隔,且此间隔的大小随频段不同而有不同的规定,如 150 MHz 频段,收发频率间隔规定为 5.7 MHz;450 MHz 频段则为 10 MHz;900 MHz 频段为 45 MHz。

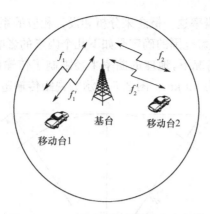

图 3.3 双工移动通信系统的频率安排

大区制组网在一个地区一般只用一个基站来覆盖,所需的发射功率较大。为了覆盖较大面积的地区,从电波传播方面考虑,通常使用 VHF 频段(即 150 MHz 频段)和 UHF 频段(即 450 MHz 频段)。对于 150 MHz 的移动通信,国际电联分配的频段为 16 MHz 带宽,除掉 5.7 MHz 的收发间隔后,只有约 10 MHz 的频率资源,用户数十分有限。现在多用 450 MHz 的频段来实现大区制的移动通信。

随着移动通信网的用户增多和大众普及,大区制组网现在不再用于大众用户,而多用于专网,如车辆调度指挥、安全人员指挥管理等。

3.2.2 区域覆盖

对于大区制移动通信而言,给定了基站的位置和天线的高度及发射功率,则可以估算其覆盖范围,一般来说覆盖区域为一个圆。覆盖区域面积的大小,取决于通信概率,即以多大的概率达到满意的通信质量。图 3.4 清楚地说明了这一问题。

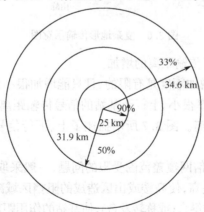

图 3.4 大区制区域覆盖的示例

该例子表示,在 25 km 范围内有 90% 的地点可保证通信质量;在 32 km 处仍有 50% 的地点能达到满意的通信质量;在 34 km 远距离处还有约 1/3 的地点可达到满意的通信质量。通信概率为 90%,说明即使在 25 km 以内也有 10% 的地点无法达到满意的通信要求(如高墙的阴影区)。因此,对于移动通信网的覆盖问题,切不可仅对特定的地点进行测试就得出结论,一定要利用通信概率这一概念来分析和设计相应的系统。

大区制移动通信网络覆盖范围的确定受如下几个因素的影响:

1) 在正常的传播损耗情况下,地球的曲率半径限制了传输的极限范围,它由天线高度和地球曲率共同决定,一般为 50 km。图 3.5 所示为视距传输范围示意图。

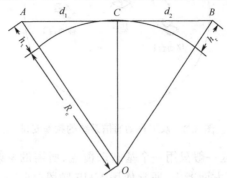

图 3.5　视距传输范围示意图

2) 地形环境的影响,如山丘、建筑物等阻挡,可能产生覆盖盲区。图 3.6 所示为复杂地形传输示意图。

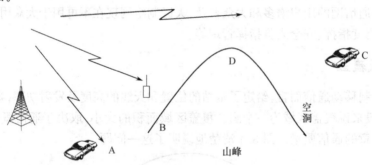

图 3.6　复杂地形传输示意图

3) 多径反射干扰限制了传输距离的增加。

4) 基站(BS)发射功率增加额度是有限的,且只能增加很小的覆盖距离。

5) 移动台(MS)发射功率很小,上行至基站的信号传输距离有限,所以上行和下行传输增益差限制了两者的互通距离。图 3.7 所示描述了上、下行信号的传输距离差导致的覆盖范围不对称的现象。

为了解决大区制移动通信网覆盖范围受限的问题,一般采取如下几方面的措施:

1) 将基站的天线高度提高,使高楼或山区造成的阻挡区域减小至可允许的范围内。

2) 在应用区域内,设置中继台(或称转发台),使基站的作用距离得以扩展;也可通过中继台接收到较远范围内的移动台信号。中继台可以是异频的,也可以是同频的。同频中继台就是利用和基站相同的工作频率对其信号进行转发,移动台不做任何改变,可以在基站覆盖不到的区域接收到中继台的信号,或者发射信号到中继台,再转发给基站。异频中继台的工作频率分为不同的两组,一组与基站进行双向通信,另一组与移动台进行双向通信。对于异频中继台,在基站覆盖不到的区域,移动台要切换工作频率(与中继台通信)才能完成正常的通信任务。

3) 对基站设置分集接收站,即在大区内的适当地点分设接收站,则即使移动台在远处,

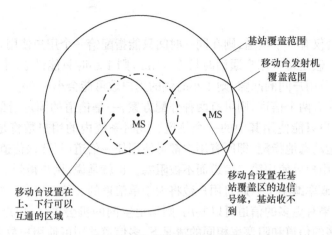

图 3.7 移动台和基站的关系

总可以被某个(或几个)接收站接收到,再通过有线或无线传输线将收到的信号送往基站,这样可以解决移动台功率受限导致其发送信号无法上行传输至基站的问题,如图 3.8 所示。

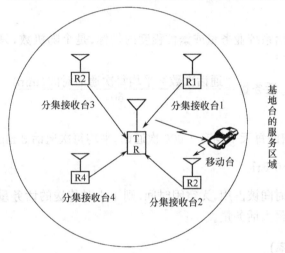

图 3.8 分集接收站的设置示意图

4) 在基站使用灵敏度更高的接收机和增益更高的接收天线。由于移动台发射功率很小,在基站若使用灵敏度更高的接收机,或者更高增益的接收天线,可提高 6~8 dB 的增益(或更高),则可将上行传输距离扩展到和下行距离相近的程度甚至相等。如果采用分集接收的思想,但不设立分集接收站,而是采取在基站进行空间分集接收的措施,也可一定程度上提高基站和移动台的作用距离。一般地,这几种措施往往综合利用,以保证最大限度地扩大系统内用户的通信距离。

3.2.3 多信道共用技术

多信道共用技术是指通信网内的大量用户共享若干个无线信道,与有线市话用户共享中继线相类似。这种共享信道的方式相对于独立信道方式而言,可以明显提高信道利用率。具体来说,信道的指配方式并不固定,而是根据需要适时地将空闲信道指配给申请通话的用户使用。每个信道均可为系统内的任一用户使用,全体用户共用系统所拥有的所有信道资源,且动态地指配。

如果一个基台仅有一个信道,则在同一时间只能指配给一个用户使用,其他用户若想申请通话只能等待。假定每一用户通话时长为 3 min,则 1 小时只能供 20 个用户使用。考虑到通话的间隙,以及用户间的间隙,则 1 小时供的用户数可能会小于 20。

如果一个基台有两个信道,则可有两种分配方案:一是信道的固定指配,即将全体用户分为两组,每组用户只能使用其中的一个信道。此时系统内的用户数将是单信道的两倍。另一种分配方案是动态地指配,即所有用户都可使用任一信道(只要该信道空闲)。显然,第一信道被占用时,用户可使用第二信道而不被阻塞。也就是说,用户得到空闲信道的机会增大了,通信受阻的概率减小了。此时用户数将大于单信道的 2 倍。

如此类推,如果有更多的信道可以共用,则信道空闲的机会更多,用户受阻的概率将明显下降。在同样多的信道和阻塞率相同的情况下,多信道共用可使用户数大大增加。但是,在满足一定通信质量的前提下,一个信道平均分配给多少个用户合适? 下面将从话务量和阻塞率(呼损率)的概念进行分析。

1. 话务量

话务量是度量通信系统业务量或繁忙程度的指标,是个随机数,只能用统计方法获得。其定义如下:

$$话务量 = \frac{通话次数 \times 平均每次通话时间(min)}{60} \tag{3.1}$$

单位为 Erl(爱尔兰)。

例如,某移动通信网每天平均有 1 000 次通话,平均每次通话 3 min,则该系统每天的总话务量为 $\frac{1\,000 \times 3}{60} = 50$ Erl。

一个信道若全部时间被占用,无空闲时间,则 1 小时传送的话务量为 60/60＝1 Erl,是一个信道所能完成的最大话务量。

2. 阻塞率(呼损率)

在实际应用中,用户发起的呼叫可能会因系统内无空闲信道而造成呼叫失败,其概率称为阻塞率(或呼损率)。例如,阻塞率为 10%,说明 100 次呼叫中有 10 次因信道被占用而无法完成通信,其余 90 次则完成了通话。阻塞率越小,用户成功呼叫的概率就越大,用户满意程度也越高。因此阻塞率也称为系统的服务等级。

如果用户发起的呼叫有如下性质:
1) 每次呼叫相互独立,互不相关,即呼叫的发起具有随机性;
2) 每次呼叫按 Poisson 分布随机到达,即在时间上都有相同的概率。
则呼损率由下式计算:

$$B(c,a) = \frac{a^c/c!}{\sum_{n=0}^{c} a^n/n!} \tag{3.2}$$

式中,B 为呼损率;a 为总业务量;c 为信道数。

上式计算非常烦琐,一般通过查表确定 B、a、c 三者之间的关系。

3. 忙时话务量

忙时是指系统的业务最忙的 1 小时区间,如某电话系统在早上 8 时至 9 时电话最多,业务量最大,则该系统的忙时即为上午 8~9 时。忙时话务量是指用户在忙时的平均话务量,忙时阻塞率是衡量系统服务等级的重要参数。忙时话务量与全天话务量之比称为集中系数(用 K 表示),通常 K 为 7%~15% 。

统计表明,公用移动通信网中每个用户忙时话务量可按 0.01~0.03 Erl 计算。对于专用移动通信网,由于业务不同,每个用户忙时话务量也不一样,一般可按 0.03~0.06 Erl 计算。当网内接有固定用户时,其值高达 0.12 Erl。

4. 信道利用率

在多信道共用的情况下,信道利用率是指每个信道平均完成的话务量,即:

$$信道利用率=\frac{平均完成的话务量}{信道数}\times100\% \tag{3.3}$$

3.3 小区制组网技术

3.3.1 小区制的概念和特点

大区制的主要缺点是系统容量不高,由基台可用的信道数来决定,信道数多则系统容量大。但一个基台所能提供的信道数是有限的,每一信道均需要发射机和接收机,且要共用一副或多副天线,故而一般情况下,每一基台提供不超过 32 个信道,业务量大约为 30Erl,用户容量在 1 000~3 000 之间(视平均用户话务量和忙时集中系数而定),适合于中小城市或专用移动网应用。为了适合大城市或更大区域服务,必须突破这一限制。采用小区制组网方式,可以在有限的频谱条件下,达到大容量的目的。

小区制的概念为:将所要覆盖的地区划分为若干小区,每个小区的半径可视用户的分布密度为 1~10 km。每个小区设立一个基站为小区范围内的用户服务。与大区制相类似,小区内服务的用户数由该基站的信道数决定。但每一小区和其周围邻近小区使用不同频率的信道,所以邻近小区之间不会产生干扰。对相隔更远一些的小区可再重复使用这些频率,称为频率复用(Frequency Reuse)。从而可以在一个很大的服务区内,多次重复使用同一组频率,因而增加了单位面积上可供使用的频道数,提高了服务区的容量密度,增加了频率利用率。

表面上看起来小区制好像只是把大区缩小并集中起来,实际上其运行控制要比大区制复杂得多。小区制组网的基本网络结构如图 3.9 所示。

其主要特点如下:

1) 大区制的信道切换控制等均集中于基站。而小区制的基站只提供信道本身,其交换、控制均集中于一个移动交换模型(Mobile Telephone Switching Office,MTSO)。它的作用相当于一个市话交换局,由于一个 MTSO 控制多个小区的基站,其功能比市话交换机复杂得多。当覆盖面积扩大时,一个 MTSO 可能难以实现对多个基站的管理,则需要多个 MTSO 协同工作,共同完成所辖范围内用户的服务功能。

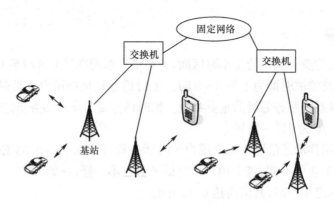

图 3.9 小区制组网的基本网络结构

2) 某移动用户从一个小区进入到另一个小区时,就要接受另一小区基站的服务。经过小区边界时用户可能正在通话,必须进行原基台到新基台的信道切换,且不能影响正在进行的通话功能,称为"越区切换"(Handover 或 Handoff)。这是小区制移动通信网所特有的。

3) 某移动用户从一个 MTSO 所管辖范围进入到另一个 MTSO 范围内时,其电话号码在不改变的情况下仍能被呼叫到,称为"漫游"(Roaming)。

上述三点是小区制移动通信网的基本特征。若某一地区虽然建立了多个基站,但没有越区切换或漫游的功能,则不能认为是小区制,只能视为几个大区的叠加。

3.3.2 小区制网络的覆盖范围

在设计移动通信网络时,各个小区的邻接关系与拓扑结构,甚至每一小区的覆盖区域形状都将影响整个设计区域的信号覆盖。反过来,如何安排各个小区,也与特定区域的整体形状密切相关。

一般来说,全向天线辐射的区域在理想的平面上应该是以天线辐射源为中心的圆形,为了实现无缝隙覆盖,每个天线辐射源产生的覆盖圆形区必然会产生重叠。在信号的收发过程中,重叠意味着相互干扰。在实际工作中,如何计算小区结构及拓扑,是必须要考虑的问题。理论上对于小区形状的设计是使相邻小区重叠最少,且能够覆盖所需要的整个区域。目前,小区制移动通信网络有两类组网方式,即带状网和蜂窝网。

1. 带状网

像公路、铁路或海岸这样的特定区域,一般用带状网来覆盖,如图 3.10 所示。

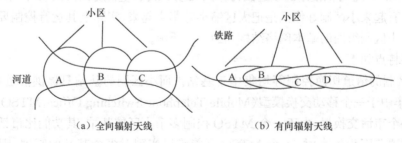

(a) 全向辐射天线   (b) 有向辐射天线

图 3.10 带状网结构

图(a)中基站天线为全向辐射,覆盖区域为圆形;图(b)中基站天线采用有向天线,使每个小区呈扁圆形。对于频率的复用,可采取多种不同的制式。若相邻的两个小区采用不同的频率,构成一个区群,不同的区群则可使用相同的频率,此种制式称为双频制(图(b));若相邻的三个小区构成一个区群,使用不同的频率,则称为三频制(图(a))。不同的频率利用方式各有优缺点,实际设计中应综合考虑利用率和干扰等多个因素。

2. 蜂窝网

为了实现对服务区的无缝覆盖,且使干扰最小,小区的形状设计至关重要。若单独考虑各个小区之间的交叠情况,每个小区的有效覆盖区域则是一个多边形。根据交叠情况不同,若在每个小区相间 120° 设置三个邻区,则有效覆盖区为正三角形;若每个小区相间 90° 设置4 个邻区,则有效覆盖区为正方形;若相间 60° 设置 6 个邻区,则有效覆盖区为正六边形。图 3.11所示为上述三种不同类型的小区形状。

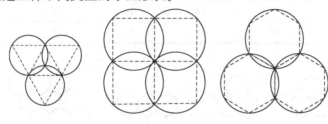

图 3.11　小区的形状设计

在一个平面区域内,若要用正多边形完全覆盖且无重叠,可取的形状只有正三角形、正方形和正六边形三种。但哪一种最好呢? 在辐射半径 r 相同的条件下,三种形状小区的参数比较如表 3.1 所示,其邻区距离、小区面积和重叠区面积三个参数各不相同。

表 3.1　三种形状小区的参数比较

小区形状	正三角形	正方形	正六边形
邻区距离	r	$\sqrt{2}r$	$\sqrt{3}r$
小区面积	$1.3r^2$	$2r^2$	$2.6r^2$
交叠区面积	$1.2\pi r^2$	$0.73\pi r^2$	$0.35\pi r^2$

从表 3.1 可以看出,正六边形小区的形状最接近理想的圆形覆盖区,若用它覆盖整个服务区,所需的基站数最少,也最经济。正六边形构成的网络如同蜂窝,因此将小区形状为正六边形的小区制移动通信网络称为蜂窝网。

蜂窝网是 20 世纪 70 年代美国贝尔实验室提出的概念,此概念的提出具有划时代的意义,在移动通信领域是一个标志性的成果,使移动通信正式走向商业化。蜂窝小区实现了频率的空间复用,从而大大提高了系统的容量,解决了容量大与频率资源少之间的矛盾。第一代、第二代、第三代甚至第四代移动通信系统均使用了蜂窝网的概念。

3.3.3　蜂窝网的构成

为了避免干扰,邻域小区不能用相同的信道,若要实现同一信道在服务区内的重复使用,同信道小区之间应该有足够的空间隔离距离。使用不同信道的小区组成一个区群,区群如何构成直接决定了蜂窝网的构成。区群的构成应满足以下两个条件：

1）区群之间可以邻接，且无空隙无重叠地进行覆盖；

2）邻接之后的区群应保证各相邻同信道小区之间的距离相等。

对于蜂窝网而言，区群的小区数不是任意的，须符合如下关系式：

$$N=i^2+ij+j^2 \tag{3.4}$$

式中，i 和 j 是不能同时为 0 的自然数。表 3-2 是 $i-j$ 取值的例子，相应的区群形状如图 3.12 所示。

表 3-2　区群小区数 N 的取值

i \ j	0	1	2	3	4
1	1	3	7	13	21
2	4	7	12	19	28
3	9	13	19	27	37
4	16	21	28	37	48

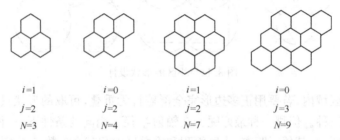

$i=1$　　$i=0$　　$i=1$　　$i=0$
$j=2$　　$j=2$　　$j=2$　　$j=3$
$N=3$　　$N=4$　　$N=7$　　$N=9$

图 3.12　几种简单区群的结构与组成

区群内小区数一旦确定下来，则同频小区的距离即可确定。设小区的辐射半径为 r，即正六边形外接圆的半径为 r，则同频小区中心之间的距离为 $D=\sqrt{3N}r$，即区群内小区数 N 越大，同频小区的距离就越远，抗同频干扰的性能就越好。计算同频干扰的模型如图 3.13 所示。

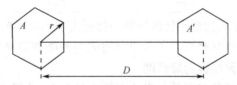

图 3.13　计算小区信干比的模型

A 和 A' 为两个使用同频率的小区，距离为 D，小区半径为 r，当用户处于小区边界时接收到的有用信号强度最小，此时信干比最小。由于有用信号强度与 r^{-n} 成比例，而干扰信号强度与 D^{-n} 成比例（n 为路径损耗与距离的方次关系值，一般为 3～4），所以信干比为：

$$C/I=\frac{D^n}{r^n}\quad 或\quad C/I(\text{dB})=10n\lg\frac{D}{r} \tag{3.5}$$

以上仅计算了一个干扰小区的情况，若在该小区周围等距离 D 处还有其他同频小区，设为 M 个，则 M 个干扰叠加造成的信干比值为：

$$C/I=\left(\frac{D}{r}\right)^n/M \quad 或 \quad C/I(\mathrm{dB})=10n\lg\left(\frac{D}{r}\right)-10\lg M \tag{3.6}$$

若要获得满足需要的 C/I，则 D/r 应大于一定值。注意，D/r 与小区半径 r 有一定的关系。因为 r 越小，则路径损耗与距离的关系 n 也小，D/r 值应取得大一些，以保证信干比值满足要求。表 3.3 列出了不同 M 值情况下的 D/r 值，其中 n 分别取 3、3.5 和 4。

表 3.3 不同干扰数要求的 D/r 值

干扰数 M		1	2	3	6
$n=4$		2.82	3.35	3.56	4.42
$n=3.5$	最小 D/r 值	3.27	3.98	4.47	5.45
$n=3$		3.99	5.01	5.75	7.23

例如，对于 6 个干扰的情况下，取 $n=4$ 时所要求的 D/r 的最小值为 4.42。由公式 $D=\sqrt{3N}r$ 得 $N=7$ 时，$D/r=4.6$ 满足要求。一般而言，干扰超过 6 个时（更远的干扰则可忽略不计），若取 $n=3$，则 $N=19$，$D/r=7.55$ 才能满足要求。

对于蜂窝网的构成，考虑了小区的形状及区群数量，基本上就有了整个网络的雏形。对于每一个小区的基站而言，其设置地点也影响到用户的使用方式及性能。如果基站设置在小区的中央，用全向天线形成圆形覆盖区，即所谓的"中心激励"方式，如图 3.14（a）所示；如果基站设置在每个小区六边形的三个顶点上，每个基站采用三副 120°扇形辐射的定向天线，分别覆盖 3 个相邻小区的各 1/3 区域，每个小区由三副 120°扇形天线共同覆盖，则称为"顶点激励"方式，如图 3.14(b)所示。

采用定向天线，一方面可使同频干扰降低，另一方面也可使小区内障碍物的阴影区减少甚至消除，提高系统的通信服务性能。

在第一代模拟移动通信网中，经常采用 7/21 区群结构，即每个区群中包含 7 个基站，而每个基站覆盖 3 个小区，每个频率只用 1 次。在第二代数字移动通信系统 GSM 中，经常采用 4/12 模式，其结构如图 3.15 所示。

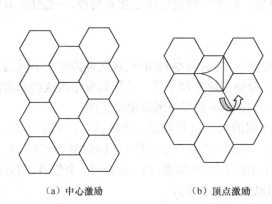

（a）中心激励　　　　　（b）顶点激励

图 3.14　2 种激励方式

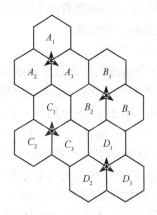

图 3.15　4/12 蜂窝网结构

3.3.4　小区制网络的信道分配

在小区制网络中,频道的复用是在不同区群之间实现的,频率分配是前提,即根据通信网的需要将全部频道分为若干组,并以固定或动态分配的方法指配给用户使用。分组时需要考虑国家规定的双工方式、载频中心频率值、频道间隔和收发间隔等数值;互调干扰应最小;频率利用率应尽量高;同频复用距离尽可能小。对于频道的指配,要做到在同一频道组中不能有相邻序号的频道;相邻序号不能指配给相邻小区或扇区;相邻频道间隔应依据通信设备抗邻道干扰能力来设置;还应考虑频率规划近期与长期的协调一致。如前所述,小区制组网有带状网、蜂窝网两大类,下面分别介绍其信道固定分配的方法。

1. 带状网的信道分配

当同频复用系数 D/r 确定后,即可确定频道组数。若 $D/r=6$(或 8),则至少应有 3(或 4)个频道组,如图 3.16 所示。

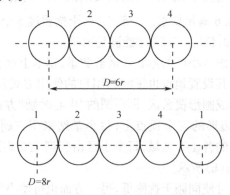

图 3.16　带状网的信道分配

2. 蜂窝网的信道分配

同频复用系数 D/r 可用于确定区群中小区的数量 N,N 一旦确定,则频道分组数即可确定,而每个组的频道数由小区的话务量确定。信道的固定分配方案有两种,一是分区分组法;二是等频距分组法。

1) 分区分组法。

分区分组法的原则是尽量减少占用的总频数,提高频率利用率;在区群内使用不同的频道,以避免同频干扰;在小区内的频道分组应避免三阶互调干扰。不同的分组构成的蜂窝网各不相同。图 3.17 中分别列出了 $N=3,4,7,16$ 四种情况下的频率分组图。

以 $N=7$ 为例,以任一小区为中心,其周围的频率组号都是一致的,若以"1"为中心,其四周的小区频率组号均顺序为 2,3,4,5,6,7。若以"5"为中心,则周围小区的组号为 1,4,3,2,6。对于各个小区内的频率分配,假定每个小区有 6 个信道,共 6×7=42 个信道,则可将每一小区内的信道安排如下(数字表示等间隔的信道序号):

小区 1:　　1,5,14,20,34,36
小区 2:　　2,9,13,18,21,31
小区 3:　　3,8,19,25,33,40

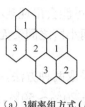
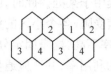

(a) 3频率组方式 ($D=3r$)　　　　(b) 4频率组方式 ($D=2\sqrt{3}\,r\approx3.46r$)

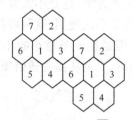
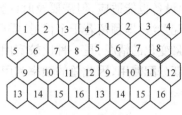

(c) 7频率组方式 ($D=\sqrt{21}\,r\approx4.58r$)　　(d) 16频率组方式 ($D=4\sqrt{3}\,r\approx6.9r$)

图 3.17　蜂窝网的频率分布举例

小区 4：　　4,12,16,22,37,39

小区 5：　　6,10,27,30,32,41

小区 6：　　7,11,24,26,29,35

小区 7：　　15,17,23,28,38,42

上述信道分配完全避免了三阶互调干扰和同频道干扰,但各小区内的信道干扰并未完全消除。

2) 等频距分配法。

如果每一小区内的信道都是等间隔的,只要间隔足够大,则可以有效避免邻道干扰。同时,频率间隔大使得可能产生的互调干扰被发射机或接收机的射频前端电路极大地抑制了。此方法利用区群内小区数 N 来确定信道间隔,如小区 1 用 $(1,1+N,1+2N,1+3N,\cdots)$,小区 2 用 $(2,2+N,2+2N,2+3N,\cdots)$ 等,同一信道组内的最小频率间隔为 N 个信道间隔。例如,TACS 系统的频率分组如下(共分为 21 组)：

组号：

| 1 | 2 | 3 | ………………………………………………………… | 21 |

信道号： | | | | 1 |

2	3	4	…………………………………………………………	22
23	24	25	…………………………………………………………	43
44	45	46	…………………………………………………………	64
65	66	67	…………………………………………………………	85
86	87	88	…………………………………………………………	106

…………

任取 1 组,如 2,23,44,65,86,$\cdots$,其信道间隔为 21×25 kHz$=525$ kHz,如此大的信道间隔使邻道干扰和互调干扰得到了有效的抑制。

信道的固定分配方法只能适用于用户业务分布相对固定的情况。而实际应用中用户业务的地理分布经常会发生变化,如早上从住宅向商业区移动,傍晚又反向移动,交通事故发生地点或集会时又集中于某处。此时,固定分配的小区信道可能会出现某小区业务量很小,而另一小区用户通信受阻,各个小区的频率使用率不平衡,而小区之间又无法再分配信道资源,使总的频率利用率不高,这是固定分配信道的缺陷。

为了提高频率的利用率,并适应通信业务量的变化,可采取两种方法:一是动态配置法,即随业务量的变化重新配置全部信道,可使频率利用率提高 20%～50%,且能避免各类干扰,基站和用户设备也能适应,但需要及时计算出新的配置方案,这是不太容易实现的;另一种方法是柔性配置法,即预留若干个信道,需要时分配给某小区使用,这种控制比较简单,可应对局部业务量变化的情况,是一种比较实用的方法。但是在业务量小的小区内闲置的信道资源并未重新分配使用,因此总的频率利用率并未提高,只是从提高通信质量的角度进行了改善。

3.3.5　小区制蜂窝网的设计举例

小区制通常是作为公共移动通信网来应用的,因此不存在工作频率的选择问题。一旦通信体制确定下来,则需要设计的只是该城市的覆盖需要多少小区,各小区如何划分,各需多少信道,小区基站如何布局,包括天线及其高度的选择等。具体地讲可划分为如下几个步骤。

1) 首先了解使用要求,即覆盖范围和地形,用户数及分布情况,平均话务量及忙时话务量,要求的服务等级和通信概率,等等。我国规定,通信概率在小区边界上不低于 90%,在边远郊区的边缘可根据实际情况适当降低,但不应低于 50%,服务等级(即阻塞率)应≤5%。

2) 根据信道数和业务量,确定每一小区的平均用户数。设每一基站设备可提供 16 个信道,服务等级为 5%,忙时平均话务量为 0.035 Erl,则从爱尔兰表查得一个基站所能提供的话务量为 11.5 Erl,因而每一小区可提供 11.5/0.035≈330 个用户的服务。

3) 根据用户数和覆盖面积,确定小区半径及小区个数。设该地区总用户数为 10000,覆盖面积为 50×50 km²,由此可估算小区个数 10 000/330≈30 个,平均每个小区覆盖的面积数为 50 km×50 km/30≈83 km²,大约相当于半径为 5.1 km 的小区。

注意:各个小区半径不一定必须相等,可根据用户分布密度进行调整,如市中心的用户密度大,半径可取 3～4 km,郊区可取 8～10 km,其他区域可取中间值 5～7 km。当然小区总数也可能不是 30 个。

4) 小区频率分组的设计。确定了小区总数,则需进一步确定区群,以及频率分组。如常用的 7 个小区为一个区群,通话信道共 7×16=112 个,从降低邻道干扰和互调干扰的角度对频率进行分组。

5) 小区内基站的设计。各小区基站的设计包括基站的确定、基站的功率和天线高度。如采用水平方向的全向辐射天线,则站址一般选在小区的中心(由于地形关系,不一定是地理中心,而应是电波传播的中心)。

由于蜂窝网中各个小区的大小并不完全相同,因而各小区均需要单独设计。手持机的天线和最大发射功率一般是不能变动的,但基站的天线高度、增益及发射功率都是可以改变和控制的,以调整系统的损耗。基站最终发射功率是发射机输出功率和发射天线增益之和,因此,天线增益和发射机输出功率是可以互换的,功率不够可用天线增益来弥补。

3.4 多址接入技术

3.4.1 基本原理

移动通信中的多址接入是指多个移动用户通过不同的地址可以共同接入某个基站,原理上与固定通信中的多路复用相似,但有所不同。多路复用的目的是区分多个通路,通常在基带和中频上实现,而多址区分不同的用户地址,一般需要利用射频来实现。为了让多址信号之间互不干扰,无线电信号之间必须满足正交特性。信号的正交特性利用正交参量 $\lambda_i (i=1, 2, \cdots, n)$ 来实现。在发送端设有一组相互正交信号为

$$X_t = \sum_{i=1}^{n} \lambda_i x_i(t) \tag{3.7}$$

式中,$x_i(t)$ 为第 i 个信号;λ_i 为第 i 个用户的正交量,且满足

$$\lambda_i \cdot \lambda_j = \begin{cases} 1 & i=j \\ 0 & i \neq j \end{cases}$$

在接收端设计一个正交信号识别器,如图 3.18 所示,则可获得所需的信号。

图 3.18 正交识别器

正交参量确定后则可确定多址方式,也就确定了信号传输的信道。例如,正交参量为频率,则接入信道为频道;正交参量为时隙,则接入信道为时隙;正交参量为码字,则接入信道为码型。也就是说,频道、时隙和码型是多址接入信道的 3 种主要形式。早期的模拟蜂窝移动通信系统接入信道为频道,GSM 系统则利用频道和时隙构成接入信道,IS-95CDMA 系统则利用频道和码型实现无线接入。

在移动通信中,移动用户和固定基站之间的信号传输通过双工的方式实现,即两者均可收、发信号。基站到移动用户的信道称为正向信道,又叫下行链路;移动用户到基站的信道称为反向信道,又叫上行链路。如果正向和反向信道采用相同的载波频段,但时隙交替,称之为时分双工(TDD);如果两者采用不同的载频,且间隔足够大,则称之为频分双工(FDD);如果两者采用不同的码型,则称之为码分双工(CDD)。

3.4.2 FDMA 方式

FDMA 即频分多址,是利用频率作为正交参量的多址方式,所以用户能够同时发送信号,信号之间通过不同的工作频率来区分。采用 FDMA 方式的系统的正向和反向信道可有 TDD 和 FDD 两种区分方法,如图 3.19 所示。

FDMA 方式具有如下特点:

1)每一信道占用一个载频,相邻信道之间的频率间隔应满足传输信号带宽的要求。为使有限的频率资源得到充分利用,间隔越窄越好,一般为 25 kHz 或 30 kHz;

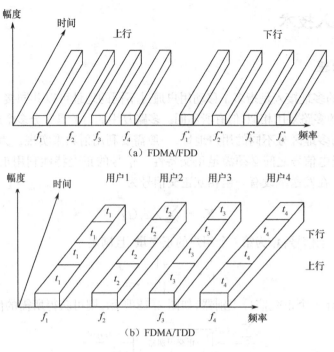

图 3.19　FDMA 方式

2) 符号周期远大于时延扩展,可有效降低符号间干扰,无须均衡;

3) 对于 FDMA 系统的接收端,其正交识别器为指定信道频率的带通滤波器,允许此信道的信号通过,而滤除其他频率的信号,从而限制邻道干扰;

4) 基站中收发信机与信道数相等,需用天线共用器,功耗大,且易产生信道间的互调干扰;

5) 越区切换较为复杂和困难。FDMA 系统中的语音信道分配后,基站和移动台均为连续传输。在越区切换时,必须瞬时中断传输数十至数百毫秒,以切换频率,在数据传输中可能导致数据丢失。

第一代移动通信是模拟式移动通信,均采用 FDMA 方式,典型代表有北美的 AMPS、欧洲及我国的 TACS 体制。在 AMPS 体制中,正向和反向信道也通过不同的频率来区分,属于 FDMA/FDD 方式。两个信道的分配带宽均为 30 kHz,25 MHz 带宽内共有 421 个信道,其中 395 个用于语音传输,其余信道用于传递指令。在 TACS 体制中,每个语音信道分配带宽为 25 kHz,也采用 FDMA/FDD 方式,25 MHz 带宽内共有信道 1 000 个,其中 21 个控制信道。

在数字无绳电话 CT-2 标准中,正向和反向信道是通过时隙来区分的,即 FDMA/TDD 方式,系统设计最大通信距离为 100 m,整个分配带宽为 4 MHz,每一信道带宽为 100 kHz,可支持 40 个载波。对每一个用户而言,正向和反向通信利用同一载波频率完成,但分别用不同的 1 ms 时隙实现移动端到固定端以及相反方向的通信。图 3.20 示出了 AMPS、TACS 和 CT-2 三种制式的多址方式。

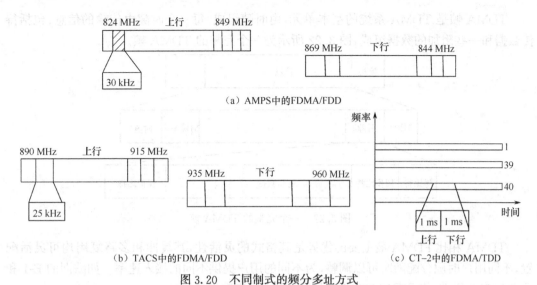

（a）AMPS中的FDMA/FDD

（b）TACS中的FDMA/FDD   （c）CT-2中的FDMA/TDD

图 3.20　不同制式的频分多址方式

3.4.3　TDMA 方式

TDMA 即时分多址,是正交参量为时间的多址方式,不同的用户利用不同的时隙完成通信任务。在 TDMA 系统中,正向和反向信道也有两种方式,即 FDD 和 TDD,其信道分配如图 3.21 所示。

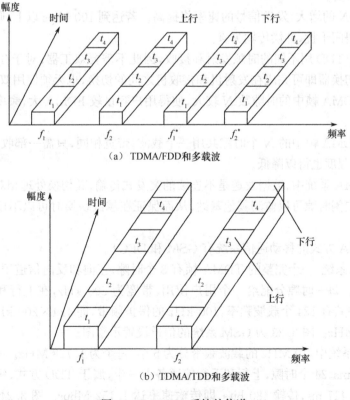

（a）TDMA/FDD和多载波

（b）TDMA/TDD和多载波

图 3.21　TDMA 系统的信道

TDMA帧是TDMA系统的基本单元,由时隙组成,每一个时隙由传输的信息,包括待传数据和一些附加的数据组成,图3.22所示为一个完整的TDMA帧。

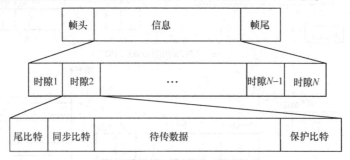

图3.22 一个完整的TDMA帧

TDMA相比FDMA最主要的优势是其格式的灵活性,其缓冲和多路复用均可灵活配置,不同用户时隙分配随时可以调整,为不同的用户提供不同的接入速率。如欧洲的E-1和北美的T-1标准,均是采用TDMA技术实现高速率数据传输的。

TDMA的概念在20世纪60年代提出,主要应用于数字卫星通信系统,首次用于商业电话网络是在20世纪70年代中期。经历了几十年的发展,TDMA用于移动通信已非常广泛,其主要特点如下:

1) TDMA的基础是时间的分割。因此,时间同步是该技术得以实现的关键,而在FDMA系统中不需要。

2) 随时隙 N 的增大,发送信号的速率将提高。若达到100 kbps以上,则必须采用自适应均衡以降低码间干扰,补偿传输失真。

3) TDMA/TDD用不同的时隙发射和接收,因此不需要双工器,对于TDMA/FDD,用户单元内部的切换器即可完成在发射机和接收机之间的切换,也无须使用双工器。

4) 由于TDMA帧中的时隙数 N 较大,使得用户容量较FDMA大,频率利用率也大大提高。

5) 一个TDMA帧中的 N 个时隙共用一个载波,带宽相同,只需一部收发信机,互调干扰小,基站复杂程度也得以降低。

6) 在TDMA系统中,数据发送是不连续的突发式传输,其切换处理相对容易。用户在不发送数据的空闲时隙可以监测其他基站,从而保证在越区切换时可以不用中断通信而导致数据丢失。

应用TDMA方式的移动通信系统有GSM和DECT。

对于GSM系统,一个完整的TDMA帧有8个时隙,正向和反向信道用不同的频率,即FDD双工方式。每一时隙分配给一个用户使用,带宽为200 kHz,在上行和下行各分配的25 MHz频带中共有124个载波频率,100 kHz的保护频带,即124×200 kHz+100 kHz+100 kHz=25 MHz。图3.23为GSM系统的信道设置示意图。

在DECT系统中,10 MHz的载波频带分为5个,每个为1.728 MHz。一个完整的TDMA帧共有10 ms,24个时隙,上行和下行信道各占一半,属于TDD方式,每一时隙持续时间为10/24=0.417 ms,传输480 bits,即传输速率达1.152 Mbps。图3.24为DECT系统的信道设置示意图。

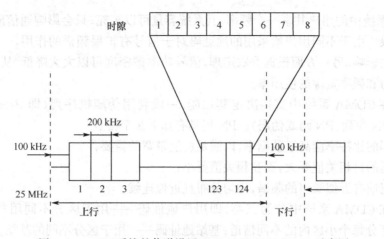

图 3.23　GSM 系统的信道设置(FDMA/TDMA/FDD)示意图

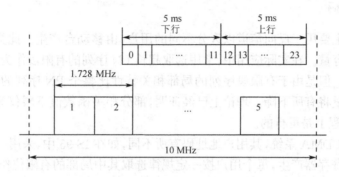

图 3.24　DECT 系统的信道设置(FDMA/TDMA/TDD)示意图

3.4.4　CDMA 方式

CDMA 即码分多址,是利用码型作为正交参量的多址方式。不同的用户通过码型区分,称为地址码。在通信过程中,正向和反向信道的区分也有两种方式,即 FDD 和 TDD,如图 3.25 所示。

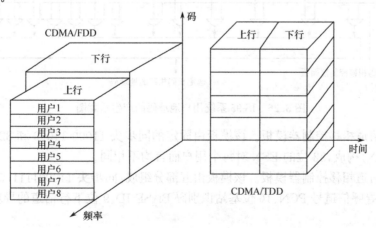

图 3.25　CDMA 的信道

CDMA 系统中的用户共享一个频率,其系统容量可以扩充,只会影响通信质量,不会造成硬阻塞现象。由于不同用户所采用的地址码对于信号有扩展频谱的作用,一方面可以减少多径衰落的影响,另一方面根据香农定理,信号功率谱密度可以大大降低,从而提高抗窄带干扰的能力和频率资源的使用率。

地址码在 CDMA 系统中直接决定其性能,一般利用伪随机序列(即 Pseudo-Random Noise,简称 PN 序列、PN 码或伪码)。PN 码具有如下 3 个特点:

1) PN 码的比特率应高于数据率,以满足扩展带宽的需要;

2) PN 码的自相关值要大,而互相关值要小;

3) PN 码应有近似噪声的频谱,均匀分布且近似连续。

地址码在 CDMA 系统中分为三类,即用户地址码——用于区分不同用户;信道地址码——用于区分每个小区内的不同信道;基站地址码——用于区分不同的基站。

1. 用户地址码

用户地址码主要用于反向信道以区分不同的用户,由移动台产生。此类码的数量直接决定了系统用户容量。在实际应用中,常用选取超长 PN 序列的有限段作为地址码的方法,以扩充用户容量。但是由于有限段序列的局部相关特性比整个 PN 序列的相关特性要差,所以接收信号质量将有所下降。理论上已经证明,部分相关函数值下限仅为周期相关函数值下限的 0.7,工程上是可行的。

对于不同的 CDMA 系统,其用户地址码有所不同,如在 IS-95 中,采用一个超长的 m 序列,由 42 位移位寄存器产生,每个用户按一定规律选取其中局部的有限位作为用户地址码,图 3.26 是 IS-95 系统中用户地址码的产生示意图。其中主伪码产生器是用 42 个移位寄存器构成的,通过相移控制器模板控制输出序列的相位,从而产生不同的地址特征。(在 IS-95中,系统时间采用 GPS 来保持一致。)IS-95 规定了 3 种形式的相移控制器模板:

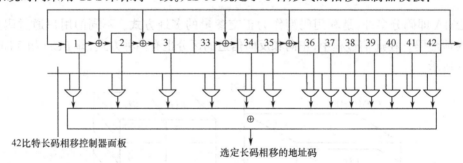

图 3.26 IS-95 系统用户地址码的产生示意图

1) 业务信道相移控制器模板。该模板由固定的同步头 11000 11000 和 32 位的用户电子序列号(ESN)构成,32 位的 ESN 对每个用户而言均不相同。

2) 接入信道相移控制器模板。该模板由五部分组成:同步头 110001111、5 位接入信道号 CAN、3 位寻呼信道号 PCN、16 位基站识别码 BASE-ID、9 位下行信道的导频偏置 Pilot-PN,共 42 位。

3) 寻呼信道相移控制器模板。该模板由四部分组成:18 位同步头 11000 11001 1010 0000、3 位寻呼信道号 PCN、12 位固定码和 9 位下行信道的导频偏置 Pilot-PN。

cdma2000 1X 系统中的用户地址码与 IS-95 系统完全相同。而 WCDMA 系统为了绕开 IS-95 的知识产权,采用了 Gold 码作为用户地址码,并分为长码和短码两类,用于第三代移动通信的两个阶段。

2. 信道地址码

在 CDMA 系统中,信道地址码选用 Walsh 函数系产生。在 IS-95 系统中,选用长度为 64 位的 64 个 Walsh 码作为信道地址码;而在 WCDMA 和 cdma2000 系统中为了满足不同用户对不同速率业务的要求,选用正交可变因子码(OVSF 码)作为信道地址码,信道之间满足正交特性的同时,可以实现不同速率的业务。

3. 基站地址码

基站地址码用于区分不同的基站,应保持正交性能。在 IS-95 系统中,所有不同的基站具有相同的 PN 序列,其差异在于起始相位不同,两基站地址码的相位差是 64 码片的整数倍。不同的相位利用 15 位的相移模板产生,共可产生 2^{15} 个相位,可提供的基站地址数位 $N=2^{15}/64=512$。cdma2000 1X 的基站地址码与 IS-95 完全相同,而 CDMA 3X 由速率为 3.686 4 Mchips 的码序列产生。WCDMA 系统的基站地址码采用了 Gold 码以绕开 IS-95 的知识产权问题。

CDMA 系统是目前 3G 通信的主流,相比 TDMA 和 FDMA 具有鲜明的特点。在相同的设备和传播条件下,CDMA 系统容量约为 FDMA 系统的 20 倍,TDMA 系统的 4 倍。此外,CDMA 系统中无须进行用户间的频率管理和分配,信道之间也不需要时间或频率的防护间隔。

3.4.5 SDMA 方式

SDMA 即空分多址,是通过空间的分割来区别不同的用户,即将无线传输空间按方向将小区划分成不同的子空间以实现空间的正交隔离。自适应阵列天线是其中的主要技术实现方式,可实现极小的波束和无限快的跟踪速度,能够有效接收每一用户所有有效能量,克服多径影响。SDMA 也可以与 FDMA、TDMA 和 CDMA 结合,在同一波束范围内的不同用户也可以区分,以进一步提高系统容量。图 3.27 是 SDMA 方式示意图。

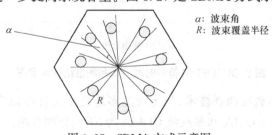

图 3.27　SDMA 方式示意图

3.4.6 OFDM 多址方式

OFDM 的基本原理是采用一组正交子载波并行地传输多路信号,每一路低速数据流综合形成一路高速数据流。对每一路信号而言,其低速率特点使符号周期展宽,则多径效应产生的时延扩展相对变小,从而提高数据传输性能。OFDM 是一种调制技术,自 20 世纪 90

年代以来被广泛用于多个宽带数据传输系统,如数字音频广播(DAB)、数字视频广播(DVB)及HDTV地面传输等;高速数字用户线(HDSL,1.6 Mbps)、非对称数字用户线(ADSL,6 Mbps)、甚高速数字用户线(VDSL,100 Mbps)等用户数据接入系统;无线局域网WLAN标准IEEE 802.11a/g、无线城域网WMAN 802.16及无线广域网标准802.20等;第四代移动通信系统中OFDM也是备选的方式之一。图3.28为OFDM符号的时域波形和频谱结构示意图。

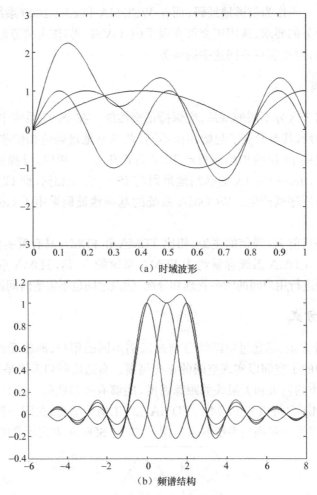

(a) 时域波形

(b) 频谱结构

图3.28　OFDM符号时域波形和频谱结构示意图

OFDM作为一种多载波调制技术,与传统的多址技术结合可以实现多用户OFDM系统,如OFDM-TDMA、OFDMA和多载波CDMA等,下面分别介绍。

1. OFDM-TDMA

OFDM与TDMA结合可构成OFDM-TDMA系统,信息的传送按时域上的帧来进行,每个帧分为若干时隙,时隙宽度等于一个OFDM符号的时间长度,用户根据传送信息的要求占用一个时隙或多个时隙,传送期间利用整个系统的带宽,即信息可分配在所有子载波上。IEEE 802.16及HIPERLAN-2均采用此方式。

2. OFDMA

OFDMA 是正交频分多址接入的简称,是利用不同的子载波区分不同的用户,每个用户占用一个子载波或多个子载波,各个用户频率之间不需要保护频段,提高了频率的利用率。同时,通过调整分配给用户的子载波个数,可实现不同速率的传输要求。OFDMA 有时也称为 OFDM-FDMA,是 OFDM 和 FDMA 的结合。子载波分配的方法有分组法和间隔法,前者是最简单的一种分配方式,每个用户分配一组相邻的子载波;后者是指每个用户分配的子载波是间隔开的,扩展到整个系统带宽。图 3.29 是两者的示意图。

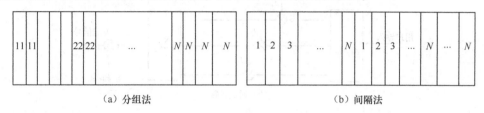

(a) 分组法　　　　　　　　　　(b) 间隔法

图 3.29　OFDMA 子载波分配方式

IEEE 802.16 标准中也采用了 OFDMA 模式,所用的就是间隔法分配子载波给用户。

3. 多载波 CDMA

OFDM 和 CDMA 相结合是 1993 年开始提出的新方法。该方法充分发挥 CDMA 有效对抗频率选择性衰落的特点,以及 OFDM 在频域均衡易于实现的特点,大大提高了数据传输速率。OFDM 和 CDMA 两者结合的方案有两种,一种是时域扩频,用给定的扩频序列对串/并变换后的数据流进行扩频,即在每一路子载波上对数据流进行 CDMA 操作,由于扩频后的信号带宽被限制在一个子载波中,一般宜选择较短的扩频序列。如果对经 OFDM 调制并求和后的信号进行 CDMA 操作,则可选择长扩频序列,以容纳更多的用户。另一种是频域扩频,即首先对每个信息符号用一个特定的扩频码进行扩频,而后将扩频以后的每个码片调制到一个子载波上,再求和形成传送的信号。若 PN 码长度为 N,则调制到 N 个子载波上,即不同的码片信号分别被调制到不同的子载波上(图 3.30(c))。

3.4.7　随机多址方式

3.4.2～3.4.6 节介绍了五种用户多址接入方式,均为基于物理层的固定分配的接入方式,如果用户有稳定的信息流需要传输,此方法具有相对高效的通信资源利用率。待传输的信息如果不连续或者是突发性的,则固定分配的接入方法会使通信资源在多数时间里处于闲置状态,使利用率达不到预期。近年来,随着无线数据通信的发展,基于网络层协议的随机分配的接入方式逐渐发展起来。与固定分配方式不同,随机分配资源使用户在需要发送信息时接入网络,从而获得等级可变的服务。若用户同时要求获得通信资源,则将不可避免地发生竞争,导致用户的冲突,因此,随机多址方式有时也称为基于竞争的方式或竞争方式。移动通信系统中随机多址方式主要用于数据传输,共有两大类,第一类是基于 ALOHA 的接入方式;第二类是基于载波侦听的随机接入方式。

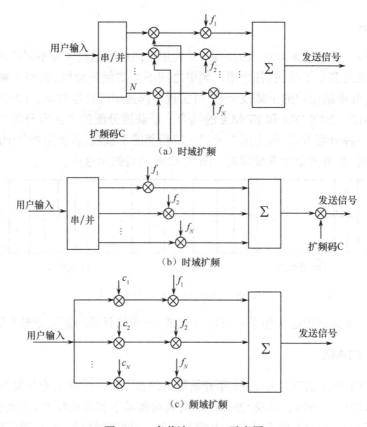

图 3.30 多载波 CDMA 示意图

1. ALOHA 多址方式

最早的随机多址方式是 ALOHA 协议,由于其种类最多,应用也最为广泛。ALOHA 多址协议提出的最初目的是利用无线电手段实现大范围内计算机网络的数据通信。早在 1971 年,Norman 及其同事就在夏威夷大学建立了 ALOHA 通信网络,他们用地区的 UHF 频段将岛上的几个大学的计算机连接起来,实现了多个计算机的随机接入。随着卫星技术的发展,1973 年,ALOHA 多址协议成功地用于夏威夷和美国大陆的计算机网络连接,并实现了与日本、澳大利亚大学的连接,显示了该协议的优越性能。除了计算机网络数据通信, ALOHA 协议也逐渐用于移动通信系统的语音和数据传输中。

ALOHA 协议的概念比较简单,此语是夏威夷语"HELLO(你好)"的意思,任何一个用户有数据需要发送即接入信道进行发送。发送结束后等待应答,如果在给定时间内未收到应答,则重发该数据。由于多个用户独立随机地发送数据,将会出现碰撞的情况,如图 3.31(a)所示。

为了避免碰撞发生,减少碰撞的概率,把时间轴分成多个时隙,时隙大小等于或大于一个数据分组的长度。所有用户均同步在时隙的开始时刻进行发送,称为时隙 ALOHA 协议,如图 3.31(b)所示。

假定用户数据产生率为 λ,即每秒内有 λ 个用户要求传输数据,发起时间满足指数分布,数据长度为 τ 秒。由于碰撞发生,导致每秒钟要求传输的数据为 $g > \lambda$,定义信道的归一

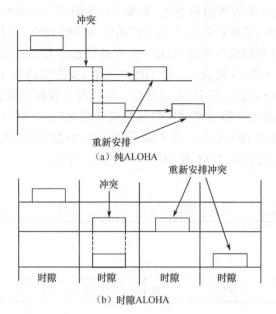

（a）纯ALOHA

（b）时隙ALOHA

（c）预约ALOHA

图 3.31 ALOHA 多址协议

化流量为 $G=g\tau$,用户数据不发生碰撞而成功发送的概率恰好等于该数据到达前 τ 秒和数据持续时间 λ 秒内均没有其他数据出现的概率,根据指数分布的特性,数据成功传输的概率为 $\exp(-2g\tau)$。定义单个数据传输时间 τ 内能够成功发送的数据量为信道归一化吞吐量,则有

$$S=Ge^{-2G} \tag{3.8}$$

当 $G=0.5$ 时,取最大值 $S=1/(2e)$。对于时隙 ALOHA,某数据不发生碰撞的概率仅为在单个时隙宽度 τ 内不出现其他数据的概率,即 $\exp(-g\tau)$,所以,信道吞吐量为

$$S=Ge^{-G} \tag{3.9}$$

当 $G=1$ 时,取最大值 $S=1/e$。

纯 ALOHA 协议的信道吞吐量较小,时隙 ALOHA 方式需要各用户严格同步,且吞吐量还不能满足大数据传输的需求。预约 ALOHA 协议将时隙分为竞争期和非竞争期,在竞争期内用户利用很短的分组申请非竞争期,用于传输长信息(大数据量),如图 3.31(c)所示。

为了减小数据传输发生碰撞的概率,各用户在发送数据前必须发送一个由用户 ID、

CRC 等组成的比数据短得多的预约包 RP。如果 RP 发送成功则表明信道空闲,该用户即可发送数据。信道空闲时,基站以周期 T 发送广播空闲信号 DIS。各用户接收 DIS 信号的同时等待信号的产生,若有消息待发送,则用户由等待状态进入发送状态并等候基站的 DIS 信号。处于发送状态的用户,在接收到一个 DIS 信号后,发送预约包 RP,若 RP 发送成功,基站再发送询问信号 DPS,通知该用户发送数据。用户发送数据完成后重新进入等待状态等候新消息的产生。接收完数据后基站广播包含确认信息的空闲信号 ADIS,表明信道处于空闲状态,继续周期发送 DIS 信号。以上是利用广播加预约的方式避免数据碰撞,故称之为 BR-ALOHA 多址方式,图 3.32 为 BR-ALOHA 示意图。

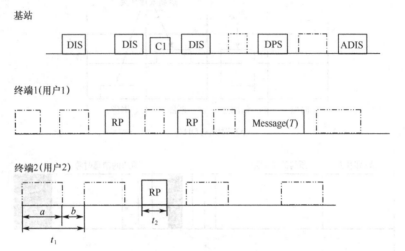

图 3.32　BR-ALOHA 示意图

在图 3.32 中,a 为 DIS 信号长度,b 为信号传输时延,T 为用户消息长度,t_2 为预约包长度,实线表示发送信号,虚线表示接收信号,c_1 表示碰撞。

假设收到一个 DIS 后,有 K 个用户立即发送 RP,K 为具有 Poisson 分布的随机变量,G 为信道负载,则有

$$p_i = p\{k=i\} = \frac{G^i e^{-G}}{i!} \quad (i=0,1,2,\cdots) \tag{3.10}$$

记 T_c 为两个连续 DIS 间的长度,在收到一个 DIS 信号后,无 RP、一个 RP 及一个以上 RP 信号被发送所对应的 T_c 分别为 t_1,$T+2t_1+t_2$ 和 t_1+t_2,因此,

$$E[T_c] = t_1 P\{K=0\} + (T+2t_1+t_2)P\{K=1\} + (t_1+t_2)\sum_{i=2}^{\infty} P\{K=i\}$$
$$= t_1 + t_2(1-e^{-G}) + (T+t_1)Ge^{-G} \tag{3.11}$$

则其吞吐量负载性能($S-G$)为

$$S = \frac{TP\{K=1\}}{E[T_c]} = \frac{TGe^{-G}}{t_1 + t_2(1-e^{-G}) + (T+t_1)Ge^{-G}} \tag{3.12}$$

如图 3.33 所示,当 $G=0.84$ 时,吞吐量 S 取最大值 0.68。从图中可以看出,信道负载小于 0.68 时,BR-ALOHA 的吞吐量最大,且不需要产生固定的时隙,整体性能优于 TDMA。

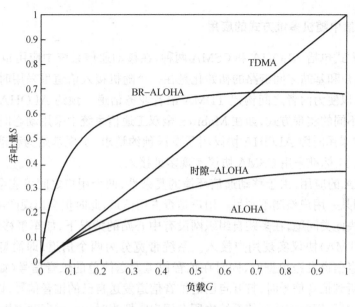

图 3.33 吞吐量负载性能

2. CSMA

ALOHA 及其变形在实现过程中用户的发送是相互独立的,碰撞和重发过程使信道资源利用率低下。用户在发送数据前对信道是否闲置进行侦听,若信道忙,则按照事先规定的准则推迟发送;若信道空闲,则进行发送。信道侦听是利用载波信号的检测来进行的,因此该方式称为载波侦听多址(Carrier Sense Multiple Access,CSMA)协议或先听后说(Listen Before Talk)协议。图 3.34 显示了 CSMA 的基本操作。

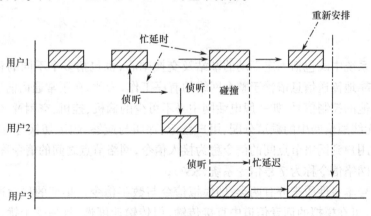

图 3.34　CSMA 的基本操作

用户 1 首先侦听信道再发送数据,共连续两次成功发送。用户 2 在此时发起侦听,发现信道忙,则延迟自己的发送时间,待信道空闲时成功发送数据。在用户 2 发送数据的同时,用户 1 和用户 3 均侦听到信道忙,按照事先设置好的延迟时间重新发送,但没有避免两者的碰撞。当然,碰撞出现时可采取类似 ALOHA 的方式进行规避。为了提高避免碰撞的效率,即减少碰撞发生,一般而言 CSMA 多用于局域网中,而 ALOHA 协议多用于广域网应用。

3. 移动通信中随机多址方式的应用

随机多址方式包括 ALOHA 和 CSMA 两种,在移动通信系统中应用也很多。在 GSM 网络里,移动用户和基站之间链路的初始化是在一个随机接入信道里采用时隙 ALOHA 协议建立起来的,以便为两者之间构建 TDMA 语音业务信道。预约 ALOHA 协议在不同的应用系统中有不同的实现方式,如在 Mobitex 全双工通信系统中采用动态时隙 ALOHA 协议;在 GPRS 中采用时隙 ALOHA 协议用于发送预约请求,实现基站为移动用户的信道分配。IEEE 802.11 标准采用 CSMA 协议实现多址接入。

对于 CSMA 的应用,由于移动通信环境的复杂性,两个用户之间可能会出现无法直接通信的情况,即某一用户检测不到另一用户是否占用信道,此时仍会出现两用户数据发送的碰撞。为了解决此类问题,在多跳自组织网没有中心站的情况下,如军事移动通信应用,采用忙音多址(BTMA)协议实现用户接入。系统带宽分为两个信道,即消息信道和忙音信道。用户在消息信道发送数据时,同时在忙音信道发送简单的忙音信号(如一个正弦波)。当其他用户侦听到忙音信号时,打开自己的忙音信道发送自己的忙音信号,以便告知其他用户消息信道在占用,用此方式可使系统内所有用户掌握当时的信道资源占用情况,尽最大可能避免碰撞的发生。

在移动数据通信系统中,正向(下行)和反向(上行)信道多采用不同的频率,两个方向信道的不同也可用于实现多址接入,这是通过数据侦听多址(DSMA)协议实现的。即正向信道广播一个周期性的忙空闲比特,以声明反向信道的可用性。移动用户在发送数据前检测忙空闲比特,若反向信道可用则发送数据;基站将该比特调整为忙状态指示,以避免其他移动用户终端发送信号。与 CSMA 不同,该方法是检测解调后的信息位而不是载波,故而称为数据侦听多址,主要用于 CDPD、ARDIS 和 TETRA 系统中。

3.5 信令

移动通信系统中既包括固定不动的基站及交换中心,也包括多个不同的移动用户。用户能够正确可靠地传送信息依赖于整个网络的有序工作,为此,在正常通话前后和过程中必须传输很多其他的控制信号,如一般电话网中必不可少的摘机、挂机、空闲音、忙音、拨号、振铃、回铃以及无线通信网中的频道分配、用户登记、呼叫与应答、越区切换等,此类控制信号统称为信令。用户到网络节点间的信令称为接入信令,网络节点之间的信令称为网络信令,移动通信中的网络信令称为 7 号信令系统(SS7)。

信令按信号本身性质来分有两类,即模拟信令与数字信令。早期的移动通信系统大都采用模拟信令,可在模拟的话音信道中直接传输,但传输速度慢,且易受干扰。现代大容量移动通信网大多采用数字信令,速度快、可靠性高,并可采用有效的纠错措施。

按信令信道与信息信道之间的关系,信令可分为随路信令与共路信令,前者是指与信息一起传输的信令;后者是指信令信道与信息信道完全分离,单独组网,其特点是信令容量大、传输速度快,并可方便地扩充新的信令规范,适应未来信息技术和各种未知业务发展的需要。

3.5.1 模拟信令

模拟信令即以单音频信号作为各种信令,可在模拟话音信道中传输,对载波调制后则可如话音一样在信道中传输。不同系统中使用的模拟信令不一致,下面介绍几种典型的模拟信令。

1. 带内单音频信令

在 0.3~3 kHz 范围内用 10 个不同的单音作为 0~9 十个数字的代表,根据被叫号码的顺序,依次发出相应的单音信号。此信令常用于同一频率工作的小容量移动通信系统,用来区别用户,在用户收到自己的选呼信号时才接通接收机的音频电路。对发端而言,需要多个不同频率的振荡器,而收端有相应的选择性极好的滤波器,每一单音必须持续一定时间,处理速度慢。例如,EIA(美国电气工业协会)标准规定的单音编码如表 3.4 所示。

表 3.4 EIA 的单音编码表(单音长 33 ms)

编 码	频 率	编 码	频 率
F0	600 Hz	F5	1 305 Hz
F1	741 Hz	F6	1 446 Hz
F2	882 Hz	F7	1 587 Hz
F3	1 023 Hz	F8	1 728 Hz
F4	1 164 Hz	F9	1 869 Hz

由于发送时每个数码间无间隔,所以当连发同样两个数码时将会导致接收端误判为一个。在实际应用中,第二个数码应发 R 代替。例如,发送 12335 时应发 123R5。

2. 带外亚音频信令

带内单音信令是利用音频带 0.3~3 kHz 范围内的单音,如果信令与话音有不同的频率,则可与话音同传。300 Hz 以下的亚音频信令就可以做到这一点,由于接收端只有解出此单音信号才能开启静噪电路,所以此种信令系统称为连续单音编码静噪系统(Continuous Tone Coded Squelch System,简称 CTCSS)或亚音频静噪系统。美国 EIA 制定的 CTCSS 标准中规定了两组频点 A 和 B,各有 16 个单音,分别是(单位:Hz)

EIA A 组:77.0,88.5,100.0,107.2,114.8,123.0,131.8,141.3,151.4,162.2,
173.8,186.2,203.5,218.1,233.6,250.3

EIA B组:71.9,82.5,94.8,103.5,110.9,118.8,127.3,136.5,146.2,156.7,167.9,
179.9,192.8,210.7,225.7,241.8

3. 同时单音顺序制

在电话号码表示中,十进制数 0~9 也可用 2 个不同的单音信号同时发送来区分,称为同时单音顺序制,也称双音顺序制,用较少的频率可得到大量的编号。移动通信中常用五中取二的体制。即有 5 种单音,每次取其中两个并列发送,则有 $C_5^2 = 10$ 种组合,分别表示 0~9 十个数字,如图 3.35 所示。

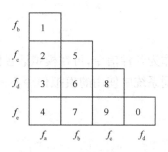

图 3.35　同时单音顺序制的数字表示

5 个频率 f_a、f_b、f_c、f_d 和 f_e 每次从中取两个同时发送,代表一个十进制数,如 f_a、f_c 代表"2",f_c、f_d 代表"8"。

4. 双音多频信令

双音多频(DTMF)信令与有线电话中所用的双音多频信令一样,可以和市话拨号信令兼容,不用进行信令变换,在移动通信系统中使用广泛。自 20 世纪 80 年代起即超过了双音顺序制信令,主要原因是 DTMF 信号容量大、速度快、实现的译码器体积小。

DTMF 信令共使用 8 个单音频率,分为高群(1 209 Hz,1 336 Hz,1 477 Hz,1 633 Hz)及低群(697 Hz,770 Hz,852 Hz,941 Hz),在高、低群中各取一个单音,就代表一个数字或字母符号,如图 3.36 所示,用按键对这些频率的单音进行控制。多数键盘只有 0~9、＊与♯,称为 3×4 按键阵(有时也称4×3按键阵)。

低群/Hz ＼ 高群/Hz	1 209	1 336	1 477	1 633
697	1	2	3	A
770	4	5	6	B
852	7	8	9	C
941	＊	0	♯	D

图 3.36　DTMF 按键阵

3.5.2　数字信令

随着电子技术及计算机技术的发展,模拟信令已逐渐不能适应大容量移动通信网的应用。数字信令由于电路易于集成、设备易于小型化且传输速度快、组码容量大等特点,已获得较为广泛的应用。数字信令的应用需考虑两个方面的问题,一是数据格式,便于接收端接收;二是传输方法,即调制,便于在无线信道中传输。

1. 数字信令格式

数字信令格式多种多样,不同通信系统的信令格式也各不相同。常见的格式有两种,如图 3.37(a)、(b)所示。

第一种格式中,发送一组地址或数据信息时,同时发送相应的同步码和纠错码;第二种格式中,发送同步信号后可以连续发送几组信息(含地址或数据)。在上述两种格式中,同步字(SW)采用不归零码(NRZ),其余信息均采用相位分裂码(SP),即用"0—1"表示不归零

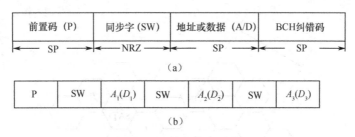

前置码（P）	同步字（SW）	地址或数据（A/D）	BCH纠错码
←—— SP ——→	←—— NRZ ——→	←—— SP ——→	←—— SP ——→

（a）

P	SW	$A_1(D_1)$	SW	$A_2(D_2)$	SW	$A_3(D_3)$

（b）

图 3.37　数字信令格式

码中的"1"，用"1—0"表示不归零码中的"0"，反之亦可。SP 码将码率提高了 1 倍，但能量集中在 1/2 码率以下，容易判决和传输。

前置码的作用是对收发两端起时钟对准作用，又称为位同步字，给出了每个码元判决的时刻，常用 1　0　1　0……间隔的码字。接收端用锁相环路可提取出相应的位同步信息。

同步字的作用是确定信息的起始位，相当于时分多路中的帧同步。同步字的选择有很多，其特点是应具有尖锐的自相关特性，便于和随机的数字信息区别开。最常用的是巴克码。

地址或数据中通常包含三种不同功能的信令，即控制、选呼和拨号信令，各种系统中均有其独特的规定。

纠错码的作用是减少因信道衰落而产生的随机误码，BCH 是一种能纠正离散差错的线性码（详见第 5 章），在移动通信系统数字信令中应用较多。

2. 数字信令的传输方法

基带数字信令常以二进制的 0、1 表示，在模拟移动通信系统中其速率一般在 100～10 000 bps 之间。为了在无线信道中传输，必须对载波进行调制。选择调制方式时主要从信令速率、调制带宽和抗干扰能力（即误码率）方面来考虑，对小于几百 bps 的数字信令，常用两次调制法，第 1 次用 FSK 和 PSK 方式，第 2 次是副载波调制；对于高速数字信令，常用一次调制的方法。与 FSK、PSK 相比，ASK 的抗干扰和抗衰落性能较差，移动通信中不予采用。

3.5.3　TACS 制式系统的信令

TACS 制式是我国 1987 年确定的模拟制蜂窝电话标准，尽管目前已不使用，但是其信令格式的设计非常具有代表性。下面就分别对其中的模拟信令和数字信令进行分析。

1. TACS 中的模拟信令

TACS 中的模拟信令有两种类型，一种称为监测音（Supervisory Audio Toner, SAT），一种称为信令音（Signaling Toner, ST）。

监测音（SAT）使用 3 种相差 30 Hz 的单音 5 970 Hz、6 000 Hz 和 6 030 Hz 信号作为信令，每一小区只能使用一种频率的 SAT，并和相邻小区使用不同的 SAT，如图 3.38 所示，同信道而又同 SAT 的小区间隔为 $\sqrt{3}D$（D 为频率复用距离）。

SAT 由基站连续发出，移动台收到后自动回传到基站，基站收到回送的 SAT 则认为移动台工作正常；否则将认为移动台工作不正常，如关机、处于衰落严重的状态或离基站太远。

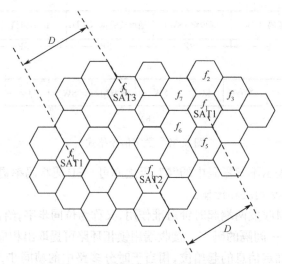

图 3.38　同频同 SAT 的小区位置

换句话说,基站可通过收到的 SAT 作为对移动台的监测依据,这也是称为监测音的原因。基站对 SAT 的监测为每 0.25 s 一次,即每秒钟执行 4 次对移动台状态的监测。

信令音(ST)使用 8 000 Hz 的单音,用于表示挂机、摘机或振铃,当基站收到移动台的 SAT,同时收到 ST,则表示移动台此时挂机;如只收到 SAT 而未收到 ST,则表示移动台摘机。SAT 和 ST 收到与否的四种状态如表 3.5 所示,ST 的脉冲串则代表振铃信号。

表 3.5　SAT 与 ST 状态表

(SAT,ST) 1:有,0:无	状　态
(1,0)	移动台摘机
(1,1)	移动台挂机
(0,1)	移动台处于衰落之中
(0,0)	移动台关机

2. TACS 中的数字信令

TACS 中数字信令在上、下行信道中的格式有所不同,其作用也不相同。上行信道,即移动台到基站方向(也称反向信道、接入信道),其传输的信令格式如图 3.39 所示。

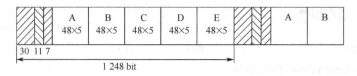

图 3.39　TACS 上行信道数字信令格式

从图中可以看出,48 bit 的前置码包括 30 bit 位同步、11 bit 帧同步及 7 bit 的数字色码(DCC),位同步为 101010…,帧同步为 11100010010。数字色码为四种,用于检测移动台捕获基站的数字信号,编码关系如表 3.6 所示。

表 3.6　DCC 编码表

DCC		7 bit 编码						
0	0	0	0	0	0	0	0	0
0	1	0	0	1	1	1	1	1
1	0	1	1	0	0	0	0	0
1	1	1	1	1	1	1	0	0

此编码用 7 bit 表示 2 bit,增加了冗余度,提高了传输的可靠性。后面 5 个数据字 A、B、C、D、E,每一数据字均重复发送 5 次 48 bit,可以大数判决接收。每一 48 bit 数据采用 BCH(48,36)码,前 36 bit 为信息比特,后 12 bit 为校验比特。传输的信息共有 4 类:

　　1) 寻呼响应,移动台收到基站的寻呼后,做出响应回答;

　　2) 发起呼叫,移动台主叫时,在上行信道发出"请求接入"的信息;

　　3) 指令肯定,移动台对基站指令的响应,表示已收到;

　　4) 指令,移动台发出要基站或交换中心执行的指令。

数据 A、B、C、D、E 的作用分别为:

A——缩位地址字,用以识别移动台;

B——展长的地址字,根据基站的要求发送或在漫游时发送;

C——移动台序号,用以证明此台是否有权用户;

D——被叫地址中的第一个字;

E——被叫地址中的第二个字。

下行控制信道上传输的为基站发给移动台的信令,其格式如图 3.40 所示。

图 3.40　TACS 下行控制信道的数字信令

　　下行信令由 10 bit 位同步(1010101010)、11 bit 的巴克码帧同步(11100010010)及重复 5 次的 A、B 数据组成,A、B 数据均为 40 bit,采用 BCH(40,28)纠错码,28 bit 信息加 12 bit 校验码。且每 10 bit 插入一忙闲比特(0=忙;1=闲),只有为 1 时移动台才可接入。一旦移动台接入控制信道,基站就将此比特从"1"变为"0",以通知其他移动台此时控制信道忙,不能接入。

3.5.4　TACS 制的用户通话过程及控制

　　上一节介绍了 TACS 制的模拟信令和数字信令格式,本节主要介绍这些信令是如何应用的。

1. 初始状态

　　移动台开机后就对每个专用控制信道进行扫描,并检测其信号强度,而后选择一个信号最强的信道(一般情况下为该移动台所处小区的基站的控制信道),而后在此信道上继续监测,等候基站寻呼移动台的信息。选择信道的过程共需 6 s,但间隔一定时间或在必要时要重复这一过程,以适应移动台位置变化导致的信号变化。

2. 移动台被叫

移动台被叫的过程有以下几个环节:

1) 寻呼。如市话用户呼叫移动台时,拨出移动台的电话号码,市话局根据该移动台所属的局号经有线电路接到移动台所属的移动交换中心(MTSO)。MTSO 收到该电话号码后转换为移动台的识别号码,并发出指令让所属各基站在各自的下行控制信道上寻呼该移动台。

2) 寻呼的响应。移动台在选定的基站下行控制信道上收到寻呼自己的信号后,通过上行控制信道向基站做出回答响应,基站将其响应报告给 MTSO。

3) 信道的指配。MTSO 根据系统内话音信道的忙闲情况,将该基站的某空闲信道指配给它,同时为此基站指配一个话音中继线。基站通过下行控制信道通知被呼移动台指配的无线信道号码,移动台收到后切换到指配的无线信道,并在话音信道转发 SAT。基站收到 SAT 后,即确认移动台已收到并处于摘机状态(SAT=1,ST=0),并使相应的话音中继线处于摘机状态,此时 MTSO 认为话音信道至移动台已接通。

4) 振铃。话音信道接通后 MTSO 即可令服务的基站发送振铃指令,移动台收到该指令后在本机产生振铃,并发出 ST 音(此时状态为 SAT=1,ST=1),通知 MTSO 振铃信号已给出,MTSO 则向主叫方发出回铃音。

5) 通话。移动台振铃后,用户按接通键使 ST=0,基站识别出用户已摘机并告知 MT-SO,MTSO 撤销回铃音并建立通话电路,双方开始通话。

3. 拆线

通话结束后即开始拆线,拆线可由任何一方发起,但动作略有不同。如果移动台首先挂机,则拆线过程有如下 3 个步骤:

1) 释放。移动台挂机发信令音 ST,并关闭其发射机。基站收到 ST 后通知 MTSO 话音中继线挂机。

2) 空闲。MTSO 收到挂机信号后,使所有与此次呼叫有关的交换部件空闲,并向市话网发出拆线信号,市话网将此拆线信号转发给呼叫方。

3) 基站发射机关机。MTSO 命令基站关闭此次呼叫中所有的信道发射机,以备新的呼叫使用。

如果是市话用户首先挂机,其过程如下:

1) 空闲。市话用户挂机,则市话网向 MTSO 送来拆线信号,MTSO 使所有与此次呼叫有关的交换部件空闲。

2) 命令释放。MTSO 向基站发送释放命令,基站通过话音信道向移动台转发此释放命令,移动台收到后发送信令音 ST 并关掉发射机。基站收到 ST 后,发送挂机信号给话音中继线。

3) 基站发射机关机。MTSO 收到中继线的挂机信号,则命令基站关掉此次呼叫使用的发射机,于是拆线完成。

4. 移动台主呼

如果移动台主动发出呼叫,则整个通话过程的建立和被呼有所不同,主要涉及以下几个环节:

1) 基站选择。移动台隔一定时间就扫描一次控制信道,并守候在信号最强的信道上,即选择了自己所在小区的基站。

2) 发起前拨号。为缩短无线信道的占用时间,移动台先拨号后发送。若拨号错误则可重新拨,而不必发送出去。

3) 发起呼叫。拨号成功后按发送键,则开始占用上行控制信道请求发送的程序。若请求获得成功,移动台将自身序号和被叫号码(如市话用户)一起由上行控制信道发送出去,基站收到后转发给 MTSO。若两移动台同时发起请求则产生"碰撞",此次呼叫失败,移动台随机等待 0～250 ms 后再次发起请求。如果请求发送 5 s 后没有回答,则此次呼叫即告结束。若每秒有 2 个脉冲的忙音送给用户,表示信道忙。

4) 信道指配。MTSO 收到基站转发的呼叫请求后,指定一个无线信道号码和话音中继线,并通过基站告知移动台。移动台调整到指定的无线信道并转发所收基站的 SAT 音,表示摘机。

5) 向外发出拨号信令。MTSO 通过市话网表示摘机,并按标准拨号方式(脉冲或双音多频)发出被叫用户的电话号码。

6) 振铃。市话网向被叫用户振铃,同时向 MTSO 发送回铃音,MTSO 将此回铃音由基站转发到主叫移动台。

7) 通话。主呼移动台收到回铃音后摘机应答即可进行通话。

上述过程均为通话过程顺利进行的情况,实际应用中经常出现与此不同的情况,如被叫方不应答、信道忙、试呼叫次数超限等,信令的应用必须考虑这些特殊情况出现时的处理措施。

如果通话是在两个移动台之间进行,其过程是移动台主呼和移动台被叫的合并,只是没有 MTSO 与市话网之间的通信过程。两移动用户属于不同的 MTSO 管理区,主呼方 MTSO 要根据被叫方号码判断其所属的 MTSO,以此建立起两 MTSO 之间的连接,从而完成移动用户之间的通话。

3.6 移动性管理

移动通信系统与固定通信系统不同,用户可以在系统内移动地接受服务,为了使任意消息能够到达指定的目标,必须掌握目标的位置,位置管理就是用于跟踪系统中的移动用户而执行的工作。尤其是在小区制组网中,系统工作范围是由多个小区构成的,移动用户在某个时刻位于哪一小区将直接决定接入业务的过程。当移动用户从一小区移动到另一小区时,为保证正常的通信业务,接入信道必须切换,以适应新小区基站的信道指配,这种操作称为越区切换。位置管理和越区切换通常合称为移动性管理。

3.6.1 位置管理

位置管理是指跟踪移动台的位置,确定移动台的状态,目的是保证在其移动时不影响业务的正常提供,并根据其状态和业务需要采取合适的措施。位置管理涉及网络处理能力和网络通信能力,前者与数据库的大小、查询的频率和响应速度有关;后者与位置更新、查询信息所增加的业务量及时延等有关。位置管理所追求的目标就是以尽可能小的处理能力和附加的业务量,最快地确定用户位置,以求容纳尽可能多的用户。

位置管理包括两个主要的任务:位置登记(Location Registration)和呼叫传递(Call Delivery)。前者是指在移动台实时位置信息已知的情况下,更新位置数据库(归属位置寄存器 HLR 和访问位置寄存器 VLR);后者是指在有呼叫给移动台的情况下,根据 HLR 和 VLR 中可用的位置信息来定位移动台。

现有移动通信系统将覆盖区域分为若干个登记区(Registration Area,RA),在 GSM 系统中登记区称为位置区(Location Area,LA)。当一个移动用户进入一个新的 RA 时,位置登记过程为:在管理新 RA 的新 VLR 中登记此用户,修改 HLR 中记录服务该用户的新 VLR 的 ID 号;在旧 VLR 和 MSC 中注销此用户。

呼叫传递过程主要分为两步:确定为被叫用户服务的 VLR 及确定被叫用户正在访问哪个小区。确定 VLR 的过程如下:

1) 主叫用户通过基站向其 MSC 发出呼叫初始化信号;

2) MSC 通过地址翻译过程确定被叫用户的 HLR 地址,并向该 HLR 发送位置请求消息;

3) HLR 确定出被叫用户服务的 VLR,并向该 VLR 发送路由请求消息;VLR 将此消息转给 MSC;

4) 被叫 MSC 给被叫用户分配一个称为临时本地号码(Temporary Local Directory Number,TLDN)的临时标识,并向 HLR 发送一个含有 TLDN 的应答消息;

5) HLR 将上述消息转给主叫用户的 MSC;

6) 主叫 MSC 根据上述信息向被叫 MSC 请求建立呼叫。

确定访问小区可通过寻呼的方法实现,寻呼是在一个小区或一组小区中广播一份消息,引起用户对一个呼叫或到达信息进行响应。如果只在移动终端所在的小区内发送寻呼,则可产生最准确的位置估计,也可减小寻呼的开销。有一种称为"最近小区优先"的寻呼策略,在每个寻呼周期中首先对用户上次所在的小区进行寻呼,而后再对与该小区等距的小区环进行寻呼。如果第一个位置估计不正确,就会进行下一次寻呼,依次类推。此寻呼方法也称为顺序寻呼法。另一种寻呼方法称为"地毯寻呼",是指在一个 LA 的所有小区中同时寻呼用户,则可以最小的响应延迟完成定位。当然,此寻呼方法的前提是用户所在的 LA 已经及时更新,这需要优化的位置更新策略来实现。

位置更新是指用户进入一个新的 LA 时及时更新信息,使移动台与网络随时保持联系,在网络覆盖范围内的任何一个地方都能接入到网络中。或者说网络能随时知道用户所在的位置,随时寻呼到移动台。

位置更新的示意图如图 3.41 所示,在同一个 LA 内移动不需要位置更新,跨小区时才要进行位置更新。但如果某用户在两个 LA 的边界穿越,则会产生"乒乓效应",使系统的数据库运行太频繁,降低系统运行效率。

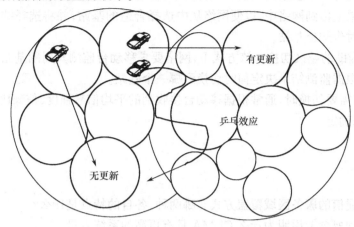

图 3.41　位置更新示意图

为了提高效率,减少"乒乓效应"的出现,有多种动态位置更新策略:

1) 基于时间的位置更新策略:每个用户每隔 ΔT 秒周期性地更新其位置,ΔT 的确定可由系统根据呼叫到达的间隔的概率分布动态确定。

2) 基于距离的位置更新策略:移动台离开上次位置更新后所在小区的距离超过一定值(距离门限)时,则进行更新。距离门限的确定取决于各个移动台的运动方式和呼叫到达参数。

3) 基于状态的位置更新策略:移动台根据自己的当前状态信息决定何时进行位置更新,包括消逝时间、穿越 LA 的数量以及接收呼叫的次数。

4) 基于用户分布图的位置更新策略:在系统中保持一份 LA 序列表,记录移动台在不同时间的可能位置,用于位置更新参考。

3.6.2　越区切换

越区切换是小区制移动通信系统的又一特色,是指移动台当前的通信链路需要从一个基站转移到另一个基站的过程。越区切换发生在移动台从一个基站覆盖小区进入到另一个基站覆盖小区的情况,目的是使通信保持连续不中断。

越区切换发生的两个前提是跨越小区和正在通信,为了使切换不影响通话质量,要求切换时间小于 100 ms。在实际应用中有两类切换方式:硬切换和软切换,前者是指新的连接建立以前先中断旧连接;后者是指新旧连接共存一段时间,新连接稳定之后再中断旧连接。

用户在通话过程中移动到新小区,新小区如果没有空闲信道则不能实现正常的切换,造成切换失败及通话中断。常用的做法是在每个小区预留部分信道专门用于越区切换。其特点是新呼叫可用的信道数减少,增加呼损率,但减少了通话被中断的概率,符合人们的使用习惯。

越区切换的过程控制主要有如下 3 种:

1) 移动台控制的越区切换。在该方式中,移动台连续监测当前基站和几个越区时的候选基站,其信号强度和质量满足某种准则后,移动台选择最佳基站,并发送切换请求。

2) 网络控制的越区切换。基站监测来自移动台的信号强度和质量,当信号低于某个门限时,网络安排向另一个基站的切换。此方式下,移动台周围的基站都要监测该移动台的信号,并把测量结果上传到网络中,以便网络从中选择合适的基站,并将选择结果通过旧基站告知移动台,同时告知新基站。

3) 移动台辅助的越区切换。该方式下,网络要求移动台监测其周围基站的信号并报告给旧基站,网络根据监测结果决定何时切换到哪一个基站。

在决定何时需要切换时,通常根据移动台接收到的平均信号强度、信噪比(信干比)或误比特率参数等来确定。

习题

3.1 移动通信的服务区域覆盖方式有哪两种,各自的特点是什么?

3.2 从物理概念上说明为什么 CDMA 具有更高的系统容量?

3.3 已知在 999 个信道上,平均每小时有 2 400 次呼叫,平均每次呼叫时间为 2 min,求这些信道上的呼叫话务量。

3.4 已知每天呼叫 6 次,每次呼叫平均占用时间为 120 s,繁忙小时集中系数 K = 10%,求每个用户忙时话务量。

3.5 信令分为哪几种? 各自特点是什么?

3.6 移动性管理包括哪两个方面? 各起什么作用?

3.7 切换分为哪几种? 请描述一个完整的切换流程。

第4章 移动通信中的信源编码

通信的任务是传输信息,信息传输的有效性和可靠性是通信系统最主要的质量指标。有效性是指在给定的信道内能传输的信息内容的多少,而可靠性是指接收信息的准确程度。这两者是相互矛盾而又相互联系的,通常也是可以互换的。有效性通常利用信源编码来实现,可靠性通常利用信道编码来实现。在移动通信系统中,从第二代数字式移动通信系统开始,就应用了信源编码技术,但主要是语音编码;而第三代移动通信系统中除语音业务外,还有数据和图像业务,因此信源编码也有图像和视频编码的内容。本章将一一介绍。

4.1 语音编码概述

语音编码主要是利用语音的统计特性,解除语音的统计关联,压缩码率,提高通信系统的有效性。移动通信对语音编码的要求包括:

1) 编码速率要适合在移动信道内传输,应低于 16 kbps;
2) 编解码总时延不能超过 65 ms;
3) 算法复杂程度要适中,易于大规模电路集成且功耗要低;
4) 语音质量要高,复原语音后保真度要高。

上述要求之间有时候是相互矛盾的。例如,要求高质量语音,编码速率就应高一些,而信道带宽有时又不允许。因此,上述几项要求往往要综合考虑对比,选择最佳的编码方案。

4.1.1 语音信号的特性

语音信号是人通话中产生的信号,具有与其他信号不同的特征,这些特征对于设计语音编码有一定的参考作用,最常用的有以下几个:

1) 语音信号幅度非均匀概率分布;
2) 连续语音抽样信号之间的非零自相关性;
3) 语音频谱的非平坦特性;
4) 语音中存在清音和浊音成分;
5) 语音信号的类同期性;
6) 语音信号是带限信号。

1. 概率密度函数(PDF)

一般地,语音信号的概率密度函数在低幅度处呈现高值,在高幅度处呈现低值,在两个极端之间呈单调递减。对于短时间语音的概率密度函数通常近似地认为是高斯分布的单峰函数;而长时间的概率密度函数近似表达式为双边指数函数

$$p(x) = \frac{1}{\sqrt{2\sigma_x}} \exp(-\sqrt{2}\,|x|\,/\sigma_x) \tag{4.1}$$

其中,x 为语音信号幅度,σ_x 为幅度的标准偏差。$x=0$ 时 PDF 有一个明显的峰值,这是由于

语音信号经常性地出现暂停及大量低频语音成分的原因。

为了保证输入信号的 PDF 与量化电平分布相匹配,采用非均匀量化(包括矢量量化)方法,在高概率分布的地方,安排更多的量化电平,而在低概率的地方,安排较少的量化电平。

2. 自相关函数 (ACF)

相邻的语音信号采样值之间有很大的相关性,即每一个抽样值在很大程度上可以从以前的抽样值中预测,且仅有很小的随机误差,差分编码及预测编码都是以该特性为基础的。

信号采样值之间的自相关函数是衡量相关性的表达形式,如式(4.2)所示

$$C(k) = \frac{1}{N} \sum_{n=0}^{N-|k|-1} x(n) \cdot x(n+|k|) \tag{4.2}$$

其中,$x(k)$ 表示第 k 个语音信号抽样值。

按照语音信号的方差对自相关函数进行归一化,其值在 $[-1,1]$ 范围内,且 $C(0)=1$。典型信号的连续抽样值之间的相关性($k=1$)为 $C(1)=0.85\sim0.9$。

3. 功率谱密度 (PSD)

语音信号的功率谱密度具有非平坦的特性,是非零自相关函数在频域中的典型表现。典型语音信号长期平均后,高频部分对整个语音能量作用很小,尽管也携带了语音信息,但是可以在编码时针对高、低频分别编码,从而能够明显地压缩信号,得到最大的编码增益。

功率谱密度的非均匀特性用频谱平坦测试 (SFM) 参数来描述,SFM 定义为 PSD 在频域轴上均匀间隔抽样点的算术平均值与几何平均值之比,其数学表示公式为

$$\text{SFM} = \frac{\dfrac{1}{N}\sum_{k=1}^{N} S_k^2}{\left[\prod_{k=1}^{N} S_k^2\right]^{1/N}} \tag{4.3}$$

其中,S_k 是 PSD 在频域轴上第 k 个抽样点的值。语音信号长期 SFM 的典型值为 8,而短期值为 $2\sim500$。图 4.1 所示为典型的语音信号时域波形与频域波形。

4.1.2 语音评价

在语音编码技术中,对语音质量的评价是一个很重要的问题。同样,对语音编码质量的评价方法也是该领域的一个重要研究方向。多年来人们提出了各种各样的方法,归纳起来大致可分为两类,即客观评价方法和主观评价方法。

客观评价方法是用客观测量的手段来评价语音编码的质量,常用方法有信噪比、加权信噪比等,都是建立在度量均匀误差的基础上,其特点是计算简单,但不能完全反映人对语音质量的感觉。此评价方法适用于速率高于 16 kbps 的编码方案。

主观评价方法更加注重人类听话时对语音质量的感觉,是实际应用的具体表现,在语音评价领域应用广泛。主观评价方法之一是主观评定等级(Subjective Opinion Scale),或称平均评定等级(MOS),采用五级标准,由足够的试听者在相同信道环境中试听并给出评分值,求出所有试听者评分的均值,作为评定等级。在试听中由于试听者注意力集中程度不同,给

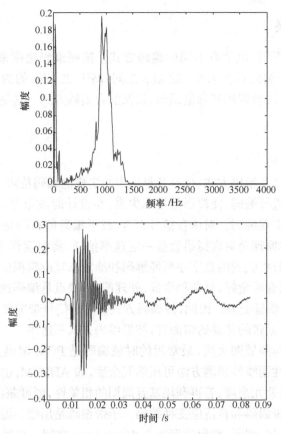

图 4.1　典型的语音信号波形

出的评分也不完全一致,为了减少评分波动的影响,一方面试听者要足够多,另一方面语音素材也要足够丰富,环境也应尽量保持相同。因此,对语音质量的评价还需结合考虑注意力集中程度,即对应于主观评定等级,收听注意力等级(Listening Effect Scale)也是一个衡量的因素。表 4.1 列出了主观评定等级的各级数值。

表 4.1　主观评定等级

质量等级	分数	收听注意力等级
优	5	可完全放松,不需要注意力
良	4	需要注意,但不需要明显集中注意力
中	3	中等程度的注意力
差	2	需要集中注意力
劣	1	即使努力去听,也很难听懂

在主观评价中,由于用户之间的听力差异,只能以多数用户的评价为标准,实用中以90%的主观评价为标准。从用户角度看,通常认为 MOS 在 4.0~4.5 分为高质量语音编码,达到长途电话网的质量要求;MOS 为 3.5 分左右称为中等质量,此时听者可感觉到语音质量下降,但不影响正常的通话,可以满足多数通信系统使用要求。MOS 为 3.0 以下通常称为合格语音质量,一般只有足够高的可懂度,但是自然度较差,不容易识别讲话者。MOS为 1~2 分则视为不合格,不能用于通信中。

4.1.3　语音编码分类

语音编码分类方法不同,也就有不同的编码方式。按照编码速率来分,有低速率编码器,低于 4.8 kbp;中速率编码器在 4.8～32 kbp 之间;高于 32 kbp 的为高速率编码器。如果按照编码对象来分,有波形编码和参量编码,以及混合编码方式。这是语音编码的基本分类方式。

1. 波形编码

波形编码是基本的语音编码方式,也是最早提出并实现的编码技术。

波形编码是对波形进行编码,使波形保持不失真,在设计时波形与具体的信源相分离,可针对各种各样的信号实现编码。对语音信号而言,波形编码的目的是使语音波形编码后保持原波形形状,其基本原理是对模拟语音按一定速率抽样,将幅度样本分层量化,并用代码表示;解码是其反过程,将收到的数字序列经解码和滤波恢复成模拟信号。其优点是适应很宽范围的语音特性,语音质量好,复杂程度低,处理简单;缺点是编码速率高,压缩率低,码率小于 16 kbps 时,音质明显变差。因此,该编码方式适用于信号带宽要求不太严格的通信系统,而对频率资源相对紧张的移动通信而言,波形编码方式不适用。

波形编码包括时域与频域两大类,最常用的时域编码是 PCM 编码。在 PCM 基础上,利用采样值之间的相关性用线性预测方法可压缩冗余度,如 ADPCM;也可用压扩自适应量化、不均等份分配方法压缩冗余度,若再利用基音周期的相关性,则可兼用两种预测方法。

频域编码又分为子带编码和自适应变换编码。子带编码是用带通滤波器将话音频带分为若干子带,然后分别采样、编码,编码速率在 9.6～32 kbps 之间。自适应变换编码首先将语音在时间上分段,而后每段进行取样(一般每时段信号有 64～512 个取样点),再经数字正交变换转至频域,取相应各组频域系数,进行量化、编码和传输。对接收端则进行相反处理,以恢复时域信号。其编码速率为 12～16 kbps。

2. 参量编码

波形编码的语音质量较高,实现也较简单,但其速率较高,即所占频带较宽,影响通信系统的质量。为了提高系统容量,需要低速率的语音编码技术。参量编码就是可实现 2～4.8 kbps 速率的编码技术,通过对语音信号特征参数的提取和编码,使重建的语音信号可有效地传输,保持原语音的语意,而不关心重建信号的波形与原波形的差别。此类编码方案实现了低速率,提高了系统容量,但牺牲了语音质量,其自然度较低,有时不能分辨讲话人是谁。

参量编码分为线性预测编码和声码器两类,前者是最流行的语音编码技术,后文将详细介绍。声码器对语音波形进行频谱分析,取出表示声道谐振特性的频谱包络信息;有语音时将信源模拟成相当于声带振动的周期性脉冲序列;无语音时把信源模拟成随机噪声,并以较少的信息来传输。声码器的音源信息可以极小,但音质近似于机械音,且易受讲话者及环境噪声所影响。

声码器分为谱带式、共振峰式、倒频谱式和语音激励式。

谱带式声码器是第一个实际的语音分析合成系统,是频域声码器,发端只发送语音信号

的 3 种信息:

- 语音通过 10～20 个并联带通滤波器检波取出信号包络,再用 50 Hz(或 30 Hz)帧频传送;
- 声带音调通过音调控制器,从语音中分析出基音频率再取出电压;
- 语音中的"清音"和"浊音"信号。

上述 3 种信息分别通过取样、量化、编码,之后再合成一路进行发送。

在接收端有蜂音噪声发生器,产生周期脉冲(f 与基音相等)。清音/浊音控制检测器输出(交替通断),而后被发端来的相应信息调制再合成语音(速率可达 2.4 kbps)。

共振峰式声码器利用语音频率中主要元音的共振峰(至少 3 个)信息进行编码,速率可达 1.2～6 kbps。

倒频谱式声码器通过对数能量谱的反傅里叶变换生成信号倒频谱、分离激励和声道频谱。倒频谱中的低频系数相对应于声道频谱包络;高频激励系数形成多个抽样周期内的一个周期性脉冲序列。线性滤波器用于分离激励系数和声音倒频谱系数。在收端,倒频谱系数经傅里叶变换产生声道冲激响应,用一个合成激励信号(随机噪声或周期脉冲序列)与冲激响应卷积,可重新产生原信号。

语音激励式声码器采用了一个低频的 PCM 和高频参量编码的混合模式。通过提取、带通滤波和清除基带信号,产生一个能量分布在谐波处并且频谱平坦的信号从而再生语音,速率可达 7.2～9.6 kbps。

3. 混合编码

混合编码是吸取波形编码和参量编码的优点,以参量编码为基础并附加一定的波形编码特征,以实现在可懂度基础上适当改善自然度的编码方法,其码率介于上述两类编码之间。

参量编码一般也称为声码器,而混合编码有人将其称为软声码器。在上述三类编码方式中,波形编码质量最高,可适用于公用骨干(固定)通信网;参量编码质量最差,不能用于骨干通信网,仅适用于特殊通信系统,如军事与保密通信系统;混合编码质量介于两者之间,主要用于移动通信网。因此,本书后面介绍的移动通信系统中的语音编码均为混合编码方式。为了介绍清楚混合编码,下面首先对波形编码和参量编码的基本原理加以阐述,使读者有一个全面系统的了解。

4.2　语音编码的基本原理

4.2.1　波形编码

语音信号是模拟信号,在时间和幅度上都是连续的,其频带范围对人而言是 300～3 400 Hz(一般为 0～3 400 Hz)。波形编码是直接将时间域上的模拟信号变换为数字信号,如图 4.2 所示。

波形编码包括两个基本过程:抽样和量化,前者是对连续时间进行离散化;后者是对连续幅度离散化。抽样和量化也是所有语音编码的基础。

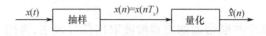

$$x(t) \rightarrow \boxed{\text{抽样}} \xrightarrow{x(n)=x(nT_s)} \boxed{\text{量化}} \rightarrow \hat{x}(n)$$

图 4.2　语音波形编码原理图

1. 抽样

所谓抽样,就是将一连续的模拟信号 $x(t)$,每隔一定时间 T_s 录取相应时刻的信号值 $x(nT_s)$,称为抽样值。其中 T_s 称为抽样周期,$n=0,1,2,\cdots,f_s=1/T_s$ 称为抽样频率,表示每秒钟抽取多少个样值。抽样是将连续的模拟信号转变为离散的信号序列的过程。

抽样频率和信号带宽之间的关系由抽样定理来确定,其内容描述如下:一个频带限制在 $(0,f_m)$ 内的连续信号 $x(t)$,如果抽样频率 f_s 大于或等于 $2f_m$,则可以由抽样序列 $\{x(nT_s)\}$ 无失真地重建原始信号 $x(t)$。在离散序列 $\{x(nT_s)\}$ 中包含原始信号 $x(t)$ 的所有频谱分量。

设 $x(t)$ 为音频信号,频率范围为$(0\sim3.4\ \text{kHz})$,抽样脉冲序列是一个周期性冲激函数 $\delta_T(t)$,抽样过程是 $x(t)$ 与 $\delta_T(t)$ 相乘的过程,即抽样后信号 $x_s(t)=x(t)\delta_T(t)$,由频域卷积定理可知

$$X_s(\omega)=\frac{1}{2\pi}\big[x(\omega)*\delta_T(\omega)\big] \tag{4.4}$$

其中,$x(\omega)$ 为音频信号 $x(t)$ 的频谱,而

$$\delta_T(\omega)=\frac{2\pi}{T_s}\sum_{n=-\infty}^{+\infty}\delta(\omega-n\omega_s) \tag{4.5}$$

所以

$$X_s(\omega)=\frac{1}{T_s}\Big[x(\omega)*\sum_{n=-\infty}^{+\infty}\delta(\omega-n\omega_s)\Big]$$

$$=\frac{1}{T_s}\sum_{n=-\infty}^{+\infty}x(\omega-n\omega_s) \tag{4.6}$$

如图 4.3 所示,在 $f_s\geq2f_m$ 时,周期性频谱无混叠现象,于是经过截止频率为 f_m 的理想低通滤波器后,可无失真地恢复原始信号[见图 4.3(c)];如果 $f_s\leq2f_m$,则频谱间出现混叠现象[见图 4.3(d)],此时不可能无失真地重建原始信号。

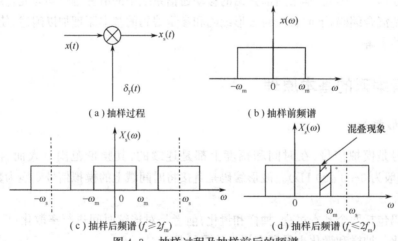

图 4.3　抽样过程及抽样前后的频谱

在抽样定理中可恢复原始信号所必需的抽样间隔为奈奎斯特间隔,相应的抽样频率为奈奎斯特抽样频率。对于 $f_m=3.4$ kHz 的语音信号,抽样频率应不低于 6.8 kHz。

2. 量化

语音信号抽样后变为离散的信号序列,但还未完成数字化。信号的数字化由量化过程来完成,即将一个连续幅度值的无限数集合映射成一个离散幅度的有限数集合。相邻的两量化值之差称为量化阶距,用 Δ 表示,Δ 值的大小可自行按需要规定。根据量化过程中 Δ 的取值可分为均匀量化和非均匀量化,均匀量化的 Δ 是一个常量,而非均匀量化的 Δ 是可变的。

图 4.4 所示为量化过程的示意图,当量化器输入信号幅度 x 落在 x_k 与 x_{k+1} 之间时,量化器输出电平为 y_k,即

$$y=Q(x)=Q(x_k<x\leqslant x_{k+1})=y_k,$$
$$k=1,2,\cdots,L \tag{4.7}$$

其中,x_k 称为判决阈值或分层电平,$\Delta_k=x_{k+1}-x_k$ 称为量化阶距,y_k 称为量化电平。

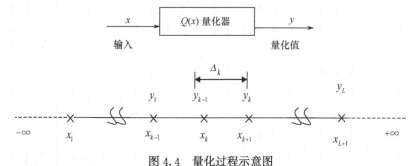

图 4.4　量化过程示意图

衡量量化器性能的指标为量化误差 q,定义为

$$q=x-y=x-Q(x) \tag{4.8}$$

对于语音、图像等随机信号,q 是一个随机变量,也称为量化噪声,用均方误差来度量。设 x 的概率分布函数为 $p_x(x)$,则量化噪声

$$\delta_q^2 = E[x-Q(x)]^2 = \int_{-\infty}^{+\infty}[x-Q(x)]^2 p_x(x)\mathrm{d}x \tag{4.9}$$

若将积分区域分隔成 L 个量化间隔,则上式可写成

$$\delta_q^2 = \sum_{k=1}^{L}\int_{x_k}^{x_{k+1}}[x-y_k]^2 p_x(x)\mathrm{d}x \tag{4.10}$$

最佳量化器就是在给定输入信号概率密度 $p_x(x)$ 与量化电平数 L 的条件下,求出一组分层电平值 $\{x_k\}$ 与量化电平值 $\{y_k\}$,$k=1,2,\cdots,L$,使均方误差 δ_q^2 为最小值。

3. PCM

语音信号经抽样量化后得到有限的量值,再用二进制数编码就可以得到数字信号。通常用 7 位二进制数表示,即量值共有 $2^7=128$ 个,加上 1 bit 信令,每个样值共有 8 位,如果采样频率取 8 kHz 的话,就可以得到速率为 64 kbps 的数字信号。

这种直接将样值编码为信号的方法称为脉冲编码调制(Pulse Coded Modulation, PCM),是最早提出的语音信号编码方法,至今被广泛采用,在有线通信网中是主要的数字

传输方式。

前文提到过的最佳量化器是使均方误差 δ_q^2 为最小,对于 PCM 而言,采用折叠二进制码组对量化电平进行编码可获得最佳量化器,即量化误差最小。折叠码(Folded Binary Code,FBC)相当于计算机中的符号幅度码,左边第一位表示正负号,第二位至最后一位表示幅度,其中"1"表示正,"0"表示负。由于绝对值相同的折叠码,其码组除第一位外均相同,相当于相对于零电平对称折叠,故而称为折叠码。表 4.2 列出了与自然码的对应关系,其中格雷码是指任何相邻电平的码组只有一位码不同。

表 4.2　折叠码与自然码的编码规律

电平序号	自然码				折叠码				格雷码			
	b_1	b_2	b_3	b_4	b_1	b_2	b_3	b_4	b_1	b_2	b_3	b_4
15	1	1	1	1	1	1	1	1	1	0	0	0
14	1	1	1	0	1	1	1	0	1	0	0	1
13	1	1	0	1	1	1	0	1	1	0	1	1
12	1	1	0	0	1	1	0	0	1	0	1	0
11	1	0	1	1	1	0	1	1	1	1	1	0
10	1	0	1	0	1	0	1	0	1	1	1	1
9	1	0	0	1	1	0	0	1	1	1	0	1
8	1	0	0	0	1	0	0	0	1	1	0	0
7	0	1	1	1	0	0	0	0	0	1	0	0
6	0	1	1	0	0	0	0	1	0	1	0	1
5	0	1	0	1	0	0	1	0	0	1	1	1
4	0	1	0	0	0	0	1	1	0	1	1	0
3	0	0	1	1	0	1	0	0	0	0	1	0
2	0	0	1	0	0	1	0	1	0	0	1	1
1	0	0	0	1	0	1	1	0	0	0	0	1
0	0	0	0	0	0	1	1	1	0	0	0	0

PCM 编码的主观评分等级一般在 4.0 以上,是质量较好的一种编码方式,但是其编码速率也较高。在某些对话音自然度要求不太高的场合,如军事应用中,只要有足够高的可懂度就可以,增量调制(ΔM)的主管评分为 3.0 分,其实现电路非常简单,且抗误码能力强,是军事移动通信的方案之一。

4. ΔM 增量调制

增量调制不同于脉冲编码调制直接用量化了的样值编码,而是用前后相邻的两个样值之差来编码。相邻两样值之间的差值称为增量,即 $\triangle x_k = x_{k+1} - x_k$($x_k$ 表示第 k 个样值),对 $\triangle x_k$ 的编码规则如下:

- 若 $\triangle x_k > 0$,编码为"1";
- 若 $\triangle x_k < 0$,编码为"0"。

从波形来看,凡波形斜率为正(上升)之处,编码为"1";而波形斜率为负(下降)之处,编码为"0",因此,增量调制编码也是一种波形编码。"1"与"0"反映了波形的变化斜率,但是要准确地反映波形变化,就必须减小抽样周期,而用较高的抽样频率才行,否则可能会丢失波形中的细节变化成分,如图 4.5 所示。

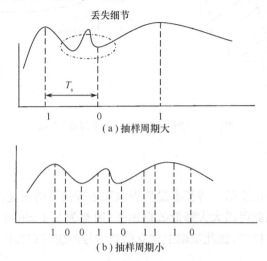

图 4.5　增量调制抽样频率及波形

由于增量调制每一抽样只编码 1 bit,所以其编码速率(bps)就等于其抽样频率 f_s(Hz),且其抽样频率越高越好。一般而言均大于最底限 8 000 Hz,为 16 000 Hz 或 32 000 Hz。

对于增量调制而言,其量化阶距(量阶)△ 也是必须要考虑的。从原理上来讲,△ 越小量化噪声越小。但是,如果信号波形的斜率很大,则量阶小将导致"斜率过荷"现象的发生,使编码误差变大,如图 4.6 所示。量阶 △ 和抽样周期 T_s 在增量调制中是两个相互关联的因素,直接决定重建信号的斜率 Δ/T_s。若 △ 过大,则信号细节往往会丢失,且量化噪声会加大,降低信噪比;若抽样周期 T_s 变小,即增大抽样频率,则会使编码速率提高,加大信道传输的压力。实际应用中很多采用简单的增量调制方法,多采用变量阶的编码方法,对增量的斜率具有自适应能力,如 CVSD(Continuous Variable Slope Delta modulation)连续可变斜率增量调制,量阶 △ 随音节时间间隔(5～20 ms)中信号平均斜率变化。注意,此处的音节是指语音中浊音准周期信号的基音周期,与语音学中的音节(100 ms 左右)不同。此方法是利用编码流中连"1"或连"0"的个数来检测波形斜率的。在欧洲、日本也将其简称为数字压扩增量调制。在接收端不需要发送端专门设置自适应信息,称为反向自适应。如果从信号幅度大小直接提取控制信息,则称为前向自适应,实现起来复杂一些,且传输的码流速率也将提高。

总之,增量调制是继脉冲编码调制之后出现的又一种波形编码方式,最早由法国工程师 De Losaine 于 1946 年提出,在军事和工业部门的专业通信网及卫星通信中得到广泛应用,其优势如下:

1) 比特率较低时,增量调制的量化信噪比高于 PCM;

2) 抗误码性能好,可适用于 10^{-2}～10^{-3} 误码率的信道,而 PCM 要求 10^{-4}～10^{-6} 误码率的信道;

3) 编/译码器简单。

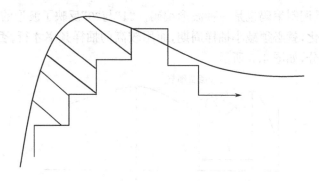

图 4.6　增量调制中的"斜率过荷"现象

4.2.2　参量编码

参量编码的基础是语音信号特征参量的提取和语音信号的恢复。编码和传输的对象是参量,而非时间波形,因此可以大大降低数据速率(通常为 2.4 kbps)。为提取特征参量,需要了解语音信号的产生机理,在此基础上建立语音信号产生的物理模型。

1. 语音信号的产生模型

人们发声时气流均要通过人的声管(喉管、口腔、齿、唇等),声管形状的变化造成不同的气流冲击而形成声音,包括清音和浊音两种。发清音时声带不振动,清音中无基音,类似白噪声,频道是平坦的;发浊音时声带振动,包含基音信号。因此语音产生的模型可用如图 4.7 所示的框图来表示。

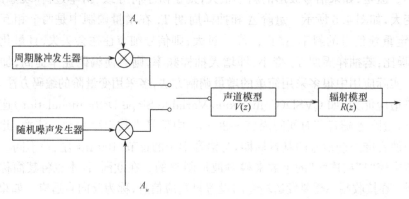

图 4.7　语音产生模型

在上述模型中,周期脉冲发生器产生浊音,其周期 N_0 由语音的基音频率 F_0 和语音的采样频率 f_s 来确定,即 $N_0 = f_s/F_0$。随机噪声发生器用于产生清音,A_u 和 A_v 分别是调整清音和浊音信号幅度的。声道模型 $V(z)$ 是离散时域的声道传输函数,其参数随时间变化;辐射模型可表示成一个固定的模型函数。由此可知,要产生语音信号需要确定的参数有 A_u、A_v、F_0、清浊开关和 $V(z)$ 中的参数。声道模型 $V(z)$ 中的各参数在 $10\sim30$ ms 的时间间隔内可以认为它们保持不变,其短时分析帧长一般取为 20 ms。

2. 特征参量的提取

参量编码主要是对参量进行编码,因此在参量编码中特征参量的提取是十分重要的问题。特征参量提取主要是利用了参量的短时不变性,将实际信号分成短的时间段,在各时间段内分别进行参量提取。常用的特征参量提取技术有加窗技术和基音周期估计技术。

加窗技术充分利用语音信号的短时平稳性,将语音分为 20 ms 的帧,若采样率为 8 kHz,则有 160 个采样点。在实际应用中通常用窗函数 $w(n)$ 与长语音序列 $s(n)$ 进行相乘,得到加窗语音信号 $S_w(n)$,即

$$S_w(n) = s(n) \cdot w(n) \tag{4.11}$$

窗函数 $s(n)$ 可以是矩形窗函数

$$w(n) = \begin{cases} 1, & n = 0 \sim (N-1) \\ 0, & n = 其他值 \end{cases}$$

或汉明窗函数

$$w(n) = \begin{cases} 0.54 + 0.64\cos\left[\left(\frac{2n}{N-1} - 1\right)\pi\right], & n = 0 \sim (N-1) \\ 0, & n = 其他值 \end{cases}$$

式中,N 为帧长。

基音周期是语音信号的重要参数,指浊音声带振动的基频的倒数,主要有两种分析方法:短时自相关函数法和短时平均幅度差函数法。

设加窗语音信号 $S_w(n)$ 的非零区间为 $n = 0 \sim (N-1)$,其自相关函数 $R_w(\ell)$ 表示为

$$R_w(\ell) = \sum_{n=0}^{N-\ell-1} S_w(n) S_w(n+\ell) \tag{4.12}$$

在基音周期的各个整数倍点上有很大的自相关函数值,其中第一个最大的峰值位置便是估计的基音周期。

对加窗语音信号的非零值求解:

$$y_w(\ell) = \sum_{n=0}^{N-\ell-1} |S_w(n+\ell) - S_w(n)| \tag{4.13}$$

并进一步求解 $y_w(\ell)$ 的谷值点,以估计基音周期,称为平均幅度差函数法。此方法求解的谷值点尖锐度比自相关函数的峰值尖锐度高,但对语音信号幅度的快速变化比较敏感。

3. 线性预测编码 (LPC)

线性预测编码的理论基础是,一个语音信号的抽样能够由前面若干样值的线性组合来逼近,在进行线性组合时要使逼近的误差最小。

在图 4.7 中的声道模型 $V(z)$ 可用一个全极点模型来表示,模型中的参数用于描述信号中的信息。设激励源 $e(n)$ 的 Z 变换为 $E(z)$。输出的语音信号的 Z 变换为 $S(z)$,则有

$$S(z) = E(z) \cdot V(z) = \frac{G \cdot E(z)}{A(z)} \tag{4.14}$$

式中,$A(z) = \dfrac{G}{V(z)}$ 是声道模型的逆,是全零点模型,G 为增益系数,表示声音振幅(不失一般性可设为 1),则

$$E(z) = S(z) \cdot A(z) \tag{4.15}$$

式(4.14)和式(4.15)分别称为语音合成模型与语音分析模型，表示语音通信中的发送方和接收方。

在移动通信的接收端，如果 $A(z)$ 已知，则可求得 $E(z)$。因此求解 $A(z)$ 便是线性预测的主要任务。全零点模型 $A(z)$ 在数学上可写为

$$A(z) = 1 + \sum_{i=1}^{M} a_i z^{-i} \tag{4.16}$$

其中 $a_i(i=1,2,\cdots,M)$ 是待确定的参数。

将语音信号分析模型求逆 Z 变换，并代入全零点模型 $A(z)$ 的表达式，可求得离散的语音激励源样值，即

$$e(n) = \sum_{i=0}^{M} a_i S(n-i) = S(n) + \sum_{i=1}^{M} a_i S(n-i) \tag{4.17}$$

式中，$e(n)$ 为第 n 个激励源样值，$S(n-i)$ 为信号 S 的第 $(n-i)$ 个样值。

令 $\sum\limits_{i=1}^{M} a_i S(n-i) = -\hat{S}(n)$，$\hat{S}(n)$ 称为 $S(n)$ 的预测值，则有

$$e(n) = S(n) - \hat{S}(n) \tag{4.18}$$

即激励源为信号 $S(n)$ 与预测值 $\hat{S}(n)$ 之差，称为预测误差或残差。使此预测误差最小就是确定 $a_i(i=1,2,\cdots,M)$ 系数的准则，可使预测值 $\hat{S}(n)$ 最逼近 $S(n)$。

在实际应用中 $S(n)$ 是语音信号的抽样值，是已知的，在一个短时范围内列出 $S(n)$ 和 $\hat{S}(n)$ 关系的一组方程式，根据残差最小的准则可求得 a_i 的值。在 20 ms 内，由于声音的特性可认为 a_i 是恒定的，所以在线性预测中，系数 a_i 每 20 ms 求解一次，并由信道传送出去，而不必传送语音信号的抽样值，可使速率低至 600 bps。出于对语音质量的考虑，移动通信中仍以中速率编码为主。图 4.8 是线性预测编码的基本框图。

图 4.8 线性预测编码的基本框图

线性预测编码非常简单，只是一种非常粗糙的近似，可保持一定的可懂度，但讲话人的特征即自然度将丢失，无法获得高的语音质量。为了解决此问题，在传送参量编码的同时，对求解参量 $a_i(i=1,2,\cdots,M)$ 过程中的预测误差（残差）也进行编码并一起发送，则可获得语音质量的提高，当然，其编码速率也有所增大。图 4.9 描述了此方法的基本原理，常称为残差激励线性预测编码器（Residual-Excited Linear Predictions Coder，RELP）。

4.2.3 混合编码

混合编码综合考虑波形编码的高质量和参量编码的低速率，以参量编码（特别是线性预测编码）为基础，适当吸收波形编码中部分反映个性特征的因素，以改善语音的自然度为重点。一般来说，波形编码速率在 16 kbps 以上，主观评价等级在 4.1～4.5 之间；参量编码速率

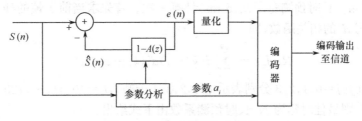

图 4.9　RELP 编码基本原理

在 4 kbps 以下,主观评价等级低于 3.5;混合编码速率范围为 4～16 kbps,主观评价等级维持在 4.0 以上。

目前移动通信系统中的语音编码均以混合编码方式为主。尽管有不同的混合编码方式,但均有一个相同的处理过程:利用线性预测分析去掉语音的短时相关性,求解最佳激励信号,将预测参数和激励信号进行编码传送。

4.3　移动通信系统中的语音编码

4.3.1　GSM 系统中的 RPE-LTP 编码

GSM 系统作为泛欧的移动通信系统,在我国的应用也十分广泛,其对语音编码的要求包括:

1) 总速率不超过 16 kbps;

2) 便于和公共电话交换网(数字)接口;

3) 能传输非语音信号,如拨号音、忙音、回铃音;

4) 延迟不超过 65 ms,避免反射回声的干扰。

4.2.2 节介绍了 RELP 方法,通过对残差信号进行编码提高了话音自然度性能,但其编码速率较高。为此,在 GSM 系统中对 RELP 改进,提出用间隔相等、相位和幅度都优化的规则脉冲代替残差信号,作为激励源,使编码波形更加接近原始信号。此方法结合长期预测,消除信号冗余度,降低编码速率的同时,降低了计算量和硬件实现的复杂度,语音质量也很好。具体的编码过程如下:

1) 预处理,即对语音信号的直流分量加以去除,并进行高频分量的预加重。

2) 线性预测分析,即每 20 ms 计算一次表示声道模型的系数。设线性预测滤波器的阶数 $M=8$,利用残差最小准则可求得 8 个表示声道模型的系数(实际工程中采用了一次转换,用对数面积表示,可进一步减小量化误差的影响)。根据各阶系数的重要性,1、2 阶各用 6 bit 的编码位数。系数求解的方法是 Schur 迭代法,速度快,可在微处理器中实现。

3) 短时分析。将线性预测分析得出的系数用于计算预测值 $\hat{S}(n)$,并求出其残差 d(并非激励 e),每 20 ms 求解一次 d,称为短时分析。为了和前一帧 20 ms 数据衔接,在本帧的第一子帧中计算预测值所用的系数是过渡值,即:

$$
\text{子帧 1}\begin{cases}0～12 \text{ 样点} & \text{预测系数 } 0.75(\text{上帧系数})+0.25(\text{本帧系数}) \\ 13～26 \text{ 样点} & \text{预测系数 } 0.5(\text{上帧系数})+0.5(\text{本帧系数}) \\ 27～39 \text{ 样点} & \text{预测系数 } 0.25(\text{上帧系数})+0.75(\text{本帧系数})\end{cases}
$$

第二子帧后仅使用本帧的预测系数。最后得出 $d(n)=S(n)-\hat{S}(n)$。

4) 长时预测。长时预测每子帧(5 ms)计算一次。首先求当前子帧的残差信号 d 与前一子帧残差信号 d' 的相关函数,即

$$R_j(L) = \sum_{i=0}^{39} d(k_j+i)d'(k_j+i-L) \tag{4.19}$$

其中, $k_j = k + 40j(j=0,1,2,3$ 分别表示第 1,2,3,4 子帧$)$, $L=40,41,\cdots,120$。求出 $R_j(L=N)$ 时的最大值,则最佳时延为 N,长时预测系数由下式给出:

$$b_j = \frac{R_j(N)}{\sum_{i=0}^{39} d'(k_j+i-N)} \tag{4.20}$$

b 和 N 编码为 2 bit 和 7 bit,4 个子帧共有 $4 \times (2 \text{ bit} + 7 \text{ bit}) = 36$ bit。

5) 规则脉冲编码。上述步骤 1)~4)已经将所用到的参数都进行了编码,对于残差信号的处理,是通过重新抽样来降低编码速率的。每 20 ms 采样的 160 个样值点分为 4 个子帧,各有 40 个点。对此进行 3:1 重抽样,则有 4 种抽样方案,从其中选择一种,并用 2 bit 编码,共 $4 \times 2 \text{ bit} = 8$ bit 编码,这 4 种抽样方案如图 4.10 所示。

```
重抽样方案 0   |..|..|..|      ………|..|...
重抽样方案 1   .|..|..|..|     ………|..|...
重抽样方案 2   ..|..|..|..|    ………|..|.
重抽样方案 3   ...|..|..|..|   ………|..|
              0123            38 39
```

"|"表示抽取的样值;   "·"表示未抽取的样值(作为零)

图 4.10 重抽样的 4 种可能方案

确定好一种抽样方案后,对 40 个样值点中的最大值用 6 bit 编码,再将 13 个抽样值做归一化处理,分别用 3 bit 编码,则共有 6 bit + 3 bit×13 = 45 bit 信息。对于 20 ms 的 4 个子帧而言,则有 $4 \times 45 \text{ bit} = 180$ bit。

综合上述 5 个步骤,可以得到此类编码的原理框图,如图 4.11 所示,称为规则脉冲激励的长时限预测编码(Regular-Pulse Excited-Long Term Prediction),是 GSM 系统中应用的一种编码器,其性能参数如表 4.3 所示。

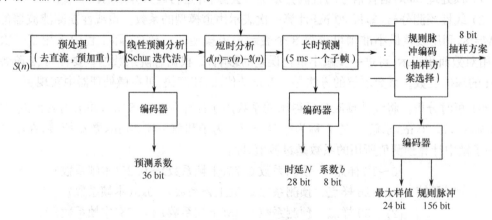

图 4.11 RPE-LTP 编码基本原理

RPE-LTP 编码方案可获得主观评价等级为 3.6,在信道误码率为 10^{-3} 的信道中传输,话音质量可不降低。当信道误码率为 10^{-2} 时,话音质量明显下降,必须使用纠错编码。

表 4.3　RPE-LTP 编码性能

比特率		13 kbps
帧长/子帧长		20 ms/5 ms
抽样窗		20 ms 矩形窗
LPC 分析	滤波器阶数	8
	算法	Schur 迭代法
激励脉冲	每帧脉冲个数	13
	脉冲总数	$13\times4=52$
编码	总编码位数	260 bit
	LPC 系数	36 bit(8 个,3～6 bit 各 2 个)
	抽样方案	8 bit(4 个,每个 2 bit)
	长时预测系数	8 bit(4 个,每个 2 bit)
	长时预测时延	28 bit(4 个,每个 7 bit)
	子帧最大抽样值	24 bit(4 个,每个 6 bit)
	规则脉冲	156 bit(52 个,每个 3 bit)

RPE-LTP 编码器输出的是 260 bit,而其输入为 160 个样本点,共 160×13 bit $=2\ 080$ bit,所以此类编码的压缩比为 8∶1。

4.3.2　IS-95 系统中的语音编码

RPE-LTP 编码是对抽样点进行二次抽样,利用等间隔的二次抽样值表示残差信号。为进一步降低编码速率,M. R. Schnroeder 和 B. S. Atal 提出了一种用码本作为激励源的编码方法——CELP(Codebook Excited Linear Predictions),即码本激励线性预测编码。该方法基于线性预测编码,将残差信号用事先存储的码本代替,码本即为残差信号各种可能的样值组合,每一码本有一个地址,在信道中传输的是码本的地址编码,而非码本本身。接收端也保存有相同的码本,根据接收的地址可读取相应的码本,从而恢复语音信号。此时码本的确定是决定语音质量的主要因素。一般而言,码本中的信号应与实际信号相差最小;且容量最小,地址数较少,编码长度也就最小;同时码本搜索时间要短,以减少响应时间。

码本的设置举例如下:

20 ms 一帧的数据分成 4 个子帧,每一子帧为 5 ms,8 kHz 抽样可获得 40 个抽样点,经线性预测分析后可得到残差信号,点数仍为 40。选择码本就是对这 40 个样点的各种可能组合进行列举,并选其中可能性较大的组合存储起来,并设置一个地址。如果每一样点编码 3 bit,则 40 个样点的可能组合值共有 $\underbrace{2^3\cdot2^3\cdot\cdots\cdot2^3}_{40 个}=2^{120}$ 组,若一一枚举显然不可能。现实应用中选择 $1\ 024=2^{10}$ 种组合来代表,则每一样值组合的地址用 10 bit 编码即可,码本所占的整个空间为 40×3 bit $\times1\ 024=120$ kbit,存储格式如表 4.4 所示。

表 4.4　码本设置举例

	0	1	2	…	39	备　　注
0	000	000	000	…	000	
1	000	000	000	…	001	每一样点占用 3 bit,40 个样本
⋮			…			点组合的地址编码为 10 bit
1 023	000	…	…	…	111	

IS-95 CDMA 系统中应用的语音编码就是基于线性预测技术,结合码本激励,并采用可变速率及语音激活检测(VAD)技术。该编码技术由 Qualcomm 公司提出,也称为 QCELP 编码。不同速率的选择由每一帧的信号能量决定,通过与三个门限值 $T_1(B_i)$、$T_2(B_i)$、$T_3(B_i)$ 比较确定,其中 B_i 为背景噪声值,而信号能量由自相关函数 $R(0)$ 决定:

● 若 $R(0)$ 大于 3 个门限值,则选择速率 1;
● 若 $R(0)$ 大于 2 个门限值,则选择速率 1/2;
● 若 $R(0)$ 大于 1 个门限值,则选择速率 1/4;
● 若 $R(0)$ 小于所有门限值,则选择速率 1/8。

QCELP 中的参数有 3 类:音调参数、码表参数、滤波参数。前两类参数的更新次数随速率不同而不同;滤波参数每 20 ms 更新一次,与速率无关。

4.4　移动通信中的图像编码概述

在移动通信系统的发展过程中,业务的增多和服务质量的提高一直是人们所追求的目标。第一代和第二代移动通信业务中主要是语音业务,有少量的数据业务;而 2.5 代开始逐步增加数据业务,连接互联网,有少量的图像业务;从第三代移动通信起则大规模推广多媒体业务,包含语音、静态图像、动态图像等内容。移动通信中的无线信道资源有限,传输图像业务时必须要进行压缩编码,以获得较高的服务质量。从类型上看,图像分为静止图像和动态图像(即视频图像),各有不同的用途和编码方案。目前,均有相应的国际标准。国际电信联盟电信部(即 ITU-T)制定的标准通常称为建议标准,一般用 H.26X 表示,主要面向实时通信,如可视电话和会议电话等;而国际标准化组织和国际电工委员会(即 ISO/IEC)所制定的就称为标准,一般用 JPEG、MPEG-x 表示,如 JPEG、JPEG2000,MPEG-1,MPEG-2 和 MPEG-4 等,主要用于视频广播、有线电视、卫星电视、视频存储和视频流媒体等。

在多媒体应用中,数字化信息的数据量相当庞大,对存储器的存储容量、网络带宽以及计算机的处理速度都有较高的要求,完全通过增加硬件设施来满足现实需求是不可能的,必须采用有效的压缩技术。其中图像数据的数据量尤为庞大,比如数码相机捕获的一帧高分辨率(1 024×768)真彩照片,其数据量是 1 024×768×3＝2 359 296(Byte);一段一秒钟的高清晰电视的数据量是 1 024×768×3×30＝70 778 880(Byte)。压缩的理论基础是信息论,从信息论的角度来看,压缩就是去掉信息中的冗余,即保留不确定的信息,去掉确定的信息,也就是用一种更接近信息本质的描述来代替原有冗余的描述。

对图像信息的压缩编码,主要从以下几个方面进行,其核心是压缩冗余度。

1) 空间冗余度的压缩。在同一帧图像内部的邻近像素之间,行与行之间存在极强的相关性,称为空间冗余度。利用二维离散余弦变换(DCT)进行帧内编码,将空域信号 $f(x,y)$

变换为频谱函数 $F(u,v)$，其频谱系数因其空域相关性将向主要频率集中，而其他系数很小可以忽略。因此，编码传输时可仅针对主要频谱系数而使数据量大大减少，一般可减至原数据量的 $1/5\sim1/10$。

2）时间冗余度的压缩。对于视频图像序列，连续两个图像帧之间存在极强的相关性，即两帧图像之间有部分相同的内容，称为时间冗余度。此特性可用于预测编码，仅处理和传输两帧图像的不同部分，相同部分则不作为传输内容，重建图像时由前帧图像填补。

3）统计冗余度压缩。图像中的不同信息出现的概率不同，称为统计冗余度。编码时采用变长度码，概率小的信息用较短的码字，概率大的信息用较长的码字，从而压缩图像，使传输量更少。

4）视觉冗余度压缩。从人眼视觉生理特性角度分析，人眼对不同的视觉信息（如空间频率、运动速度）的敏感程度不同，称为视觉冗余度。此特性可用于滤除不敏感信息，进一步压缩图像。

4.5　静态图像编码

图像编码是指在满足一定质量（信噪比的要求或主观评价得分）的条件下，以较少比特数表示图像或图像中所包含信息的技术，广泛应用于图像数据压缩、图像传输和特征提取等方面。其基本原理为：减少图像中冗余信息，以缩短传输无用信息时间，利用图像固有统计特性进行编码；利用人们视觉心理特性进行编码。常用方法有预测编码、变换编码和混合编码等。在应用中，还应考虑不同结构类型的编码方法，如卫星影像编码，其结构不甚明显，典型方法是由图像的统计信息来决定编码技术的选择。

图像数据之间存在着大量的数据冗余和相关，这是图像数据可以被压缩的根本原因，各种图像编码方法的出发点也都是围绕去除图像数据的冗余性和相关性进行的。相关性一般通过变换、预测等方法消除。冗余性可以采用统计编码方法来消除，其理论基础是香农信息论。根据香农信息论，假定有一个无记忆信源 $\{a_k\}$，$k=0,1,\cdots,K-1$，a_k 是信源中的符号，相互之间是不相关的，每个符号出现的概率是已知的，记为 $P(a_k)$，则每个符号的信息量定义为

$$I(a_k)=-\log[P(a_k)] \tag{4.21}$$

信源的熵表示为符号的平均信息量：

$$H=E\{I(a_k)\}=-\sum_{k=0}^{K-1}P(a_k)\log[P(a_k)] \tag{4.22}$$

当每个符号的概率相等时，熵取得最大值。如果 $\log$ 取 2 为底，则熵的单位是比特（bit）。按照某种方法对信源编码后，如果仍然存在信息冗余，则信息冗余就是该编码方法的平均码长与信源的熵之间的差：

$$R=E\{L(a_k)\}-H \tag{4.23}$$

其中，$L(a_k)$ 表示符号 a_k 对应的编码长度。因此如果能找到一种编码方法，使得符号 a_k 的编码字长

$$L(a_k)=-\log[P(a_k)] \tag{4.24}$$

则必定去除了信源中的所有冗余性。香农信息论指明了编码码长的下限，但并未给出具体的编码方法。

4.5.1 色彩空间

黑白图像的每一个采样点只需要一个像素表示明暗或亮度,而彩色图像至少需要3个像素来表示其亮度和色度。色彩空间即表示亮度和色度的不同方法。

1) RGB色度空间。RGB色度空间即采用三基色红、绿、蓝的不同比例来表示其他色彩的方法。

2) YC_bC_r色度空间。通常称这种色度空间为YUV,"Y"表示亮度(Y),"U"(即C_b)和"V"(即C_r)分别表示颜色从灰度向蓝色和红色的偏移量。

人类视觉系统通过亮度和色度信息来感知场景,而且对亮度比对色度更敏感。因此通常利用人类视觉系统的这一特点,通过提高亮度的精度,来降低色度的精度,更有效地表示彩色图像。

RGB与YC_bC_r之间的关系表达式如下:

$$\begin{cases} Y=0.299R+0.587G+0.114B \\ C_b=0.564(B-Y) \\ C_r=0.713(R-Y) \end{cases} \tag{4.25}$$

$$\begin{cases} R=Y+1.402C_r \\ G=Y-0.344C_b-0.714C_r \\ B=Y+1.772C_b \end{cases} \tag{4.26}$$

4.5.2 静止图像的编码方法

静止图像编码分类方法有多种,常用的是将其分为有损编码和无损编码两大类。有损编码允许一定程度的信息丢失,在满足应用的条件下可以取得非常高的压缩比,在多媒体业务、视频传输等方面得到了广泛的应用。无损编码由于不允许有信息损失,因而压缩比较低,但可满足遥感图像、医疗图像等方面的迫切需要。

静止图像的具体编码方法包括熵编码、变换编码、预测编码等。

1. 熵编码

熵编码是一种统计编码方法,其平均码长的下限是信源的熵,因而称为熵编码。熵编码属于无损编码,其压缩比是有理论极限的,包括Huffman编码、算术编码和游程编码。

Huffman编码是根据信源中符号出现的概率来分配编码字长的一种方法,概率越大的符号其编码字长越短,概率越小的符号其编码字长越长。在已知信源概率分布的情况下,Huffman编码最接近信源的熵,是一种最佳编码方法。但是Huffman编码必须预先知道信源的概率分布才能达到最佳性能,这在实际应用中是难以实现的,通常是利用对大量典型数据进行统计后得到的概率模型来代替。

产生Huffman编码需要对原始数据扫描2遍,第1遍扫描要精确地统计出原始数据中每个值出现的频率,第2遍是建立霍夫曼树并进行编码。由于需要建立二叉树并遍历二叉树生成编码,数据压缩和还原速度都较慢,但简单有效,因而得到了广泛的应用。

如图4.12所示的Huffman编码算法,其中圆圈中的数字是新节点产生的顺序。

首先统计出每个符号出现的频率,例如s0到s7的出现频率分别为4/14,3/14,2/14,1/

14,1/14,1/14,1/14,1/14；从左到右把上述频率按从小到大的顺序排列；每一次选出最小的两个值，作为二叉树的两个叶子节点，将它们的和作为根节点；叶子节点不再参与比较，新的根节点参与比较后形成二叉树，直到最后得到和为 1 的根节点；将所有二叉树的左节点标 0，右节点标 1。从最上面的根节点开始到最下面的叶子节点，将途中遇到的 0,1 序列串起来，就得到了各个符号的编码。

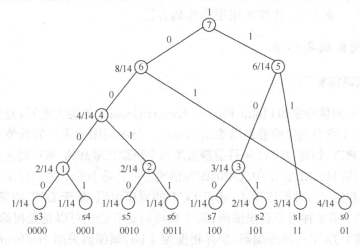

图 4.12　Huffman 编码的示意图

算术编码是 20 世纪 80 年代发展起来的一种熵编码方法，与 Huffman 编码的性能是相近的，其编码速度比 Huffman 编码稍微低一些。但在未知信源概率分布的情况下，算术编码能取得比 Huffman 编码更好的效果。

图像数据在进行 DCT 或小波变换后，系统能量集中在少数系数上，而大部分系数比较小，经常出现某个数字连续出现的情况，这时可以对该数字和其连续出现的次数进行编码，从而压缩数据，即为游程编码。

2. 变换编码

图像由空间域变换到某个变换域，去除原来数据的空间相关性，产生相关性很小的变换系数，再对这些系数进行编码，即为变换编码。快速傅里叶变换、K-L 变换、离散余弦变换（DCT）、小波变换等变换方法都可用于图像编码。其中 K-L 变换性能最佳，但不利于实现。DCT 变换次之，利于实现，因此常采用 DCT 变换进行图像编码。目前，三维变换编码也成为研究热点，它可以同时去除视频图像的空间和时间相关性，是一种有别于传统的运动估计、补偿的对称编码方法。目前的三维变换编码方法主要有三维离散余弦变换（3D-DCT）和三维小波变换（3D-DWT），其优点是算法简单，编码与解码对称，其缺点是占用内存较大，有一定的时延。

3. 预测编码

预测法是最简单和实用的视频编码方法。编码后传输的并不是像素本身的取样幅值，而是该取样的预测值和实际值之差。大量统计表明，同一幅图像的邻近像素之间有着相关性，或者说这些像素值相似。邻近像素之间发生突变或"很不相似"的概率很小。而且同帧图像中邻近行之间对应位置的像素之间也有较强的相关性。预测编码正是使用图像相邻像素的相关性来预测当前像素的。预测编码又分为线性预测和非线性预测。对于视频编码来说,预测编码还可分为帧内预测编码和帧间预测编码。

变换编码实现比较复杂,预测编码的实现相对容易,但预测编码的误差会扩散。两者各有优缺点,特别是变换编码,随着超大规模集成电路(VLSI)技术的飞跃发展,实现起来也十分容易。现实中,往往采用混合编码方法。

4.5.3 静止图像编码标准

1. JPEG 编码标准

JPEG 是联合图像专家组(Joint Picture Expert Group)的英文缩写,是国际标准化组织(ISO)和 CCITT 联合制定的静态图像编码标准。与相同图像质量的其他常用文件格式(如 GIF,TIFF,PCX)相比,JPEG 是目前静态图像中压缩比最高的,被广泛应用于多媒体和网络程序中。例如 HTML 语法中选用的图像格式之一就是 JPEG(另一种是 GIF)。

JPEG 标准规定了 4 种操作模式:基于 DCT 的顺序编码、基于 DCT 的渐进编码、分层编码和无损编码。前 2 种属于有损编码,第 3 种可以是有损也可以是无损编码。JPEG 基本编码系统是基于 DCT 的顺序编码,采样精度为 8 bit;熵编码采用 Huffman 编码,具有 2 个量化表、2 个 Huffman DC 编码表和 2 个 Huffman AC 编码表,支持交叉和非交叉方式。基于 DCT 的顺序编码采用 8×8 数据块作为输入,从左至右,从上到下,顺序编码,对每一个数据块进行 DCT 变换、均匀量化、游程编码和 Huffman 编码。

JPEG 的压缩原理,如图 4.13 和图 4.14 所示。

图 4.13　JPEG 编码器

图 4.14　JPEG 解码器

8×8 的图像经过 DCT 变换后,其低频分量都集中在变换阵左上角,高频分量分布在变换阵右下角(DCT 变换实际上是空间域的低通滤波器)。由于该低频分量包含了图像的主要信息(如亮度),而高频与之相比可以忽略,从而达到压缩的目的。

2. JPEG2000 编码标准

JPEG2000 是新一代的静止图像编码标准,相比 JPEG 标准压缩比有较大提高。JPEG2000 有很多新的特点:首先 JPEG2000 舍弃了 DCT,而采取了离散小波变换,彻底消除了方块效应;JPEG2000 支持分层编码,可以实现渐进传输;JPEG2000 支持感兴趣区编码。这些优良特性使得 JPEG2000 可以用于遥感图像、医疗图像等的编码与传输。其编码过程如下:原始图像首先经过预处理、颜色变换,然后进行离散小波变换、量化,最后进行 Tier 1 编码和 Tier 2 编码。JPEG2000 支持有损编码和无损编码,有损编码中采用 9-7 小波,是浮点不可逆变换;无损编码采用 5-3 小波,支持整数到整数的可逆变换。

4.6 视频图像编码

由于数字视频可以兼容很多其他类型的信息,如文本和声音,因此虽然处理器速度及磁盘存储容量在不断增加,但是仍然需要简明的格式。视频压缩技术的出现,使得在有限的存储磁盘中存储或者在网络可以提供的有限带宽下传输高质量的视频成为可能。

移动通信中的视频通信已经成为人们关注的热点问题,其中以带宽问题为主要考虑重点。随着移动通信中宽带技术的不断发展,视频帧率将越来越高,从而给人们带来不一样的感受与体验。

视频图像编码是对数字视频信号进行压缩的过程。一般情况下,原始的或未压缩的数字视频比特率相当高(压缩前电视效果的视频比特率大约是 216 Mbps),所以,在数字视频的存储和传输过程中,压缩是必不可少的。在传输或存储之前,编码器将源文件转换成压缩格式;在读取或播放数据时,解码器将压缩数据恢复成视频图像。编码器和解码器合称为编解码器。

视频压缩算法是通过去除时间、空间或者频域的冗余来实现的。这些冗余量的减少可以减少数据量而不减少信源的信息量。其中,去除空间冗余主要是通过视频图像帧与帧之间的相关性来完成。

4.6.1 视频图像质量评价

视频图像质量评价主要分为主观视频质量评价和客观视频质量评价。

1. 主观视频质量评价

主观视频图像质量的评定是建立客观评价方法的基础。平均主观评分法就是一种具有代表性的主观评价方法。由于个人的知识背景和对图像内容的熟悉程度不同,对图像的反映也不尽相同。为了降低主观评价的随意性,选取若干专家和非专家作为评分委员,共同用 5 项或 7 项评分法对同一经压缩编码的图像进行评定,受控的环境包括:观看距离、观测环境、原始图像的选择等。5 级评分标准如表 4.5 所示。

表 4.5 主观评价分数标准

CCIR 五级评分等级	评分等级	评　价
优	5	Excellent
好	4	Good
一般	3	Fair
稍差	2	Poor
很差	1	Bad

2. 客观视频质量评价

为了得到与主观质量相关性更强的图像质量评价方法,基于人眼视觉系统(Human Visual System,HVS)的评价准则会将原始图像与降质图像分别通过模拟 HVS 的滤波器进行处理。基于 HVS 的客观评价方法可以用基于感知误差的统一模型来描述,如图 4.15 所示。

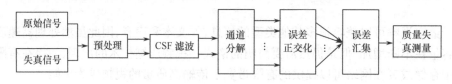

CSF—Contrast Sensitivity Function(对比度敏感函数)

图 4.15　基于感知误差的统一模型

4.6.2　视频图像编码标准

1984 年 CCITT(Consultative Committee of International Telegraph and Telephone)第 15 研究组发布了数字基群电视会议编码标准 H.120 建议。1988 年 CCITT 通过了"p×64 kbps(p＝1,2,3,4,5,……,30)"视像编码标准 H.261 建议,被称为视频压缩编码的一个里程碑。之后,ITU-T、ISO 等公布的一系列基于波形的视频编码标准的编码方法都是基于 H.261 中的混合编码方法。

1988 年 ISO/IEC 信息技术联合委员会成立了活动图像专家组(Moving Picture Expert Group,MPEG)。1991 年公布了 MPEG-1 视频编码标准,码率为 1.5 Mbps,主要应用于家用 VCD 的视频压缩。1994 年 11 月,公布了 MPEG-2 标准,用于数字视频广播(DVB)、家用 DVD 的视频压缩及高清晰度电视(HDTV)。码率从 4 Mbps、15 Mbps 直至 100 Mbps 的视频偏码标准,分别用于不同档次和不同级别的视频压缩。

1995 年,ITU-T 推出 H.263 标准,用于低于 64 kbps 的低码率视频传输,如 PSTN 信道中可视会议、多媒体通信等。1998 年和 2000 年又分别公布了 H.263＋、H.263＋＋等标准。

1999 年 12 月,ISO/IEC 通过了"视听对象的编码标准"(MPEG-4),它除了定义视频压缩编码标准外,还强调了多媒体通信的交互性和灵活性。

2003 年 5 月,ITU-T 和 ISO/IEC 正式公布了 H.264 视频压缩标准,不仅显著提高了压缩比,而且具有良好的网络亲和性,加强了对 IP 网、移动网中误码和丢包情况的处理。有人将 H.264 称为新一代的视频编码标准,其中涉及诸多关键技术,下面进行简要介绍。

4.6.3　H.264/AVC 的关键技术

H.264/AVC 是由 ITU-T 的视频编码专家组(VCEG)及 ISO/IEC 的移动图像专家组(MPEG)提出并大力发展研究的适应于低码率传输的视频编码标准。H.264/AVC 的主要目标是高压缩率,提供更适于网络和通信的交互式(如可视电话)和非交互式(如广播、流媒体和存储等)应用。由于 H.264/AVC 采用了许多不同于传统标准的先进技术,在相同的码率下可以获得更高的主客观质量。

1. 基本概念

1) 序列、图像、场和帧。H.264/AVC 中的编码视频序列由一系列编码后的图像组成。H.264/AVC 的图像既可以表示一个完整的帧,又可以表示一个单独的场。帧可以分为连续帧和隔行帧,视频的一帧可以认为是由两个相互交织的场——顶场和底场组成的,其中顶场由偶数行组成,底场由奇数行组成。通常,活动量较小或静止的图像宜采用帧编码方式,活动量较大的运动图像宜采用场编码方式。

2) 宏块。H.264/AVC 将编码图像分割成若干固定大小的宏块,每个宏块由一个 16×16 的亮度块和两个 8×8 的色度块组成。宏块是 H.264/AVC 标准中规定的编码的基本处理单元。

3) 条带。条带由一系列栅格扫描顺序连续的宏块组成。一幅图像可分解成一个或几个条带。每个图像中,若干宏块排列成条带的形式。

每个条带都可以采用下面的编码类型之一进行编码:

● I 条带只包含 I 宏块,该条带内所有的宏块都采用帧内预测方式进行编码。

● P 条带可包含 P 宏块和 I 宏块,该条带内的宏块既可以采用帧内预测的方式进行编码,又可以采用帧间预测的方式进行编码。

● B 条带可包含 B 宏块和 I 宏块,该条带内的宏块除了可以采用 P 条带的编码类型,还可以采用双向帧间预测的方式进行编码。

● SP 条带是 H.264/AVC 标准中新增的编码类型。这种交换型条带可以在无须插入 I 条带的情况下,令解码器直接从一个视频序列的解码转换到另一个视频序列的解码。

● SI 条带是 H.264/AVC 标准中新增的编码类型。这种交换型条带全部采用 4×4 的帧内预测编码,用于两个完全没有相关性的视频序列间的切换。

4) 采样格式。H.264/AVC 支持 3 种 YUV 采样格式,如图 4.16 所示。

● 4:4:4 采样:每一分量(YUV)都有相同的分辨率,因为在所有的像素位置上都进行了采样。数字表示的是每一部分在水平方向上的相对采样频率。例如 4 个亮度点对应 4 个 U 和 4 个 V,保留了所有的色差分量。

● 4:2:2 采样:又称为 YUV2,色差在垂直方向的分辨率与亮度相同,而在水平方向只有一半,即水平方向上每 4 个亮度点对应 2 个 U 和 2 个 V。

● 4:2:0 采样:最常见的采样格式,即水平方向和垂直方向上 U、V 的分辨率都只有亮度的一半。每一个色差分量的采样只有亮度的四分之一,需要的采样点数只有 RGB 的一半。

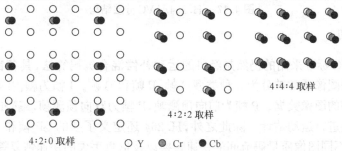

4:4:4 取样

4:2:2 取样

4:2:0 取样　　○ Y　● Cr　● Cb

图 4.16　4:2:0、4:2:2 和 4:4:4 的采样格式(逐行的)

2. 档次(Profile)

H. 264/AVC标准定义了3个档次的视频编码,每个档次支持特定的编码功能,并且每个档次规定了对相应编码器和解码器的要求。

● 基本档次:支持帧内和帧间编码(使用 I 条带和 P 条带)及自适应上下文变长编码(CAVLC)的熵编码。可应用于可视电话、视频会议和无线通信;

● 主要档次:支持交替视频,使用 B 条带的帧间编码,使用加权预测的帧间编码和基于上下文的二进制算术编码(CABAC)的熵编码,可应用于电视广播、视频存储;

● 扩展档次:不支持交替视频或 CABAC 熵编码,但增加了一种模式允许有效的交换编码的位流,即 SI、SP 帧,并改进了错误恢复机制(采用数据分割),可应用于流媒体领域。

3. 分层结构

H. 264/AVC 视频编码系统在实现上分为视频编码层(Video Coding Layer,VCL)和网络提取层(Network Abstraction Layer,NAL)两层,其分层结构如图 4.17 所示。视频编码层(VCL)包括基于块的运动补偿混合编码和一些新特性,可以增加标准的灵活性,负责高效的视频内容表示,也就是进行视频数据的压缩。它主要根据控制参数信息把输入的视频图像分成 16×16 的宏块,然后根据约定的分类规则把宏块组成一个或几个片段。片段是可以独立解码的最小单元。网络提取层(NAL)负责使用下层网络的分段格式来封装数据,包括组帧、逻辑信道的信令、定时信息的利用或序列结束信号等,使其适用于网络传输。例如,NAL 支持视频在电路交换信道上的传输格式,支持视频在 Internet 上利用 RTP/UDP/IP 传输的格式。NAL 包括自己的头部信息、段结构信息和实际载荷信息,即上层的 VCL 数据。VCL 和 NAL 两层之间定义了一个基于分组方式的接口。

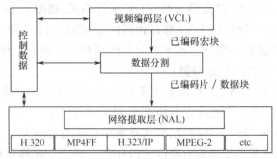

图 4.17　H. 264/AVC 分层结构

4. 编码结构

H. 264/AVC 标准采用的仍然是经典的运动补偿混合编码算法,具备良好的兼容性和可移植性。编码图像通常被分为 3 种类型:I 帧、P 帧和 B 帧。I 帧为帧内编码帧,其编码不依赖于已经编码的图像数据。P 帧为前向预测帧,B 帧为双向预测帧,编码时需要根据已编码的帧即参考帧进行运动估计。除此之外,H. 264 还定义了新的 SP 帧和 SI 帧,用以实现不同传输速率、不同图像质量码流间的快速转换以及信息丢失的快速恢复等功能。

图 4.18 为 H. 264/AVC 的视频编码器结构框图。编码器包括了两个数据流分支,一是前向分支,二是后向的重建分支。在编码的前向通路中,F_n 为当前欲编码的帧,每一帧是以

宏块(16×16个像素点)为单位进行编码处理的,每个宏块以帧内或帧间模式进行编码,然后生成一个预测宏块 P。当宏块以帧内模式进行编码时,当前被编码的第 n 帧的宏块经过前期的编码、解码和重建,生成预测宏块 P;当宏块以帧间模式进行编码时,宏块经对前一个或多个参考帧进行运动补偿得到预测宏块 P。预测宏块 P 和当前宏块相减,得到了宏块的残差 D_n,这一结果经过以块(8×8 个像素点)为单位的变换、量化,得到一组系数 X,X 经过重新排序和熵编码,就完成了一个宏块的编码过程。经过熵编码的码流,加上宏块解码所需的一些信息(如宏块预测模式、量化步长、描述宏块运动补偿的运动矢量信息等),组成了压缩后的码流,然后再通过网络提取层(NAL)进行传输或存储。在后向的重建通路中,按照一定顺序对量化后的宏块系数 X 进行解码,得到对后续宏块进行编码所需的重建帧。宏块的系数 X 经过反量化 Q^{-1} 和反变换 T^{-1},得到了一个差分宏块 D_n',这与原来的差分宏块 D_n 并不完全相同,因为量化和反量化的过程产生了信息的损耗,所以 D_n' 是一个包含了失真信息的 D_n 的复制。预测宏块 P 和残差宏块 D_n' 相加,得到了重建的宏块 uF_n',也就是原始宏块的一个包含失真的副本,然后经过滤波,减少块失真效应,最后得到重建的参考帧 F_n'。

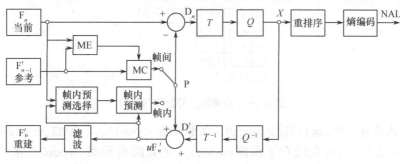

图 4.18　H.264/AVC 编码器

F_{n-1} 是指前面已解码的多个参考帧。在帧间模式下宏块根据参考帧 F_{n-1} 进行运动估计(Motion Estimation,ME)和运动补偿(Motion Compensation,MC)得到预测值 P,对预测值与当前帧 F_n 的残差值进行变换编码 T 与量化 Q,得到变换量化系数,最后经熵编码输出到网络提取层 NAL。F_n' 为经过滤波得到的重构图像,它将被放入参考帧存储器作为下一帧或几帧编码的参考帧之一。

从图 4.18 可以看出,H.264 编码器在总体结构上与以往的编码器并没有太多的变化,但是在一些局部的编码策略上,H.264 引入了一些新的算法与特性,从而增强了压缩能力,也提高了对传输错误的抵抗力,更加适用于现在的无线多媒体和网络多媒体应用。例如:从过去的 DCT 变换,发展为整数变换,减少了精度损失;从传统的单一的帧内编码,发展为更加高效、模式更加多样的帧内预测编码,进一步减少了帧内编码的比特数;从以往使用的去块效应滤波器,发展为控制更加灵活的去块效应滤波器,极大地提高了图像的质量,等等。这些新技术都大大提高了 H.264 编码器的图像压缩效果。另一方面,H.264 协议从过去的单一的参考帧,发展为多个参考帧进行帧间编码;以过去使用的 I 帧、P 帧、B 帧为基础,扩展引入了 SP 帧、SI 帧等新的编码类型,大大提高了 H.264 的压缩码流在信道中传输的可靠性。

5. 帧内预测

帧内预测是为了消除视频序列的空间冗余,利用邻近块已解码重构的像素做外推来实现对当前块的预测,并编码预测块和实际块的残差。特别是在变化平坦的背景区域,由于存在大量的空间冗余,利用帧内预测可以取得很好的效果,大大提高了编码比特的使用效率,减少了帧内编码的比特使用。

H.264/AVC 提供了三种帧内预测方式:4×4 亮度宏块帧内预测(Intra_4×4)、16×16 亮度宏块帧内预测(Intra_16×16)和 8×8 色度宏块帧内预测,并且为每一种预测方式提供多种预测模式。对于相对变化较大、包含多个不同对象的区域,显然需要更小的块分割和更多可选的预测模式,以提供足够的预测精度。具体的预测方法如下:

1) 4×4 亮度块预测。在 Intra_4×4 编码类型中,以 4×4 亮度块为编码单元,其预测块通过其上方和左方的 13 个像素值得到,如图 4.19 所示。a~p 所在的 4×4 块为当前块,可以通过 A~M 的 13 个像素得到当前块的预测块。

图 4.19　预测样点的标注(4×4)

预测模式共有 9 种:垂直预测(mode0)、水平预测(mode1)、DC 预测(mode2)、沿对角线左下预侧(mode3)、沿对角线右下预侧(mode4)、垂直向右预测(mode5)、水平向下预测(mode6)、垂直向左预测(mode7)和水平向上预测(mode8),如图 4.20 所示。

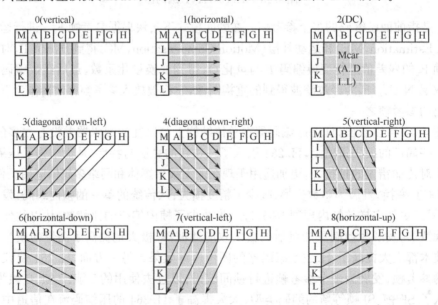

图 4.20　4×4 亮度预测模式

2) 16×16 亮度块预测。在 Intra_16×16 编码类型中,以 16×16 亮度块为编码单元,共有四种模式：垂直预测（mode0）、水平预测（mode1）、DC 预测（mode2）和平面预测（mode3），如图 4.21 所示。

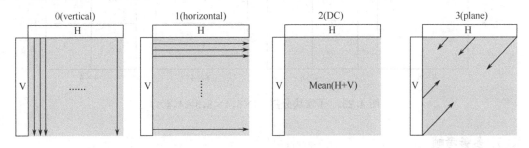

图 4.21　帧内 16×16 预测模式

3) 8×8 色度块预测。两个 8×8 色度块的帧内预测类似于亮度块 Intra_16×16 编码类型，共有 4 种：DC 预测（mode0）、垂直预测（mode1）、水平预测（mode2）和平面预测（mode3）。两个 8×8 色度块通常采用同一种预测模式。

6. 帧间预测

在基于块的视频编码算法中，合理的分块有利于解决提高搜索速度和增加估计精度这一矛盾。但如何合理分块是编码算法所要解决的一个问题。较大的分块尺寸能减少搜索次数，但会降低估计的精度。较小的分块尺寸可以提高估计的精度，但极大地影响了搜索速度。

针对这一问题，H.264 采用了多模式的运动估计，为调和搜索速度和估计精度这对矛盾提供了有利的途径。如图 4.22 和图 4.23 所示，一个 16×16 的编码宏块可以有四种分割方法：1 个 16×16、2 个 8×16、2 个 16×8、4 个 8×8。每个 8×8 模式还具有类似的分割模式：1 个 8×8、2 个 8×4、2 个 4×8、4 个 4×4。分割尺寸越大，残差能量就越大，传输残差能量所用的比特流也越多，但用于表征运动矢量和分割模式的比特数目越小，比较适合平坦区域。而采用较小的分割尺寸可得到较小的残差能量，预测得越准确，但用于表征运动矢量和分割模式的比特数目越多，比较适合图像细节较多的区域。多模式的运动估计解决了以往单一模式无法准确描述块内多物体、多速度、多方向的问题。

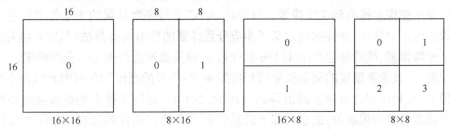

图 4.22　宏块分割：16×16,8×16,16×8,8×8

H.264 中的色度块采用了与亮度块一样的分割方式，只是尺寸减半。色度块最佳分割方式采用与之对应的亮度块的最佳分割方式。

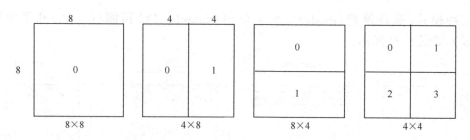

图 4.23　子宏块分割：8×8,4×8,8×4,4×4

7. 多参考帧

与过去标准中的单参考帧不同,H.264/AVC 采用了多参考帧运动补偿技术,最多可采用 5 个参考帧进行帧间预测,能够进一步提高运动估计的精度。即通过在多个参考帧中进行运动搜索,寻找出当前编码块或宏块的最佳匹配。在 H.264 中,16×16、16×8、8×16、8×8 的编码块可以采用不同的预测参考帧,而 8×4、4×8、4×4 必须采用相同的参考帧。

与当前帧具有最强时间相关性的过去帧,通常是时间域上最邻近的前一帧,在绝大多数情况下,前一帧是当前编码块的最佳预测参考帧。但在一些特定的情况下,比如在快速的场景相互切换、图像序列具有遮挡与显露时,多参考帧的运动估计可提高预测的准确性。

多参考帧预测模式同样适用于 B 帧。P 帧和 B 帧图像的参考图像存储在两个参考帧存储器中,分别存储前向预测参考帧和后向预测参考帧。由于每个参考帧存储器中都包含不止一幅图像,因此它包括了原有两个参考帧和多参考帧的情况,以提高编码效率。但是编码器必须通过参考帧选择过程选取最佳参考帧进行运动补偿和预测,为此,必须为参考帧提供内存空间和增加索引值,这也增加了系统的处理时间和存储开支。

8. 高精度运动矢量

运动估计是利用视频图像的时域相关性,在参考帧中寻找当前块的最佳匹配块,即得到相应的运动矢量来尽可能准确地描述当前块的时域运动。像素运动通常不是整数,而是分数,能尽可能准确地描述对象(块或宏块)的时域运动。因此,运动矢量的精度越高,运动估计的残差越小,在降低编码码率的同时提高重建视频质量。从 H.261 到 MPEG-4,运动矢量的精度也从整像素提高到 1/4 像素。H.264/AVC 支持亮度分量的 1/4 像素和色度分量的 1/8 像素的运动估计,并详细地定义了相应分数像素的插值实现算法,利用 6 抽头滤波器产生 1/2 分数像素、线性插值产生 1/4 分数像素、4 抽头滤波器产生 1/8 分数像素。

亚像素(分数像素精度的运动矢量所对应的像素)位置的亮度和色度像素值并不存在于参考图像中,需利用邻近整像素插值得到。在 H.264 中,利用 6 抽头的滤波器对整像素内插得到半像素位置的像素值;通过对邻近的整像素和半像素线性内插得到 1/4 位置的像素值;亮度块 1/4 像素精度的运动矢量对应色度块 1/8 像素精度的运动矢量,色度块 1/8 位置的像素值是通过对邻近的 4 个整像素进行线性内插得到的。

图 4.24、图 4.25 和图 4.26 分别为亮度半像素位置、亮度 1/4 像素位置以及 1/8 像素位置的内插图。其中大写字母所在的块为整像素位置;小写字母所在的块为半像素位置;双小写字母所在的块为 1/4 像素位置;双大写字母所在的块为 1/8 像素位置。

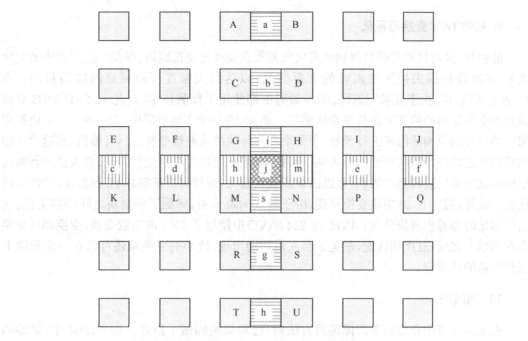

图 4.24 亮度半像素位置内插

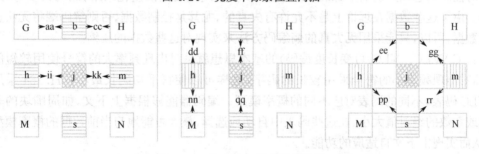

图 4.25 亮度 1/4 像素位置内插

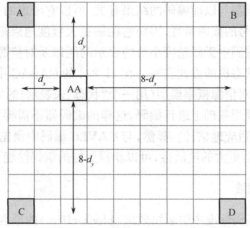

图 4.26 色度 1/8 像素位置内插

9. 整数 DCT 变换与量化

经帧间/帧内预测编码后得到的宏块残差数据要经过变换编码,尽量去除图像中的空间冗余,并经量化损失掉图像内容的次要信息,以达到大幅度压缩视频内容的目的。在 H. 264/AVC 中,由于在帧间编码、帧内编码中都使用了预测技术,因此 H. 264/AVC 对预测残差变换前后的精度变化是非常敏感的。例如,在一个 I 帧编码时,每一个 4×4 块都用邻近的已解码重构的像素进行预测,预测块和实际块的残差被变换、量化、编码,而这个 I 帧的重构帧还将成为帧间预测的参考帧。因此,如果在变换时存在变换失配,舍入误差在帧内编码和帧间编码阶段都会累积,将迅速被积累和放大,这样将严重破坏 H. 264/AVC 的编码性能。此外,对于 8×8 的块变换来说,由于较大的块分割,降低了相继块之间的相关性,在高压缩比时容易出现块效应。因此 H. 264/AVC 中使用了 4×4 的整数变换,变换和反变换都在整数上完成,且严格匹配,避免了舍入误差的出现,较小的变换块还可以在一定程度上减轻图像的块效应。

10. 熵编码

在 4.5.2 节中介绍静态图像编码方法时,已对熵编码做了描述。在 H. 264 中,熵编码是针对控制信息以及前面步骤的结果数据(预测误差正交变换量化结果,运动矢量等)进行编码。由于这些数据在理论上是不允许有失真的,尤其是控制数据,否则解码端将无法正确恢复数据,所以,只能采用无失真的熵编码方法来实现对这些数据的压缩。

1) CAVLC。VLC(可变长度编码)的基本思想就是对出现频率大的符号使用较短的码字,而对出现频率小的符号采用较长的码字,这样可以使得平均码长最小。H. 264 采用若干 VLC 码表,不同的码表对应不同的概率模型。编码器能够根据上下文,如周围块的非零系数或系数的绝对值大小,在这些码表中自动地选择,最大可能地与当前数据的概率模型匹配,从而实现上下文自适应的功能。

2) CABAC。算术编码是一种高效的熵编码方案,其每个符号所对应的码字是分数。由于对每一个符号的编码都与以前编码的结果有关,所以它考虑的是信源符号序列整体的概率特性,而不是单个符号的概率特性,因而它能够更大程度地逼近信源的极限熵,从而降低码率。为了绕开算术编码中无限精度小数的表示问题以及对信源符号概率进行估计,现代的算术编码多以有限状态机的方式实现。在 H. 264 的 CABAC 中,每编码一个二进制符号,编码器就会自动调整对信源概率模型(用一个"状态"来表示)的估计,随后的二进制符号就在这个更新了的概率模型基础上进行编码,这样的编码器不需要信源统计特性的先验知识,而是在编码过程中自适应地估计。显然,与 CAVLC 编码中预先设定好若干概率模型的方法比较起来,CABAC 有更大的灵活性,可以获得更好的编码性能。

11. 环路去块效应滤波

H. 264/AVC 视频编码标准中引起块效应(block effect)的原因主要有两种:首先是因为基于块的离散余弦变换在帧内和帧间预测中引起的误差,转换系数的粗略量化引起了块边缘导致视觉上的不连续;其次是基于块的运动补偿预测在不同参考帧中的不同位置利用插值后的像素位置寻找最佳匹配块,从而使得块边缘的不连续性明显增加。

消除视频图像的块效应,按原理可分为块重叠、滤波、自适应预测 3 类方法。块重叠法计算量大且视觉效果不理想,较优的方法是自适应与滤波相结合。H.264/AVC 采用的就是自适应去块滤波器(Adaptive Deblocking Filter)技术。视频编码算法中所使用的滤波器一般可以分为两种:后滤波器(post filter)和环路滤波器(in-loop filter)。后处理滤波器只对编码后的缓存内的图像进行处理,而环路滤波器位于编码器的运动估计/运动补偿环路中,重构帧必须经过滤波之后才可以存入帧存储器作为下一帧编码的参考帧,使编码效率更高。H.264/AVC 中所采用的自适应去块滤波器属于后者。

通过使用自适应去块滤波器能够很好地改善图像的主客观质量。在 H.264 中采用一个环路滤波器对 16×16 宏块和 4×4 块的边界进行去方块滤波。在编码端反变换后,也就是在此宏块重建和存储用于预测其他宏块之前,应用去方块滤波;在解码端,在重建和显示此宏块之前也要应用去方块滤波。对 16×16 宏块进行去方块滤波主要针对的是由于相邻宏块之间的编码方式不同(运动补偿或是帧内编码)以及量化步长不同而引起的块效应;而对 4×4 宏块进行的去方块滤波主要针对的是由于相邻块之间的变换、量化和运动矢量不同而引起的方块效应。环路滤波器用一个非线性的滤波器对边界两旁的像素进行修改,当边界有块失真的可能性较大时,滤波的参数也相应增强。滤波时根据两个相邻块的类型判断是否存在块效应,以确定滤波器参数并进行滤波,如果相邻块用的是同一参考帧和同样的运动矢量,则认为无明显的块失真。

习题

4.1　描述语音信号特性的参量主要有哪些,各自表达式是什么?

4.2　简述语音编码的分类和特点。

4.3　分别简述语音波形编码与参量编码的基本过程。

4.4　PCM 脉冲调制编码与 ΔM 增量调制编码的区别是什么? 分别简述其过程。

4.5　在 A 律 PCM 语音通信系统中,试写出当归一化输入信号抽样值等于 0.3 时,输出的二进制码组。

4.6　简述 GSM 系统中 RPE-LTP 语音编码的基本原理。

4.7　静止图像编码的主要方法有哪些? 目前静止图像编码的标准有哪些? 简述各自特点。

4.8　假设某符号集 X 中包含 7 个符号:(s1,s2,s3,s4,s5,s6,s7),它们各自出现的概率分别为:(0.31,0.22,0.18,0.14,0.1,0.04,0.01)。试求其 Huffman 编码、信息熵、平均码字长度和编码效率。

4.9　简述 H.264/AVC 视频编码标准的关键技术。

4.10　H.264/AVC 视频编码标准中引起块效应的原因是什么? 消除块效应的方法主要有哪些?

第5章　移动通信中的信道编码

5.1　概述

信源编码是对待传输的信息(如语音、图像等)进行压缩,使之适合于在信道中传输。而信道编码则恰恰相反,是在信源编码输出的序列中增加一些多余的码元,称为监督码元,用于接收端纠正或检出信息在信道中传输时因干扰、噪声或衰落所造成的误码。信源编码的目标是提高传输效率,即信道带宽利用率,通过压缩来实现;而信道编码的目标是提高传输可靠性,通过增加监督码元来实现,但降低了传输效率。因此,两者是矛盾的。信道编码的研究内容是如何增加监督码元,并试图以最少的监督码元为代价,换取最大程度的可靠性的提高。

5.1.1　信道编码的基本原理

例如有 4 个状态的某一信息需要发送,每一状态各编码为 2 bit,分别为 00,01,10,11。如果传输中有一位发生错误,则状态信息变为另外一个,而接收端并不知道状态信息与发送端不一致。为此,在编码的 2 bit 之外增加 1 bit,则 3 bit 共有 8 种组合:000,001,010,011,100,101,110,111,从这 8 种组合中选择其中 4 种来传输上述 4 个状态,则可用这 4 种组合的某些特性发现接收端是否错误接收。

4 种状态信息的编码组合方案之一如图 5.1 所示。

```
0 0 0
0 1 1
1 0 1
1 1 0
```

图 5.1　4 种状态信息的编码组合方案之一

其特点是增加的码元(第 3 比特)使组合 1 的个数为偶数,另外 4 种组合则不允许在发送端出现。假设 000 状态在传输中发生 1 bit 错误,则接收端变为 001,010 或 100,均为不允许使用的码组,则可指定为误码;发生 3 bit 错误变成 111 也可判定为误码;对于 2 bit 错误,则由于码组是允许的,接收端不能发现是否出错。为了发现 2 bit 错误,则监督码元可以增多,或者编码位数增多,使可选择的码组多一些,用于检错的特性更明显一些。

在信道编码中,码组中非零码元的数目定义为码重,如 010 的码重为 1,011 的码重为 2。两个码组对应码位上具有不同二进制码元的位数定义为两码组的距离,称为码距(汉明距)。某一种编码中各个码组间距离的最小值称为最小码距 d_0。如上述 4 种状态的编码 $d_0 = 2$。

从信息传输的角度来看,信道编码中增加的监督码元不载有任何信息,是冗余度的体现,使码字具有一定的检、纠错能力,提高传输的可靠性,降低误码率。另一方面,如果要求信息传输速率不变,则信道编码后必须减少码组中每个码元符号的持续时间。对于二进制而言,即为减少脉冲宽度。若编码前码元脉冲的归一化宽度为1,则编码后的归一化宽度为k/n(其中,k为编码前的码元位数,n为编码后的码元位数)。此时是以带宽的冗余度换取信道传输的可靠性。如果信息传输速率允许降低,则编码后每个码元的持续时间可以不变,此时,以信息传输速度的冗余度或称为时间上的冗余度换取传输的可靠性。

不管是用时间冗余度还是用带宽冗余度,都能使信息传输的可靠性增加,但是编码后的纠错/检错能力取决于编码后码组的最小码距d_0。一般情况下,可分为如下3种情况描述编码性能。

1) 如果最小码距$d_0 \geqslant e+1$,则可检测e个错码。设一码组中A发生1位错码,则可以认为A的位置将移动至以0为圆心,以1为半径的圆周上某点。若码组A中发生2位错码,则其位置不会超出以0为圆心,以2为半径的圆。因此,只要最小码距不小于3(如图5.2(a)中的B点),在此半径为2的圆上及圆内就不会有其他许用码组,因而可检测的错误位数为2。同理,若一种编码的最小码距为d_0,则将能检测(d_0-1)个错码。

2) 为纠正t个错码,要求最小码距$d_0 \geqslant 2t+1$。如图5.2(b)所示,码组A或B发生不多于2的错码,则其各自位置不会超出半径为2且以原位置为圆心的圆。如果A和B的距离为5,则这两个圆是不相交的。因此,可依如下原则判决:若接收码组落于以A为圆心的圆上或圆内,就判收到的是码组A;若落于以B为圆心的圆上或圆内就判为码组B。每种码组只要不超过2位错码都将能纠正。即最小码距$d_0=5$时,最多能纠正2位错码。若错码达到3个,将落入另一圆上,从而发生错判。

3) 为纠正t个错码,同时检测e个错码,要求最小码距$d_0 \geqslant e+t+1 (e > t)$。如图5.2(c)所示,若接收码组与某一许用码组间的距离在纠错能力(t)范围内,则可按检错方式工作。因此,若设码组的检错能力为e个错码时,该码组与任一许用码组(如图中B)的距离应为$(t+1)$,否则将落入许用码组B的纠错能力范围内,被纠错为码组B。即必须满足$d_0 \geqslant e+t+1(e > t)$。

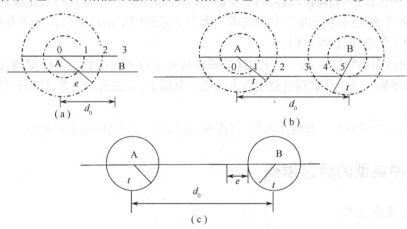

图5.2　码距与纠、检错能力的关系

以上表明,信道编码的纠(检)错能力由码距直接决定,若最小码距为d_0,则可检错的位数为d_0-1;可纠错的位数为$\left[\dfrac{d_0-1}{2}\right]$([.]表示取整)。由于信息元只能提供的码距为1,监督码元的使用可以得到更大的码距,从而提高纠(检)错能力,当然也要付出传输码速的提高和编码复杂性的代价。

在移动通信的语音通信中,信道编码主要是为了纠错。如果只能检错,则只能在检出有错后就让发送方重发,对于数据传输是允许的,对于语音传输则不能中断后再重发。在数字语音传输中,信道编码也叫作前向纠错(Forward Error Correcting,FEC)编码。

另外,移动信道上的错误主要有随机性误码和突发性误码2种类型,前者是单个码元错误,随机地发生,主要由噪声引起;后者指连续数个码元发生差错,主要由衰落或阴影造成。信道编码的目的是要克服这两类误码,提高传输可靠性。

5.1.2 信道编码的分类

信道编码有很多方案,其分类方法有很多,大致分为以下几大类:

1) 按功能不同划分。信道编码按功能可分为检错码、纠错码和纠删码。检错码仅能检测误码;纠错码仅可纠正误码;纠删码则兼有检错和纠错能力,当发现不可纠正的错误时可发出错误指示,或者简单地删除发现不可纠正的错误的信息段落。

2) 按监督元与信息元的检验关系划分。在信道编码中,信息码元和附加的监督码元之间的检验关系有线性和非线性之分。若两者之间满足一组线性方程式,则称为线性码;反之则称为非线性码。

3) 按监督码元与信息元的约束方式划分。除是否线性外,按信息元与监督元之间的约束方式还可以分为分组码和卷积码。在分组码中,编码后的码元序列每 n 位分为一组,其中 k 个信息码元,$r=n-k$ 个附加的监督码元。监督元仅与本码组的信息码元有关,与其他码组无关。卷积码也对编码后的序列分组,但某一分组的监督码元不仅与本码组的信息码元有关,还与前面码组的信息码元有约束关系。

4) 按信息码元是否保持原形式划分。信道编码中的信息码元与监督码元在每一分组内都有确定的位置,一般而言,信息码元在前,监督码元在后。若信息码元在编码后保持原样不变,则称为系统码,否则称为非系统码。由于非系统码中的信息码元形式发生了改变,为译码增加了复杂度,很少应用。

5) 按信道编码的数学方法划分。信道编码可用多种不同的数学方法实现,如代数码、几何码和算术码。其中代数码是建立在近代数学基础上,发展最为完善,线性码是其中的一个重要分支。

6) 按码元取值划分。按码元取值,信道编码可分为二进制码和多进制码。

5.2 几种典型的信道编码

5.2.1 线性分组码

线性分组码是研究其他信道编码的基础,由于数字移动通信中多采用二元码,即"0"、"1"表示,所以只讨论二元线性分组码,但相关的原理和方法可推广到多元码。

对输入的二进制序列进行分组,每 k 位为一组,在其后附加 $(n-k)$ 位构成 n 位的分组,$(n-k)$ 位附加信息称为监督码,是某些信息元的模之和。例如,$k=3$,则共有 8 种不同的组合,在其后附加 4 位监督元可构成 $(7,3)$ 线性分组码,编码效率为 $k/n=3/7$。

设输入信息码组为 $\boldsymbol{U}=(U_2,U_1,U_0)$,输出信息码组为 $\boldsymbol{C}=(C_6,C_5,C_4,C_3,C_2,C_1,C_0)$,

则编码的线性方程组为：

$$\begin{cases}\left.\begin{aligned}C_6 &= U_2 \\ C_5 &= U_1 \\ C_4 &= U_0\end{aligned}\right\}\text{信息位} \\ \left.\begin{aligned}C_3 &= U_2 + U_0 \\ C_2 &= U_2 + U_1 + U_0 \\ C_1 &= U_2 + U_1 \\ C_0 &= U_1 + U_0\end{aligned}\right\}\text{监督位}\end{cases} \tag{5.1}$$

用矩阵的形式表示为：

$$\boldsymbol{C} = \boldsymbol{U} \cdot \boldsymbol{G} \tag{5.2}$$

式中，$\boldsymbol{G}$ 为生成矩阵，即

$$\boldsymbol{G} = \begin{bmatrix} 1 & 0 & 0 & 1 & 1 & 1 & 0 \\ 0 & 1 & 0 & 0 & 1 & 1 & 1 \\ 0 & 0 & 1 & 1 & 1 & 0 & 1 \end{bmatrix} = (\boldsymbol{I} \vdots \boldsymbol{Q}) \tag{5.3}$$

$\boldsymbol{I}$ 为单位矩阵，$(7,3)$ 码为系统码。

按式(5.2)完成的 $(7,3)$ 码如表 5.1 所示。

表 5.1 (7,3)码

信息码			编码后码字						
0	0	0	0	0	0	0	0	0	0
0	0	1	0	0	1	1	1	0	1
0	1	0	0	1	0	0	1	1	1
0	1	1	0	1	1	1	0	1	0
1	0	0	1	0	0	1	1	1	0
1	0	1	1	0	1	0	0	1	1
1	1	0	1	1	0	1	0	0	1
1	1	1	1	1	1	0	1	0	0

若将编码方程组中的监督元换一种表达方式，即用编码后与信息元的关系表示，则有

$$\begin{cases}C_3 = C_6 + C_4 \\ C_2 = C_6 + C_5 + C_4 \\ C_1 = C_6 + C_5 \\ C_0 = C_5 + C_4\end{cases} \Rightarrow \begin{cases}C_6 + C_4 + C_3 = 0 \\ C_6 + C_5 + C_4 + C_2 = 0 \\ C_6 + C_5 + C_1 = 0 \\ C_5 + C_4 + C_0 = 0\end{cases} \tag{5.4}$$

表示成矩阵的形式为：

$$\begin{bmatrix} 1 & 0 & 1 & 1 & 0 & 0 & 0 \\ 1 & 1 & 1 & 0 & 1 & 0 & 0 \\ 1 & 1 & 0 & 0 & 0 & 1 & 0 \\ 0 & 1 & 1 & 0 & 0 & 0 & 1 \end{bmatrix} \begin{bmatrix} C_6 \\ C_5 \\ C_4 \\ C_3 \\ C_2 \\ C_1 \\ C_0 \end{bmatrix} = \begin{bmatrix} 0 \\ 0 \\ 0 \\ 0 \end{bmatrix} \tag{5.5}$$

令 $\boldsymbol{O} = [\,0\ 0\ 0\ 0\,]$，

$$\boldsymbol{H}=\begin{bmatrix} 1 & 0 & 1 & 1 & 0 & 0 & 0 \\ 1 & 1 & 1 & 0 & 1 & 0 & 0 \\ 1 & 1 & 0 & 0 & 0 & 1 & 0 \\ 0 & 1 & 1 & 0 & 0 & 0 & 1 \end{bmatrix}=\begin{bmatrix} \boldsymbol{Q} & \boldsymbol{I}_4 \end{bmatrix} \tag{5.6}$$

则有 $\boldsymbol{HC}^{\mathrm{T}}=\boldsymbol{O}^{\mathrm{T}}$ 或 $\boldsymbol{CH}^{\mathrm{T}}=\boldsymbol{O}$。其中，$\boldsymbol{H}$ 称为监督矩阵，用于接收端的译码。

(7,3)线性分组码用 2^7(128)个码字的 8 个表示 3 位信息码元的 8 种状态，其码距是 4，可纠正 1 个错误，发现 3 个错误。

5.2.2 循环码

循环码是一种线性分组码(n,k)，是 1957 年普朗格(Prange)首先开始研究的，有如下几个特点：

1) 任一码字(除全为 0 外)每一次向左(或右)循环移位，可得另外一个码字；
2) 易于用带有反馈的移位寄存器实现；
3) 可用成熟的代数学中的多项式来表示；
4) 可用于纠正独立的随机错误，也可用于纠正突发错误。

例如，表 5.1 中的码就是一种循环码，其循环过程示意如图 5.3 所示。

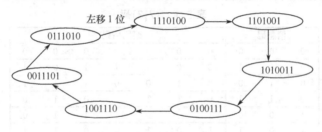

图 5.3　循环码的循环过程

用多项式表示可对各个码字进行标记，各个编码信息源分别表示为$(x^{n-1},x^{n-2},\cdots,x^1,x^0)$，其系数为 1 则表示该位对应的码元为 1，其系数为 0 则表示对应的码元为 0。例如，0011101 可表示为 $x^4+x^3+x^2+1$；而左移 2 位后变为 1110100，记为 $x^6+x^5+x^4+x^2$，即 $x^2(x^4+x^3+x^2+1)$。若再左移 1 位，即乘以 x，则有

$$x(x^6+x^5+x^4+x^2)=x^7+x^6+x^5+x^3 \tag{5.7}$$

因最高位数为 7 位，故多项式最高幂次只能是 6，令 $x^7\equiv1$，则可得 $x^6+x^5+x^3+1$ 即为 1101001。

在图 5.3 中，由 7 个码字中的任何一个均可经过循环生成所有的码字。在这些码字中，最高幂最小的那一个所对应的多项式，即 $x^4+x^3+x^2+1$ 称为该循环码的生成多项式 $g(x)$。循环码(n,k)的生成矩阵可由生成多项式构成，即

$$\boldsymbol{G}(x)=\begin{bmatrix} x^{k-1}g(x) \\ x^{k-2}g(x) \\ \cdots\cdots \\ xg(x) \\ g(x) \end{bmatrix} \tag{5.8}$$

其中 $g(x)$ 为 $(n-k)$ 次码多项式。

例如,上一节的 $(7,3)$ 码, $g(x)=x^4+x^3+x^2+1$,生成矩阵可表示为

$$\boldsymbol{G}(x)=\begin{bmatrix} x^6+x^5+x^4+x^2 \\ x^5+x^4+x^3+x \\ x^4+x^3+x^2+1 \end{bmatrix}=\begin{bmatrix} 1 & 1 & 1 & 0 & 1 & 0 & 0 \\ 0 & 1 & 1 & 1 & 0 & 1 & 0 \\ 0 & 0 & 1 & 1 & 1 & 0 & 1 \end{bmatrix} \tag{5.9}$$

5.2.3 BCH 码

1959 年霍昆格姆(Hocquenghem)和 1960 年博斯(Bose)及查德胡里(Chaudhuri)分别提出可纠正多个随机错误的循环码,故取三位学者人名字头的 3 个字母,命名为 BCH 码。1960 年彼得森(Pederson)找到了二元 BCH 码的第一个有效算法,后经多人的推广和改进,于 1967 年期间由伯利坎普(Berlekamp)提出了 BCH 码译码的迭代算法,从而将 BCH 码由理论研究推向实际应用。目前 BCH 码是研究得最为透彻的一类码,译码也容易实现,是应用最为普遍的线性分组码。

二元 BCH 码的码长为 $n<2^m-1$ (m 为正整数),称之为非本原 BCH 码; $n=2^m-1$ 称之为本原 BCH 码。设此码要求的纠错位数为 t ,则 BCH 码的生成多项式可表示为

$$g(x)=\text{LCM}[m_1(x),m_3(x),\cdots,m_{2t-1}(x)] \tag{5.10}$$

其中, $m_i(x)(i=1,3,\cdots,2t-1)$ 是幂次为 i 的最小多项式,LCM 表示取最小公倍式。

例如,若 $n=7$,则 $m=3$ 生成本原 BCH 码,其生成多项式与信息元数 k 有关,若 $k=4$,则可纠正 $t=1$ 位错误, $g(x)=x^3+x+1$,监督码元位数为 3。

5.2.4 RS 码

RS 码是 Reed-Solomon 码的缩写,由 Reed 和 Solomon 二人提出而得名,它是一种多进制的 BCH 码。多进制即 2^M 进制;若 $M=2$ 为四进制,共有 4 个码元,即 0,1,2,3,若用二进制码元来表示,则要用两个二进制码元来表示一个符号,即 00,01,10,11;若 $M=3$,则为八进制,要用 3 个二进制码元表示一个符号,共有 000,001,010,011,100,101,110,111 八个符号。如果将这些符号当作一个码元编成 BCH 码,即为 RS 码。

RS 码的码长为 $n=2^m-1$,有 $d-1$ 个监督元,信息元有 $k=n-(d-1)=2^m-d$,如仍以二进制编码写出,则为 $[(2^m-1)M\cdot(2^m-d)M]$ 码,可纠正 $t\leqslant\left[\dfrac{d-1}{2}\right]$ 个多进制符号元的错误。由于一个多进制符号由多个二进制码元组成,所以从二进制码元来看,RS 码有纠正突发错误的能力。

5.2.5 卷积码

前面介绍的分组码其监督码元只与本组的信息元有关,而卷积码则是其监督元与本组及前面若干组信息元均有关,可纠正随机错误和突发错误。

卷积码首先由麻省理工学院的埃里亚斯(Elias)于 1955 年提出。其基本形状如图 5.4 所示,包括一个由 N 段组成的输入移位寄存器,每段有 k 位,共 $N\times k$ 位寄存器;一组 n 个模 2 和相加器;一个由 n 级组成的输出移位寄存器。对应于每段 k 个比特的输入序列,输出

n 个比特,可以看出,n 个输出比特不但与当前的 k 个输入比特有关,而且与以前的 $k(N-1)$ 个输入比特有关,N 称为约束长度,编码效率 $R=k/n$。卷积码常记作 (n,k,N)。

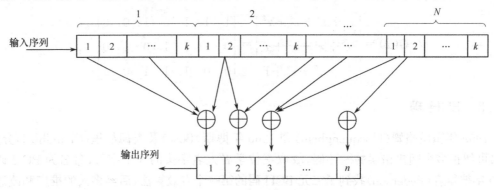

图 5.4 卷积码的一般形式

5.2.6 交错(交织)编码

在移动信道中经常出现突发差错,如果将突发差错通过一定的变换转化为随机差错,则纠正起来容易得多,交织编码的作用就是如此,具体方法如下:

将信息编码为分组码(如 (7,3) 码),按组排列在存储器中,假定共有 m 行,如图 5.5 所示。传输时按列顺序读出,变为一个串行的数据流 $C_{11}C_{21}C_{31}\cdots C_{m1}C_{12}C_{22}C_{32}\cdots C_{m2}C_{13}C_{23}C_{33}\cdots C_{m3}\cdots C_{17}C_{27}C_{37}\cdots C_{m7}$,称为交织码。若传输时发生连续的突发差错,而在接收时将上述过程逆向重复,则突发差错被分散到各个码组中,纠正起来就容易得多。

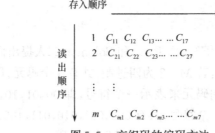

图 5.5 交织码的编码方法

在交织编码中,m 称为交织度。

5.2.7 级联码

在实际的移动通信信道中,既不仅仅出现随机差错,也不仅仅出现明显的突发差错,而是常出现混合差错。根据前面介绍的信道编码可知,纠错能力与纠错码本身的长度成正比。但是如果采用单一结构、单一形式的码构造长码是非常复杂的,故而需要新思路构造性能优良的长码。级联码就是这样的编码。由 Forney 在 1966 年首先提出,利用短码串行级联构造成长码,其编码设备较同等长度的码简单,而性能一般优于同长度的码,因而得到广泛的重视与应用。Forney 最初提出的是一个两级串行的级联码,其结构为:

$$(n,k)=[n_1 \times n_2, k_1 \times k_2]=[(n_1,k_1),(n_2,k_2)] \tag{5.11}$$

即由两个短码 (n_1,k_1) 和 (n_2,k_2) 串接构成的一个长码 (n,k),称 (n_1,k_1) 为内码,称 (n_2,k_2) 为外码。若总数据输入位 k 由若干个字节组成,则 $k=k_1 \times k_2$,即有 k_2 个字节,每字节含有

$k_1=8$位,此时(n_1,k_1)主要负责纠正字节内(8位内)随机独立差错,(n_2,k_2)则负责纠正字节之间和字节内未纠正的剩余差错。此类编码的纠错能力很强,既可纠正随机独立差错,更主要的是又能纠正突发性差错。编码结构如图 5.6 所示。

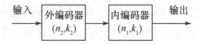

图 5.6　级联码编码结构

若内编码器的最小距离为 d_1,外编码器的最小距离为 d_2,则级联码的最小距离为 $d=d_1\times d_2$。从原理上分析,内外两个编码器采用何种类形是可以任意选取的,两者既可是同一类型,也可以是不同类型。最常用的是内码选用纠随机差错能力强的卷积码,外码选用纠突发差错为主的 RS 码。

级联码最早用于美国航天局(NASA)的深空遥测数据传输中,1984 年 NASA 采用$(2,1,7)$卷积码作为内码,$(255,233)$ RS 码作为外码构成级联码,并在内、外码之间加一交织器,达到了很好的性能。基于此码,NASA 于 1987 年制定了 CCSDS 遥测编码标准。

5.2.8　Turbo 码

1993 年在 ICC 国际会议上,C. Rerrou,A. Glavieux 和 P. Thitimajshima 共同提出了 Turbo 码。"Turbo"是"涡轮驱动"的意思,即反复迭代的含义。从原理上看 Turbo 码属于并行级联码,基本构成原理框图如图 5.7 所示。复接器的输入有三个,数据直接输入;经编码器 1 后送入开关单元;经交织器和编码器 2 后送入开关单元。最后经复接器输出 Turbo 码。两个编码器称为 Turbo 码的二维分量,可以扩展到多维分量。各个分量可以是卷积码,也可以是分组码,不同的编码方式和准则将组合成不同的 Turbo 码。

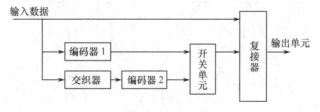

图 5.7　Turbo 码编码器原理框图

5.2.9　LDPC 码

LDPC 码(Low Density Parity Check Codes,低密度奇偶校验码)是 Gallager 于 1962 年提出的。所谓低密度,是指校验矩阵的稀疏性,即校验矩阵中非零元素的个数远少于零元素,或者说矩阵的行重和列重远小于码长。

LDPC 码可用一个稀疏的非系统的校验矩阵 $H_{(n-k)\times n}$ 定义,其中 n 为码长,k 为信息位个数,所以码字 C 均满足 $C\times H^{\mathrm{T}}=0$。校验矩阵"稀疏"是因为矩阵中除了少数元素为"1"外,其余大部分元素全部是"0",其每行中"1"的个数(又称为行重)远远小于校验矩阵的列数。根据 LDPC 码校验矩阵元素为"1"分布情况的不同,可以将之分为 Regular 和 Irregular 两种。在 Regular LDPC 码(正则 LDPC 码)中,每一行为"1"的元素个数相同并且每一列为

"1"的元素个数也一样,即矩阵的各行行重和各列列重分别一致;反之,如果校验矩阵的行重或者列重不一致就称为 Irregular LDPC 码(非正则 LDPC 码)。Gallager 最早给出的正则 LDPC 码的定义为:对于一个码长为 n,校验位长为 m 的 LDPC 码,若其校验矩阵每行"1"的个数全为 k,每列"1"的个数全为 j,则称其为正则 LDPC 码,记参数为 (n,j,k),并且通常满足条件:$j<k,j\ll m,k\ll n$。Gallager 证明了当 $j\geqslant 3$ 时,这类 LDPC 码具有很好的汉明距离特性。

非正则 LDPC 码类似于正则 LDPC 码的定义,不同的是校验矩阵每列"1"的个数或每行"1"的个数不全部相同。研究表明,通过优化非正则 LDPC 码的校验矩阵中元素"1"的分布,可以得到比正则 LDPC 码更好的性能,不过在硬件实现方面具有更大的复杂度,需要更多的系统资源。

LDPC 码的表示方法主要有两种,用校验矩阵表示和用双向图表示。双向图又称为 Tanner 图、因子图、二分图,可以形象地刻画 LDPC 码的编译码特性。例如,一个 $(10,2,4)$ 的校验矩阵可以用图 5.8 表示,其 Tanner 图可用图 5.9 表示。

$$\boldsymbol{H}_0 = \begin{Bmatrix} 1 & 1 & 1 & 1 & 0 & 0 & 0 & 0 & 0 & 0 \\ 1 & 0 & 0 & 0 & 1 & 1 & 1 & 0 & 0 & 0 \\ 0 & 1 & 0 & 0 & 1 & 0 & 0 & 1 & 1 & 0 \\ 0 & 0 & 1 & 0 & 0 & 1 & 0 & 1 & 0 & 1 \\ 0 & 0 & 0 & 1 & 0 & 0 & 1 & 0 & 1 & 1 \end{Bmatrix}$$

图 5.8　$(10,2,4)$ LDPC 码的校验矩阵

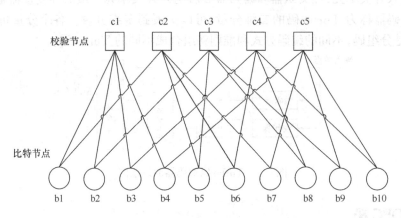

图 5.9　$(10,2,4)$ 校验矩阵的 Tanner 图表示

设计 LDPC 码即构造其校验矩阵,主要有随机校验矩阵和结构化校验矩阵(Structured Parity-check Matrix)两种。前者性能虽好,但编/译码复杂度高。结构化校验矩阵一般可以通过代数几何、组合等方法生成,具有相近的性能和更低的复杂度。构造 LDPC 码的方法很多,例如有限几何法构造 LDPC 码、欧式有限几何(Euclidean Geometries)LDPC 码(EG-LDPC 码)、均衡不完全区组设计(Balanced Incomplete Block Design)LDPC 码(BIBD-LDPC 码)等。

5.3 实际应用系统的信道编码

5.3.1 GSM 系统中的信道编码

GSM 系统中的移动信道包括业务信道和控制信道。业务信道分为语音业务信道和数据业务信道两类。控制信道分为广播信道、公共控制信道和专用控制信道三类,用于传送信令和同步辅助信息。不同的信道类型有不同的编码方案,也有不同的传输速率,但是其基本的编/译码方案具有类似的编码结构,均包括内编码、外编码及交织重排等内容,如图 5.10 所示。内编码利用卷积码实现,外编码利用分组码实现,交织重排则根据不同的信道类型来利用不同的交织度实现。从速率角度看,GSM 系统的信道编码速率,用于语音业务的有 13 kbps 全速率和 6.5 kbps 半速率 2 种,用于数据业务的有 9.6 kbps 全速率、4.8 kbps 全速率和半速率、2.4 kbps 全速率和半速率共 5 种。

图 5.10 *GSM* 典型编码框图

全速率和半速率的区别在于:全速率就是一条信道承载一个通话的工作方式,而半速率是一条信道承载两个通话的工作方式。很明显,半速率会增加系统容量,但同时会使通话质量明显下降。在运营商信道资源紧缺的情况下,通常使用半速率来缓解。

本节以全速率语音业务信道（TCH/FS）为例说明 GSM 系统的信道编码。

在 GSM 系统中,语音编码按帧进行,每帧数据长度为 20 ms,包括 260 bit,记为 $d=[d(0)、d(1)、\cdots、d(259)]$,共分三组,$d(0)\sim d(49)$,$d(50)\sim d(181)$,$d(182)\sim d(259)$。第一组包含外编码、内编码两个操作,第二组仅有内编码操作,两组合称为一级比特;而第三组则仅参与重排与交织,称为二级比特。

1. 外编码

外编码主要是对第一组 50 bit 数据进行 $(53,50,2)$ 截短循环码编码,利用生成多项式 $g(x)=1+x+x^3$ 产生 3 位校验比特:$p(0)$、$p(1)$ 和 $p(2)$,形成 50 bit+3 bit=53 bit 数据。

2. 内编码

在第二组 132 bit 数据后增加 4 bit 尾数据,形成 53 bit+132 bit+4 bit=189 bit,进行 $(2,1,4)$ 卷积码（如图 5.11 所示）,其生成多项式为:

$$g_1(x)=1+x^3+x^4$$

$$g_2(x)=1+x+x^3+x^4$$

输出变为 189 bit×2=378 bit。连同第三组 78 bit 共计 456 bit,即 20 ms。数据由 260 bit 增加至 456 bit,码速率则从 13 kbps 增加至 22.8 kbps。

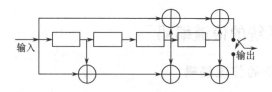

图 5.11　(2,1,4)卷积码结构图

3. 重排与交织

重排与交织是对 1 组、2 组和 3 组及编码后多余的比特,共 456 bit 进行重新组织并调整顺序,其规则如下。

首先,将 456 bit 分成以 57 bit 为一个子块的 8 个子块,按照如下格式重新排序:

$$D(x,y)=(57x+64y) \bmod 456 \tag{5.12}$$

式中,$x=0,1,2,\cdots,7$ 表示子块数的序号;$y=0,1,2,\cdots,56$ 表示每一子块中的比特序号。

之后,将前一语音帧的后 4 个子块与当前帧的前 4 个子块进行重组,构成 114 bit 的一个 TDMA 帧,交织深度为 8,且为两相邻的语音帧之间实现交织故而称为帧间数据块交织。

经上述重排交织操作后,整个语音帧的数据有一定的随机性,其抗差错能力得以提高。

5.3.2　IS-95 系统中的信道编码

在 IS-95 系统中,信道编码不仅与信道速率有关,上行与下行信道也有不同的编码方式。

1. 下行信道编码

IS-95 系统中的下行信道包括导频信道、同步信道、寻呼信道和业务信道。导频信道中没有采用信道编码与交织,其他信道均采用了各种不同的编码方式。

1) 同步信道。同步信道数据速率为 1.2 kbps,采用了 CRC 检错、前向纠错(FEC)与交织。CRC 检错编码为 30 bit,生成多项式为:

$$g_{30}(x)=1+x+x^2+x^6+x^7+x^8+x^{11}+x^{12}+x^{13}+x^{15}+x^{20}+x^{21}+x^{29}+x^{30} \tag{5.13}$$

前向纠错编码为 (2,1,8) 卷积码,码率为 1/2,约束长度 $K=m+1=8+1=9$,其生成多项式为:

$$g=(111\ 101\ 011) \Leftrightarrow g^1(x)=1+x+x^2+x^3+x^5+x^7+x^8 \tag{5.14a}$$

$$g=(101\ 110\ 001) \Leftrightarrow g^2(x)=1+x^2+x^3+x^4+x^8 \tag{5.14b}$$

编码结构如图 5.12 所示。

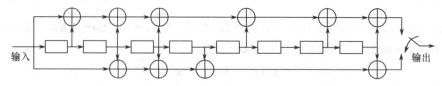

图 5.12　(2,1,8)卷积码编码结构

2) 寻呼信道与业务信道。寻呼信道与业务信道速率有 2.4 kbps、4.8 kbps 和

9.6 kbps,而业务信道除这 3 种外还有 1.2 kbps 速率,采取的检错 CRC 码有 2 种。9.6 kbps 信道采取 12 比特的 CRC_{12},生成多项式为:

$$g_{12}(x)=1+x+x^4+x^8+x^9+x^{10}+x^{11}+x^{12} \tag{5.15}$$

4.8 kbps 的 CRC 生成多项式为:

$$g_8(x)=1+x+x^3+x^4+x^7+x^8 \tag{5.16}$$

前向纠错码采用的是 (2,1,8) 卷积码,与同步信道相同。

对于信道交织编码,按 20 ms 语音周期进行,各速率信道帧长如下:

- 9.6 kbps 全速率信道:192 bit=172 bit(信息码元)+CRC 12 bit+8 bit(尾比特)
- 4.8 kbps 半速率信道:96 bit=80 bit(信息码元)+CRC 8 bit+8 bit(尾比特)
- 2.4 kbps 1/4 速率信道:48 bit=40 bit(信息码元)+8 bit(尾比特)
- 1.2 kbps 1/8 速率信道:24 bit=16 bit(信息码元)+8 bit(尾比特)

为了实现各种不同速率信道交织编码的统一性,半速率、1/4 速率和 1/8 速率信道的符号重复次数分别为 2、4 和 8,与全速率信道保持相同的比特数。

全速率信道的具体交织方式如下:

- 将 384 分组块按列写入,每列 24 行,一共构成 16 列,组成 24×16=384 的输入矩阵;
- 输入、输出两矩阵间的元素序号变换遵从以下规则:输出矩阵元素的序号是根据输入矩阵元素的符号先自上而下,再自左而右,逐列逐行进行变换;
- 在求出输出交织矩阵后,仍按列读出全部交织矩阵中的元素并送入信道中传输;
- 在接收端以相反过程进行去交织变换。

上述变换取决于两个因素:一是相应输入矩阵元素序号的二进制反转;二是根据反转变换值再从一个 6 列 64 行矩阵中选取对应列的 6 个元素序号值。

2. 上行信道编码

上行信道有接入和业务两类,采用的纠错码相同,均为 (3,1,8) 卷积码,其码率为 1/3,约束长度为 $K=m+1=9$,纠错能力比下行信道纠错码强。(3,1,8) 卷积码的生成多项式为:

$$g^1(x)=1+x^2+x^3+x^5+x^6+x^7+x^8 \tag{5.17}$$
$$g^2(x)=1+x+x^3+x^4+x^7+x^8 \tag{5.18}$$
$$g^3(x)=1+x+x^2+x^5+x^8 \tag{5.19}$$

其编码器逻辑结构如图 5.13 所示。

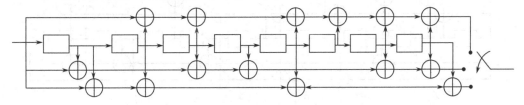

图 5.13 (3,1,8)卷积码编码器逻辑结构

对于信道交织,接入信道和业务信道交织器均在编码器之后,但为了使交织矩阵和规则统一,不同速率的信道在交织前符号重复周期不同,如接入信道 4.8 kbps 编码后为

14.4 kbps,符号重复两次形成 28.8 kbps;业务信道 1.2 kbps、2.4 kbps、4.8 kbps 和 9.6 kbps 编码后分别为 3.6 kbps、7.2 kbps、14.4 kbps 和 28.8 kbps,则其符号重复次数分别为 8,4,2,1,均形成 28.8 kbps 速率。交织前形成 20 ms 帧长 576 bit 的分组块,按 32×18 的行列格式形成输入矩阵。输出矩阵的形成规则如下:

1) 输入矩阵的第一行作为输出矩阵的第一行;

2) 输出矩阵的第二行序号由输入矩阵第一行第一列序号变换而来,变换方法是该序号二进制倒置后加 1;

3) 输出矩阵的第三行序号由输入矩阵第二行第一列序号变换而来,变换方法同 2),其余类推。

注:某一行序号变换时按照 5 位(共 32 行)二进制编码进行。

5.3.3 cdma2000 系统中的信道编码

与 IS-95 类似,cdma2000 系统的信道编码也包含 3 部分内容,即 CRC 检错码、FEC 纠错码和信道交织码,具体编码类型除与信道类型密切相关外,与信道速率也有关系,同时也具有自己突出的特点,如编码方式与系统的无线配置(RC)也有关系,使用了 Turbo 码等。

cdma2000 系统检错码有 CRC_6、CRC_8、CRC_{10}、CRC_{12}、CRC_{16} 共 5 种,其中 CRC_8 和 CRC_{12} 与 IS-95 相同,其余生成多项式分别为:

$$g_{16}(x) = 1 + x + x^2 + x^5 + x^6 + x^{11} + x^{14} + x^{15} + x^{16} \tag{5.20}$$

$$g_{10}(x) = 1 + x + x^3 + x^4 + x^6 + x^7 + x^8 + x^9 + x^{10} \tag{5.21}$$

$$g_6^1(x) = 1 + x + x^2 + x^5 + x^6 \tag{5.22}$$

$$g_6^2(x) = 1 + x + x^2 + x^6 \tag{5.23}$$

cdma2000 系统中的前向纠错码主要为 3 种类型的卷积码 (2,1,8),(3,1,8) 和 (4,1,8),前两种与 IS-95 系统中的相同,(4,1,8) 码的码率为 1/4,约束长度 $K = m + 1 = 8 + 1 = 9$ 位。其生成多项式分别为:

$$g^1(x) = 1 + x + x^2 + x^3 + x^4 + x^6 + x^8 \tag{5.24}$$

$$g^2(x) = 1 + x + x^3 + x^4 + x^5 + x^8 \tag{5.25}$$

$$g^3(x) = 1 + x^2 + x^5 + x^7 + x^8 \tag{5.26}$$

$$g^4(x) = 1 + x^3 + x^4 + x^5 + x^7 + x^8 \tag{5.27}$$

编码器结构如图 5.14 所示。

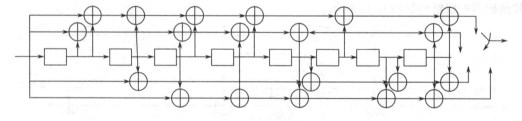

图 5.14　(4,1,8)卷积码编码器结构

卷积码在 cdma2000 系统中的应用情况较为普通,按信道类型划分,前向(下行)信道中利用 (2,1,8) 卷积码的有同步信道、寻呼信道、广播信道、公共信道;前向公共控制信道利用 (2,1,8) 或 (4,1,8) 卷积码;前向专用控制信道、前向基本信道与补充信道则根据无线

配置选用 (2,1,8) 或 (4,1,8) 编码。反向(上行)信道中利用 (4,1,8) 的有增强型接入信道、反向公共控制信道和反向专用控制信道;接入信道利用 (3,1,8) 卷积码;反向基本信道和补充信道则根据无线配置选用 (2,1,8)、(3,1,8) 或 (4,1,8)。

信道交织在 cdma2000 系统中的应用与 IS-95 系统类似,按分组块进行,上行信道选用 576 位分组,而下行信道分组块有多种选择。对于三载波($3 \times 1.228\ 8 = 3.686\ 4$ Mbps) 系统,需将 N 位分组一分为三,每个子块为 $N/3$。

5.3.4 WCDMA 系统中的信道编码

WCDMA 中有 3 种方式用于物理信道的编码:卷积码(1/2 速率或 1/3 速率)、Turbo 码(仅有 1/3 速率)和无信道编码。事实上,3GPP 标准并没有强制规定必须使用什么样的编码方式,但原则上 Turbo 码适用于对大块的数据进行编码,卷积码适用于对小块的数据进行编码。如果用 k_i 表示被编码的码块大小(位数),用 Y_i 表示编码后码块的大小,则二者的关系可表示为:

- 1/2 速率卷积码:$Y_i = 2 \times k_i + 16$
- 1/3 速率卷积码:$Y_i = 3 \times k_i + 24$
- 1/3 速率 Turbo 码:$Y_i = 3 \times k_i + 12$
- 没有信道编码:$Y_i = k_i$

卷积编码器的结构如图 5.15 所示。卷积码的约束长度 $k = 9$,编码率为 1/3 和 1/2。当卷积编码率为 1/3 时,卷积编码器的输出将按输出 0、输出 1、输出 2、输出 0、输出 1、…、输出 2 的次序进行;当卷积编码率为 1/2 时,卷积编码器的输出将按输出 0、输出 1、输出 0、输出 1……输出 1 的次序进行。

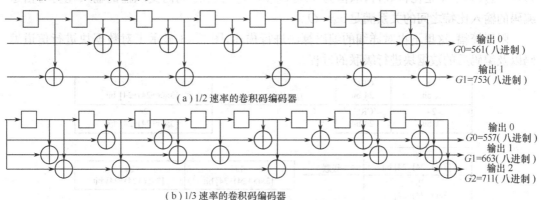

(a) 1/2 速率的卷积码编码器

(b) 1/3 速率的卷积码编码器

图 5.15　卷积编码器结构

编码前码块的末端将加 8 个全"0"尾比特。移位寄存器的初始值将为全"0"。

5.3.5 TD-SCDMA 系统中的信道编码

TD-SCDMA 系统采用了 3 种信道编码方案:卷积编码、Turbo 编码和不编码。不同类型的传输信道所使用的编码方案和编码率见表 5.2。

表 5.2　TD-SCDMA所采用的信道编码方案和编码率

传输信道类型	编码方案	编码率
BCH	卷积编码	1/3
PCH		1/3、1/2
RACH		1/2
DCH、DSCH、FACH、USCH		1/3、1/2
	Turbo 编码	1/3
	不编码	

编码后的比特数和编码前的比特数的关系与 WCDMA 系统相同。

TD-SCDMA 标准协议定义了约束长度为 9、编码率为1/3和1/2的卷积码。编码率为 1/3的卷积编码器按输出 0、输出 1、输出 2、输出 0、输出 1、输出 2、输出 0、···、输出 2 的顺序输出结果。编码率为 1/2 的卷积编码器按输出 0、输出 1、输出 0、输出 1、输出 0······输出 1 的顺序输出结果。编码前必须在码块末尾增加 8 个数值为 0 的二进制比特,开始对输入比特进行编码时编码器的移位寄存器初始值必须为全"0"。

Turbo 编码器的组成是一个并行级联卷积码(PCCC),包括 2 个 8 状态分支编码器和 1 个 Turbo 码内交织器。Turbo 编码器的编码率是 1/3,PCCC 的 8 状态分支码的传递函数为 $G(D) = \left[1, \dfrac{g_1(D)}{g_0(D)}\right]$,其中 $g_0 = 1 + D^2 + D^3$,$g_1 = 1 + D + D^3$。

Turbo 码内交织器包括对输入比特填补后输入到一个方形矩阵、方形矩阵行内和行间的置换、以及方形矩阵元素删减后的比特输出。Turbo 码内交织器的输入比特记为 $x_1, x_2, x_3, \cdots, x_k$,其中 k 是比特数目,取值为 $40 \leqslant k \leqslant 5114$。Turbo 码内交织器的输入比特与信道编码的输入比特之间的关系满足 $x_k = O_{irk}$。

限于篇幅,这里不再对详细的编码算法进行描述,图 5.16 显示了对数据块进行信道编码以及编码后的数据块进行级联的过程。

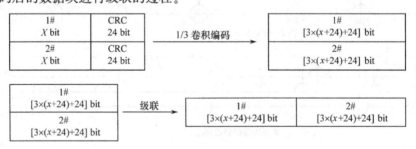

图 5.16　信道编码

习题

5.1　在信道编码中,什么是码重、码距、最小码距?编码后的纠错/检错能力与编码后码组的最小码距的关系是什么?

5.2　简述信道编码的分类。

5.3 已知(6,3)线性分组码的全部码字为：

$$110100$$
$$110011$$
$$011010$$
$$011101$$
$$101001$$
$$000111$$
$$101110$$
$$000000$$

该码能纠正单个错误吗？请构造该码组的生成矩阵和校验矩阵。

5.4 设线性分组码的校验矩阵为：

$$H = \begin{bmatrix} 100 & 100 & 110 \\ 101 & 011 & 010 \\ 011 & 100 & 001 \\ 101 & 011 & 101 \end{bmatrix}$$

试求其生成矩阵。当输入序列为 110101101010 时，求编码器编出的码序列。

5.5 设(7,4)循环码的生成多项式为 $g(x) = x^3 + x + 1$ 当接收码字为 0010011 时，试问接收码字是否有错。

5.6 已知(15,11)循环码的生成多项式为 $g(x) = x^4 + x^3 + 1$，求生成矩阵和校验矩阵。当信息多项式为 $m(x) = x^{10} + x7 + x + 1$ 时，求码多项式。

5.7 简述 GSM 信道典型编码的过程和基本原理。

5.8 cdma2000 系统使用的检错码和纠错码各有哪些，其生成多项式分别是什么？

第6章 移动通信中的调制技术

6.1 数字调制技术基础

调制就是对信号源的信息进行处理,使其变为适合传输形式的过程。其目的是使所传送的信息能更好地适应信道特性,以达到最有效和最可靠地传输。即有效地利用频带资源,提高通信系统性能。从信号空间观点来看,调制就是从信道编码后的汉明空间到调制后的欧氏空间的映射或变换。调制的类型有很多,按调制信号分有连续波调制与脉冲调制;按被调制的信号分有数字调制与模拟调制。具体调制类型如表 6.1 所示。移动通信系统的调制技术包括用于第一代移动通信系统的模拟调制技术和用于现今及未来系统的数字调制技术。由于数字通信具有建网灵活、容易采用数字差错控制和数字加密、便于集成化、能够进入 ISDN 等优点,所以通信系统都在由模拟方式向数字方式过渡。移动通信系统作为整个通信网络的一部分,其发展趋势也必然是由模拟方式向数字方式过渡,所以现代的移动通信系统都使用数字调制方式。

表 6.1　调制类型

调制方式 被调制方式	连续波调制		脉 冲 调 制
模拟调制	线性	常规双边带调制(AM)	脉冲幅度调制(PAM)
		抑制载波双边带调制(DSB)	
		单边带调幅(SSB)	脉冲宽度调制(PWM)
		残留边带调幅(VSB)	
	非线性	频率调制(FM)	脉冲位置调制(PPM)
		相位调制(PM)	
数字调制	幅度键控(ASK)		脉冲编码调制(PCM)
	频率键控(FSK)		增量调制(DM)、CVSD、DVSD
	相位键控(PSK、DPSK、QPSK 等)		差分脉码调制(DPCM)
	QAM、MSK、QMSK		其他(ADPCM、APC、CPC)

6.1.1 移动通信对数字调制的要求

数字调制就是用数字信号对载波进行调制,它和模拟调制一样,可以调制载波的振幅、相位、频率或其它组合。由于信号不连续,分别称为幅度键控(ASK)、相位键控(PSK)和频率键控(FSK)等。

在移动通信中,由于信号传播的条件恶劣和快衰落的影响,接收信号的幅度会发生急剧变化。因此,选择合适的数字调制方案是设计移动通信系统的关键问题之一。其具体要求如下:

1) 频谱效率高,每赫兹带宽能传送的比特率高,即 bps/Hz 值大;

2) 频谱旁瓣小,减小对邻道的干扰;

3) 带宽一定的情况下,单位频率所容纳的用户数尽可能多;

4) 抗干扰性能好,抗多径衰落和瑞利衰落影响,在同等误码条件下所需的信噪比较低;

5) 调制解调电路易于实现。

上述要求有时又是互相矛盾的,所以在选用不同方案时应该综合考虑,比较其优缺点。

6.1.2 数字调制的性能指标

对于数字通信系统,其有效性和可靠性是衡量其系统性能的主要指标。前者是给定信道内传输的信息内容的多少,用信息传输速率来表征;后者是接收信息的准确程度,用错误率来表征。二者相互矛盾又相互联系,也可以互换。

就数字通信系统的调制方式而言,常用功率效率 η_P 和带宽效率 η_B 来衡量。功率效率 η_P 反映调制技术在低功率情况下保持数字信号正确传送的能力,可表述成在接收机端特定的误码概率下,每比特的信号能量与噪声功率谱密度之比:

$$\eta_P = \frac{E_b}{N_0} \tag{6.1}$$

带宽效率 η_B 描述了调制方案在有限的带宽内容纳数据的能力,它反映了对所分配的带宽是如何有效利用的,可表述为在给定的带宽内每赫兹数据速率的值:

$$\eta_B = \frac{R}{B} \tag{6.2}$$

其中,R 是数据速率(bps 或 b/s),B 是已调 RF 信号占用的带宽。η_B 有一个基本的上限,由香农定理界定:

$$C = B \cdot \log_2 \left(1 + \frac{S}{N}\right) \tag{6.3}$$

其中,C 是信道容量。所以,在一个任意小的错误概率下,最大的带宽效率受限于信道内的噪声,从而可推导出最大的带宽效率值 η_{Bmax} 为:

$$\eta_{Bmax} = \frac{C}{B} = \log_2 \left(1 + \frac{S}{N}\right) \tag{6.4}$$

在数字通信系统中,对于功率效率和带宽效率的选择通常是一个折中方案。例如,增加差错控制编码提高了占用带宽,即降低了带宽效率;但同时降低了给定的误码比特率所必需的接收功率,即以带宽效率换取了功率效率。另一方面,有些调制技术降低了占用带宽,却增加了必需的接收功率,即以功率效率换取了带宽效率。

6.1.3 数字调制的分类

在移动通信中数字调制除了用表 6.1 所示的方式分类外,还可就连续波调制分为线性与非线性两大类。在 1986 年以前,由于线性高功放未取得突破性的进展,移动通信中常用的是恒包络调制,如 MSK 和 GSMK,其优点是已调信号具有包络恒定不变特性,即发射机功放可工作在非线性状态,而不致引起严重的频谱扩散,功率输出大,且可用非同步检测。但是频带利用率低,一般不大于 1 bps/Hz。1986 年以后,实用化的线性高功放已取得了突破性的进展,线性调制方式如 BPSK,QPSK 得以广泛地应用,并出现了许多新型的调制方式,在频率利用率和功率利用率两方面都有较大的改进。

频谱高效调制方式是通过增加调制电平数获得较高的频谱利用率的,因此为得到同样的误码率,就需要较高的信噪比。如 8PSK、16QAM、256QAM 等,其频带利用率均大于 2 bps/Hz。但是在信号传输时必须使用功率低的线性放大器,如果利用功率效率高的非线性放大器会造成严重的邻道干扰。

另外,在实际的相移键控方式中,为了克服在接收端产生的相位模糊度,往往将绝对相移改为相对移相 DPSK 及 DQPSK。为降低已调信号的峰平比,又引入了偏移 QPSK(OQPSK)、π/4-DQPSK 和正交复四相相移键控(CQPSK),以及混合相移键控 HPSK 等。

6.1.4 扩频调制原理

1. 基本概念

前面所介绍的数字调制技术主要立足点是如何减小传输带宽,即传输带宽最小化。而扩频调制正好相反,它所采用的带宽比最小信道传输带宽要多几个数量级,所以扩频调制更确切地说应为扩频通信,属于宽带通信系统。设 R 为待传送的信源码元速率(或带宽),T 为码元的持续时间,F 为传送至信道的扩频序列信号速率(或带宽),当 $R=F$ 或 $F=2R$(带宽)时,系统称为窄带通信系统,如 FSK、ASK、PSK 等。若 $F \gg R$ 即 $\dfrac{F}{R}=10 \sim 10^6$($10 \sim 60$ dB)时,称系统为宽带通信系统,是窄带通信系统通过扩频方式实现的。而频谱的扩展由独立于信息的码来实现,在接收端用同步接收实现解扩和数据恢复。

由香农公式(6.3)可以得出如下结论:

1) 提高信号与噪声功率之比能增加信道容量;

2) 当噪声功率 $N \to 0$ 时,信道容量 $C \to \infty$,即无干扰信道容量为无穷大;

3) 当噪声为高斯白噪声时,B 增大(信道带宽)将使噪声功率 $N=Bn_0$(n_0 为噪声的单边功率谱密度)也增大,在极限情况下有

$$\lim_{B \to \infty} C = \lim_{B \to \infty} \left[B \log_2 \left(1 + \frac{S}{n_0 B} \right) \right] = \frac{S}{n_0} \lim_{B \to \infty} \left[\frac{n_0 B}{S} \log_2 \left(1 + \frac{S}{n_0 B} \right) \right]$$

$$= \frac{S}{n_0} \log_2 e \approx 1.44 \frac{S}{n_0} \tag{6.5}$$

即增加信道带宽 B 不能无限制地使信道容量增大;

4) 当信道容量一定时,带宽 B 与信噪比 S/N 之间可以彼此互换,这就是扩频调制的理论基础。

扩频调制系统具有许多优良的特性,系统的抗干扰性能好,特别适合于在无线移动环境中应用,其特点主要有:

1) 具有选择地址(用户)的能力;

2) 信号功率谱密度较低,故具有良好的隐蔽性;

3) 容易加密防止窃听;

4) 可在公用信道中实现码分多址复用;

5) 抗干扰性强,可在较低的信噪比条件下保证系统传输质量;

6) 抗衰落能力强;

7) 频谱共享,无须进行频率规划。

2. 扩展频谱的方法

对于频谱扩展,有直接序列扩频(DS)和频率跳变扩频(FH)两种方式,前者采用高速率编码随机序列去调制载波,使信号带宽远大于原始信号带宽。后者是用较低速率编码序列的指令去控制载波的中心频率,使其离散地在一个给定频带里跳变,形成一个宽带的离散频谱。两种方式的组合也可产生新的扩频调制方式,其性能也将随之改善。

3. 伪随机序列

在扩频调制中通常采用伪随机序列,常以 PN 表示,称为伪码。伪随机序列是一种自相关的二进制序列,在一段周期内其自相关特性类似于随机二进制序列,其特性和白噪声的自相关特性相似。

PN 码的码型将影响码序列的相关性,序列的码元(码片)长度将决定扩展频谱的宽度。在扩频调制通信系统中,对 PN 码有如下要求:

1) PN 码的比特率应能够满足扩展带宽的要求;

2) PN 码的自相关要大,互相关要小;

3) PN 码应具有近似噪声的频谱性质,即近似连续谱,且均匀分布。

通信中常用的 PN 码有 m 序列、Gold 序列。在移动通信的数字信令格式中,PN 码常被用作帧同步编码序列,利用其相关峰启动帧同步脉冲实现帧同步。下面以简单的 7 位 m 序列为例说明。

7 位 m 序列可由最简单的 3 节移位寄存器产生,其生成多项式为 $f(x)=1+x^2$,序列产生器如图 6.1 所示,其周期为 7。

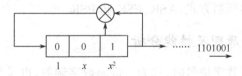

图 6.1　7 位 m 序列产生器

由图 6.1 所产生的 7 个 PN 码分别为: $C_0=(1101001)$, $C_1=(1110100)$, $C_2=(0111010)$, $C_3=(0011101)$, $C_4=(1001110)$, $C_5=(0100111)$, $C_6=(1010011)$, $C_7=(1101001)$。

若用上述 PN 码扩频,则扩频前后的波形如图 6.2 所示。

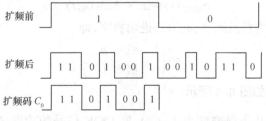

图 6.2　7 位 m 序列扩频前后的波形

扩频后其频带扩展 7 倍,频谱利用率下降 7 倍。如果不考虑多径效应的影响,7 位 PN 码分别用于 7 个用户通信,则可抵消掉频谱扩展下降的 7 倍利用率。

图 6.3 所示为 PN 码的自相关特性示意图,当码元对齐时可以将 7 位伪码(码元)的信号能量累加起来增加 7 倍,码位不对齐时均下降至 -1。若采用自相关接收,其接收门限可定在 3.5 V 上(假定信号电平归一化为 1 V);若不扩频,接收信号门限值只能定在 0.5 V 上,两者相比,扩频后抗干扰能力增加 3.5/0.5=7 倍,这也就是扩频调制的扩频增益。

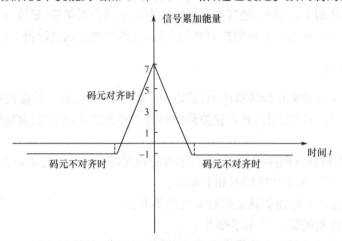

图 6.3 PN 码自相关特性示意图

6.2 GSM 中的调制方式

GSM 数字移动通信系统中用的调制方式是 GMSK,即高斯最小移频键控,是 MSK 的优化方案,而 MSK 是一种连续相位的移频键控调制方式。在介绍 MSK 和 GMSK 之前,先来简单看一下几种基本的调制方式:ASK、FSK 和 PSK。

6.2.1 基本调制方法原理及性能分析

当调制信号为二进制数字信号时,称为二进制数字调制,也是基本的数字调制方式,其中幅度、频率或相位只有两种状态。

1. 二进制幅度键控 (2ASK)

在幅度键控中载波幅度是随着调制信号变化而变化的,最简单的形式是载波在二进制调制信号 1 或 0 的控制下通或断,也称为通一断键控(OOK),其时域表达式为:

$$S_{2ASK}(t) = a_n \cdot A\cos(\omega_c t) \tag{6.6}$$

其中,A 为载波幅度;ω_c 为载波频率;a_n 为二进制数字,即

$$a_n = \begin{cases} 1 & \text{概率 } p \\ 0 & \text{概率 } 1-p \end{cases} \tag{6.7}$$

典型的波形示意图如图 6.4 所示。

假定二进制序列的功率谱密度为 $F_B(\omega)$,则 OOK 信号的功率谱密度为 $F_{ASK}(\omega) = \dfrac{1}{4}$

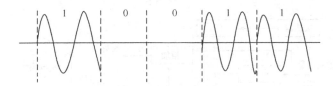

图 6.4 2ASK(OOK)信号典型波形示意图

$[F_B(\omega+\omega_c)+F_B(\omega-\omega_c)]$，由此可知 OOK 信号的频谱宽度是基带信号的两倍。

二进制幅度键控的调制器可以用一个相乘器来实现，对于 OOK 信号而言也可用开关电路代替，如图 6.5(a)所示。将已调信号矢量表示为二维欧氏空间的距离，则有如图 6.5(b)所示的信号空间图。

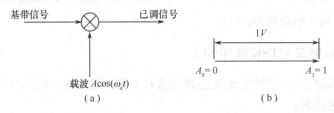

图 6.5 2ASK 调制器(a)和 2ASK 信号空间图(b)

2. 二进制频移键控 (2FSK)

在 2FSK 中载波频率随着调制信号 1 或 0 而变，1 对应于载波频率 f_1，0 对应于载波频率 f_2，其时域表达式为：

$$S_{2PSK}(t)=A \cdot a_n\cos(\omega_1 t)+A\bar{a}_n\cos(\omega_2 t) \tag{6.8}$$

其中，$\omega_1=2\pi f_1$；$\omega_2=2\pi f_2$；$\bar{a}_n$ 是 a_n 的反码，且有

$$\bar{a}_n=\begin{cases} 1 & \text{概率为 } p \\ 0 & \text{概率为 } 1-p \end{cases} \tag{6.9}$$

可以说，2FSK 是两个不同载频的幅度键控已调信号之和，其频带宽度是两倍基带信号宽度 B 与 $|f_2-f_1|$ 之和，即

$$B_f=2B+|f_2-f_1| \tag{6.10}$$

2FSK 信号的典型波形如图 6.6 所示。

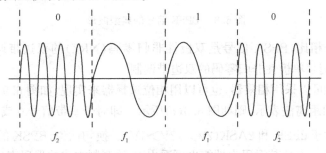

图 6.6 2FSK 信号的典型波形

一种简单的 2FSK 实现的方法是两个独立的载波发生器的输出受控于输入的二进制信号，按照 1 或 0 分别选择一个载波作为输出，如图 6.7(a)所示。

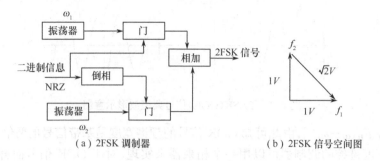

（a）2FSK 调制器   （b）2FSK 信号空间图

图 6.7　2FSK 调制器实现

一般来说，为了使 f_1、f_2 不相互干扰，两者选择互相正交，其欧氏距离可表示为如图 6.7(b)所示，1 和 0 的距离为 $\sqrt{2}\,V$。

3. 二进制相移键控（2PSK 或 BPSK）

在二进制相移键控中，载波的相位随调制信号 1 或 0 而改变，通常用 0° 和 180° 分别表示 1 或 0，其时域表达式为：

$$S_{\text{BPSK}}(t)=a_n\cos(\omega_c t) \tag{6.11}$$

其中，a_n 与 2ASK 和 2FSK 时的取值不同，有

$$a_n=\begin{cases}+1 & \text{概率为 } p \\ -1 & \text{概率为 } 1-p\end{cases} \tag{6.12}$$

在某个信号间隔内观察 BPSK 已调信号时，有 $S_{\text{BPSK}}(t)=\pm\cos(\omega_c t)=\cos(\omega_c t+\varphi_i)$，$\varphi_i=0$ 或 π。典型波形如图 6.8 所示。

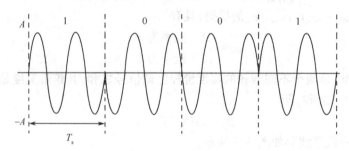

图 6.8　BPSK 信号的典型波形

与 OOK 信号相比，BPSK 信号是双极性非归零码（NRZ）的双边带调制，没有直流分量，而 OOK 信号则是单极性非归零码的双边带调制。

BPSK 调制器可以采用相乘器，也可以用相位选择器来实现，如图 6.9 所示。

若用欧氏空间距离法表示，则如图 6.9(c)所示。即对于基带信号 0 或 1，两者调制后的空间距离为 $2V$，大于 2FSK 和 2ASK（$2V>\sqrt{2}V>1V$）。换句话说，BPSK 的抗干扰性能优于 2FSK 和 2ASK，这一点从其误码率性能也可看出，3 种调制方式的误码率计算公式分别为：

$$P_{\text{2ASK}}=\frac{1}{2}\text{erfc}\left(\sqrt{\frac{E_b}{4N_0}}\right)=Q\left(\sqrt{\frac{E_b}{2N_0}}\right) \tag{6.13}$$

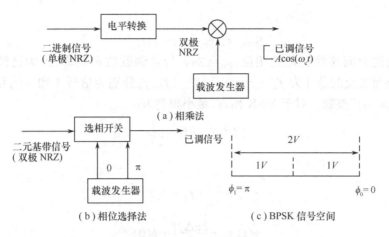

（a）相乘法

（b）相位选择法　　　　　　（c）BPSK 信号空间

图 6.9　BPSK 调制器

$$P_{2\text{FSK}}=\frac{1}{2}\text{erfc}\left(\sqrt{\frac{E_{\text{b}}}{2N_0}}\right)=Q\left(\sqrt{\frac{E_{\text{b}}}{N_0}}\right) \tag{6.14}$$

$$P_{\text{BPSK}}=\frac{1}{2}\text{erfc}\left(\sqrt{\frac{E_{\text{b}}}{N_0}}\right)=Q\left(\sqrt{\frac{2E_{\text{b}}}{N_0}}\right) \tag{6.15}$$

注：三种调制方式均采用理想相干解调。E_{b} 为每比特信号能量，N_0 是双边噪声功率谱密度。

6.2.2　最小频移键控

在 6.2.1 节讨论 3 种二进制数字调制方式时，均假定每个符号的包络是矩形的，即信号包络恒定，此时已调信号的频谱无限宽。然而，实际信道总是限带的，因此在发送相移键控信号时常经过带通滤波，限带后的 PSK 信号不能保持恒定包络。相邻符号间发生 180° 相移时，限带后会出现包络为 0 的现象，如图 6.10 所示。这在非线性限带信道中是特别不希望出现的。虽然经非线性放大器后可以消除或减弱包络中的起伏，但却导致信号频谱扩展，其旁瓣将会干扰邻近频道的信号。

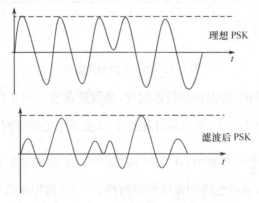

图 6.10　PSK 信号限带前后的波形

为了能够产生恒定包络、连续相位的信号，有一种 2FSK 的特殊情况，它具有正交信号的最小频差，在相邻符号交界处相位保持连续。常简称为最小频移键控（MSK），其表达

式为:

$$S_{MSK} = A\cos[\omega_c t + \phi(t)] \tag{6.16}$$

其中,$\phi(t)$ 为随时间连续变化的相位,$\omega_c = 2\pi f_c$ 为未调载波角频率,A 为已调信号幅度。2FSK 信号满足正交的条件为 $f_2 - f_1 = n/(2T_s)$,f_1、f_2 分别为信号 1 和 0 的载波频率,T_s 为信号宽度,n 为正整数。对于 MSK 而言,最小频差为:

$$\Delta f = f_2 - f_1 = \frac{1}{2T_s} \tag{6.17}$$

此时有

$$f_c = \frac{1}{2}(f_1 + f_2) \tag{6.18a}$$

$$\phi(t) = \pm \frac{2\pi \Delta f t}{2} + \phi(0) \tag{6.18b}$$

其中,$\phi(0)$ 为初相位。因而 MSK 的时域表达式为:

$$S_{MSK} = A\cos\left[2\pi f_c t + \frac{p_n \pi t}{2T_b} + \phi(0)\right], \qquad 0 \leqslant t \ll T_b \tag{6.19}$$

其中,$p_n = \pm 1$ 分别表示二进制信息 1 和 0,T_b 为其宽度,且 $T_b = T_s$。

MSK 信号的相位连续性有利于压缩已调信号所占频带宽度,减少带外辐射。由式 (6.18b) 可知,附加相位函数 $\phi(t)$ 是时间 t 的线性函数,其斜率为 $p_n \pi/(2T_b)$,截距为 $\phi(0)$。在单个码元周期内 $\phi(t)$ 的增量为:

$$\phi(t) = \pm \frac{\pi}{2T_b} t = \pm \frac{\pi}{2} \tag{6.20}$$

其中的正负号取决于数据序列 p_n,例如,$p_n = \{+1 \ -1 \ -1 \ +1 \ +1 \ +1 \ -1 \ +1 \ -1\}$,可得附加相位路径如图 6.11 所示。

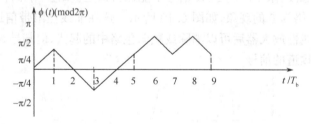

图 6.11　MSK 的相位路径

从图 6.11 中可以看出,为保证相位连续性,必须要求前后两个码元在转换点上的相位相等,由于每比特相位变化 $\pm\frac{\pi}{2}$,所以累计相位 $\phi(t)$ 在每比特结束时必须是 $\frac{\pi}{2}$ 的整数倍,在 T_b 的奇数倍时刻相位为 $\frac{\pi}{2}$ 的奇数倍,在 T_b 的偶数倍时刻相位为 $\frac{\pi}{2}$ 的偶数倍。

MSK 信号不仅具有恒定包络和连续相位的特点,而且功率谱密度特性也优于一般的数字调制器,其功率谱密度表达式为:

$$W(f)_{MSK} = \frac{16A^2 T_b}{\pi^2} \left\{ \frac{\cos 2\pi (f - f_c) T_b}{1 - \{4(f - f_c) T_b\}^2} \right\}^2 \tag{6.21}$$

其功率谱密度曲线如图 6.12 所示。从中可以看出,MSK 信号主瓣较宽。第一零点在

$0.75/T_b$ 处,第一旁瓣值比主瓣值低约 23 dB,旁瓣下降较快。为了比较,图 6.12 中还给出了 QPSK 信号的功率谱密度曲线。

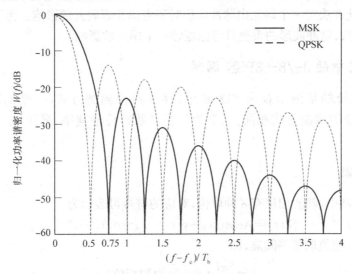

图 6.12　MSK 与 QPSK 信号功率谱密度

在加性高斯白噪声(AWGN)信道下,MSK 信号的误比特率为:

$$p_e = Q\left\{\sqrt{\frac{1.7E_b}{N_0}}\right\} \tag{6.22}$$

6.2.3　高斯滤波最小频移键控

高斯滤波最小频移键控(GMSK)信号是由 MSK 信号演变而来,是将原始信号通过高斯低通滤波器后再进行 MSK 调制后得到的,其产生方式有很多种,最简单的方法是如图 6.13(a)所示的调制方法,也可采用 6.13(b)所示的正交调制方法和 6.13(c)所示的锁相环调制方法。

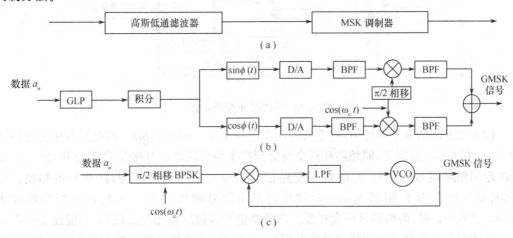

图 6.13　GMSK 调制信号的产生

假设高斯滤波器的 3 dB 带宽为 B,T_b 为比特周期,则 $BT_b = 0.3$ 是 GSM 系统所采用的调制参数。

由于宽度为 T_b 的信号经高斯低通滤波器后输出的脉冲宽度大于 T_b,则相邻脉冲之间会出现重叠,因此在决定一个码元内脉冲面积时要考虑相邻码元的影响。为了简便,近似认为脉冲宽度为 $3T_b$,脉冲波形的重叠只考虑相邻一个码元的影响。

6.2.4 EDGE 中的 $3\pi/8-8$PSK 调制

在 GPRS 系统的增强型技术 EDGE 中,存在两种调制方式:一是 GMSK 调制,与 GSM/GPRS 系统的调制方式相同;二是为了提高数据传输速率,采用 $3\pi/8$ 相位旋转的 8PSK 调制技术。

1. 8PSK 调制

在 8PSK 调制中,载波相位有 8 种取值,对应的符号可表示为:

$$S_i(t) = A\cos(\omega_c t + \phi_i) \qquad i=0,1,\cdots,7 \tag{6.23}$$

一般情况下,相位取值等间隔,即

$$\phi_i = \frac{2\pi i}{8} + \theta \quad (\theta \text{ 为初相位}) \tag{6.24}$$

且 ϕ_i 出现的总概率为 1。

对于矩形包络的 8PSK 信号,其时域表达式可以写为

$$S_{8PSK}(t) = I(t)\cos(\omega_c t) - Q(t)\sin(\omega_c t) \tag{6.25}$$

其中,$I(t) = \frac{S}{n} a_n \mathrm{rect}(t-nT_s)$、$Q(t) = \frac{S}{n} b_n \mathrm{rect}(t-nT_s)$ 分别为同相分量和正交分量,T_s 为符号持续时间,$a_n = A\cos\phi_n$,$b_n = A\sin\phi_n$,$\phi_n \in \{\phi_i\}$,即 8PSK 可用正交调制的方式产生,如图 6.14 所示。

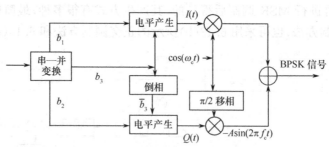

图 6.14　8PSK 正交调制器

输入二进制信息序列经串/并变换每次产生一个 3 位码组 $b_1 b_2 b_3$,因此符号率为比特率的 1/3。在 $b_1 b_2 b_3$ 控制下,同相路和正交路分别产生两个四电平基带信号 $I(t)$ 和 $Q(t)$,b_1 用于决定同相路信号的极性,b_2 决定正交路信号的极性,b_3 用于确定两路信号的幅度。若 8PSK 信号幅度为 1,则当 $b_3 = 1$ 时同相路基带信号幅度应为 0.924,而正交路幅度为 0.383;当 $b_3 = 0$ 时,两路信号幅度相反。即两路信号的幅度是相互关联的,不能独立选取。

八进制符号所携带的比特信息均采用 Gray 映射,相邻符号携带的信息仅差 1 比特,以提高传输的可靠性,图 6.15(a)所示为一种映射关系。

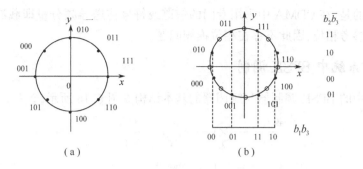

图 6.15 8PSK 符号与比特映射关系

2. $3\pi/8 - 8PSK$ 调制

从图 6.15(a)可知,8PSK 调制在符号边界处最大的相位跳变为 2π,包络起伏非常大。由于 8PSK 调制是线性调制,为了尽可能减少信号畸变,对射频功放的要求就非常苛刻。在 EDGE 系统中采用了修正的 8PSK 调制,即 $3\pi/8$ 相位旋转的 8PSK 调制。通过相位旋转的修正,矢量图轨迹就不再经过原点,减少了包络的起伏变化,从而减少了功率非线性而导致的信号畸变。在图 6.15(b)中增加了 8 个信号点,使连续两个符号之间的最大相位差变为 $7\pi/8$。

为了进一步减少带外辐射干扰,降低旁瓣信号的功率,EDGE 系统对已调制的 8PSK 信号采用了高斯滤波,滤波器的冲激响应为

$$g(t) = \frac{1}{\sqrt{2\pi}} \int_t^\infty e^{-\frac{s^2}{2}} ds \qquad (6.26)$$

经过高斯滤波后,8PSK 的信号频谱更为集中。

6.3 CDMA 中的调制方式

GSM 系统采用了性能优良的 GMSK 调制方式。GMSK 在二进制调制中几乎具有最优的综合性能,但是其频谱效率不如 QPSK。为了进一步提高其有效性,即频谱效率,以便容纳更多的用户,在 CDMA 系统中,利用扩频与调制的两次组合,力图实现在抗干扰性即误码(比特)率达到最优的 BPSK 性能的同时,在频谱有效性上达到 2 倍 BPSK 即 QPSK 性能。在工程实现上,可以采用使高功放的峰平比降至最低的各种 BPSK 和 QPSK 的改进方式。

CDMA 扩频系统中的调制与解调和一般非扩频系统中的调制与解调方式大同小异,其不同之处在于:扩频系统要进行两次调制和两次解调,一般是先进行扩频码调制,再进行载波调制;解调时则先进行载波解调,再进行扩频码解调。

第二代 IS-95 及 IMT-2000 规范中的 WCDMA 和 cdma2000 广泛使用了 BPSK 及平衡四相调制 QPSK。利用非相干检测,IS-95 采用的是平衡四相的改进型——偏移四相相移键控(OQPSK)。在 cdma2000 和 WCDMA 中,广泛采用复正交偏移正交相移键控(OCQPSK)和混合相移键控(HPSK)。上述各种调制方式均是由最基本的 BPSK 和 QPSK 为基础发展起来的。

值得注意的是,在 CDMA 中采用专门的信道或符号传送导频分量即载波,为接收端传送相干解调的参考相位,因此不存在相位模糊问题。

6.3.1 直扩系统中 BPSK 调制

扩频系统中的 BPSK 调制器与解调器的基本结构如图 6.16 所示。

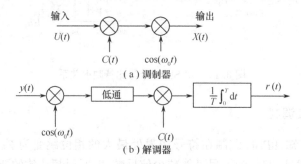

图 6.16 直扩系统 BPSK 原理框图

调制器输入的基带信号为 $U(t)$,其功率为:

$$P_0 = \frac{1}{T}\int_0^T U^2(t)\,\mathrm{d}t \qquad (6.27)$$

式中,T 为基带信号周期。

扩频序列的波形为 $C(t)$,其功率为:

$$P_s = \frac{1}{T}\int_0^T C^2(t)\,\mathrm{d}t \qquad (6.28)$$

式中,扩频码 $C(t)$ 的速率为 $\frac{1}{T_c}$,且 $P_s = \frac{T}{T_c}$,T_c 为扩频码片的周期。

在发送端,归一化功率的信道输入为:

$$X(t) = U(t)C(t)\cos(\omega_0 t) \qquad (6.29)$$

接收端收到的信号为:

$$y(t) = X(t) + n(t) = U(t)C(t)\cos(\omega_0 t) + n(t) \qquad (6.30)$$

经低通滤波器后输出为:

$$f(t) = \frac{1}{2}U(t)C(t) + \frac{1}{2}n(t) \qquad (6.31)$$

其中,噪声方差为:

$$D[n(t)] = \frac{N_0}{T_c} \qquad (6.32)$$

式中,N_0 为噪声功率谱密度。

经积分后解调器输出为:

$$r(t) = \frac{1}{2}P_s U(t) + n'(t) = r'(t) + n'(t) \qquad (6.33)$$

其中,噪声功率为:

$$D[n'(t)] = \frac{1}{4}P_s D[n(t)] = \frac{P_s N_0}{4T_c} \qquad (6.34)$$

此时输出的信噪比为:

$$\text{SNR}_{\text{BPSK}} = \frac{输出信号功率}{输出噪声功率} = \frac{\frac{1}{T}\int_0^T [r'(t)]^2 \mathrm{d}t}{D[n'(t)]} = \frac{\frac{1}{T}\int_0^T \left[\frac{1}{2}P_s U(t)\right]^2 \mathrm{d}t}{P_s N_0/4T_c}$$

$$= \frac{\frac{P_s^2}{4}P_0}{P_s N_0/4T_c} = \frac{TP_0}{N_0} = \frac{E_b}{N_0} \tag{6.35}$$

BPSK 扩频解调后的误码率为：

$$P_b = \frac{1}{2}\mathrm{erfc}\left(\sqrt{\frac{E_b}{N_0}}\right) = Q\left(\sqrt{\frac{2E_b}{N_0}}\right) \tag{6.36}$$

与未经直扩情况下的 BPSK 误码性能是一样的。

6.3.2　平衡四相扩频调制

扩频系统中 QPSK 调制/解调器的结构如图 6.17 所示。

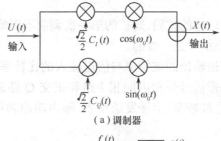

（a）调制器

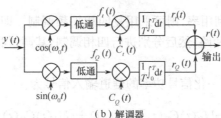

（b）解调器

图 6.17　直扩系统中 QPSK 调制/解调框图

由调制器的原理图可得,发送端的归一化功率信道输入为：

$$X(t) = \frac{\sqrt{2}}{2}U(t)\left[C_I(t)\cos(\omega_0 t) + C_Q(t)\sin(\omega_0 t)\right] \tag{6.37}$$

在接收端,解调器输入（即信道输出）信号为：

$$y(t) = X(t) + n(t) \tag{6.38}$$

经过低通滤波器后的输出信号为：

$$\begin{cases} f_I(t) = \dfrac{1}{2\sqrt{2}}U(t)C_I(t) + \dfrac{1}{2}n_I \\ f_Q(t) = \dfrac{1}{2\sqrt{2}}U(t)C_Q(t) + \dfrac{1}{2}n_Q \end{cases} \tag{6.39}$$

式中,$D[n_I] = D[n_Q] = \dfrac{N_0}{T_c}$。再经解调积分器,输出信号为：

$$r(t) = \frac{\sqrt{2}}{2}P_s U(t) + n'_I + n'_Q \tag{6.40}$$

式中，$D[n_I]=D[n_Q]=\dfrac{P_s}{4}D[n_I]=\dfrac{P_s}{4}\times\dfrac{N_0}{T_c}=\dfrac{P_sN_0}{4T_c}$，则输出信噪比为：

$$\text{SNR}_{\text{QPSK}}=\frac{\text{输出信号功率}}{\text{输出噪声功率}}=\frac{\dfrac{1}{T}\displaystyle\int_0^T\left[\dfrac{\sqrt{2}}{2}P_sU(t)\right]^2\mathrm{d}t}{D[n'_I(t)]+D[n'_Q(t)]}=\frac{\dfrac{1}{2}P_s^2\times P_0}{2\times\dfrac{P_sN_0}{4T_c}}=\frac{TP_0}{N_0}=\frac{E_b}{N_0}$$

$$(6.41)$$

所以，直扩系统中的 QPSK 的误比特率为：

$$P_b=\frac{1}{2}\text{erfc}\left(\sqrt{\frac{E_b}{N_0}}\right)=Q\left(\sqrt{\frac{2E_b}{N_0}}\right) \tag{6.42}$$

即 QPSK 的误码性能在扩频与未扩频中是一致的，且与 BPSK 相同。

6.3.3 复四相扩频调制(CQPSK)

通过上面两节的分析，理想的扩频、解扩的第一次调制不影响第二次调制、解调性能，其理论性能在未扩频与扩频系统中是一致的。

对于 BPSK 而言，其信道输出的波特率与信道输入的比特率是相同的。在直扩系统的四相调制中，信源输出的基带信号分别由同相 I 路和正交 Q 路进行 BPSK 调制，相加后送入信道。若二者发生的信息波特率、信号发送功率、噪声功率和谱密度完全相同，则其平均误码率是相同的。

若要进一步提高频谱利用率，则可采用复四相扩频调制。即发送端首先将信源输出的基带信号分为 I、Q 正交的两路，然后分别进行四相调制，其调制器、解调器的结构如图 6.18 所示。

由调制器框图可得，归一化信号功率的信道输入信号为：

$$X(t)=\frac{\sqrt{2}}{2}\{[U_I(t)C_I(t)-U_Q(t)C_Q(t)]\cos(\omega_0t)+[U_I(t)C_Q(t)+U_Q(t)C_I(t)]\sin(\omega_0t)\}$$

$$(6.43)$$

解调器输入信号(即信道输出)为：

$$y(t)=X(t)+n(t) \tag{6.44}$$

经低通滤波后变为

$$f_I(t)=\frac{1}{2\sqrt{2}}[U_I(t)C_I(t)-U_Q(t)C_Q(t)]+\frac{1}{2}n_I$$

$$f_Q(t)=\frac{1}{2\sqrt{2}}[U_Q(t)C_I(t)+U_I(t)C_Q(t)]+\frac{1}{2}n_Q \tag{6.45}$$

式中，$D(n_I)=D(n_Q)=\dfrac{N_0}{T_c}$，经积分解调后输出变为：

$$r_I(t)=\frac{\sqrt{2}}{2}P_sU_I(t)+n'_I$$

$$r_Q(t)=\frac{\sqrt{2}}{2}P_sU_Q(t)+n'_Q \tag{6.46}$$

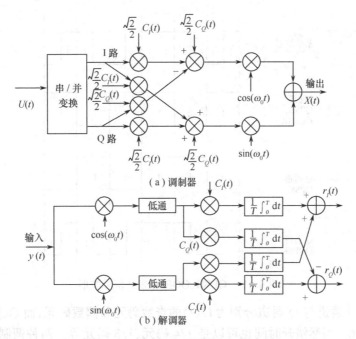

（a）调制器

（b）解调器

图 6.18　直扩系统中 CQPSK 调制解调框图

式中，$D(n'_I) = D(n'_Q) = \dfrac{1}{4}P_s D(n_I) = \dfrac{P_s N_0}{4T_c}$。

输出信噪比为：

$$
\begin{aligned}
\mathrm{SNR_{CQPSK}} &= \frac{\text{输出信号功率}}{\text{输出噪声功率}} = \frac{\dfrac{1}{T}\displaystyle\int_0^T \left[\dfrac{\sqrt{2}}{2}P_s U_I(t)\right]^2 + \dfrac{1}{T}\displaystyle\int_0^T \left[\dfrac{\sqrt{2}}{2}P_s U_Q(t)\right]^2 \mathrm{d}t}{D[n'_I] + D[n'_Q]} \\
&= \frac{\dfrac{P_s^2}{2} \times \left[\dfrac{1}{T}\displaystyle\int_0^T U_I^2(t) + \dfrac{1}{T}\displaystyle\int_0^T U_Q(t)\,\mathrm{d}t\right]}{2 \times \dfrac{P_s N_0}{4T_c}} \\
&= \frac{P_s P_0 T_c}{N_0} = \frac{P_0 T}{N_0} = \frac{E_b}{N_0}
\end{aligned}
\tag{6.47}
$$

所以 CQPSK 的误码率为：

$$
P_b = \frac{1}{2}\mathrm{erfc}\left(\sqrt{\frac{E_b}{N_0}}\right) = Q\left(\sqrt{\frac{2E_b}{N_0}}\right)
\tag{6.48}
$$

6.3.4　偏移 QPSK（OQPSK）

在 IS−95 系统中，上行（反向）信道采用 OQPSK 调制，以降低峰平比。OQPSK 是 QPSK 的一类改进型，克服了 QPSK 中过零点的相位跃变问题，以及由此带来的幅度起伏不恒定和频带的展宽等问题。其实现方式是将 QPSK 中并行的 I、Q 两路码元错开（如半个码元），其载波相位跃变由 180°降至 90°。

若给定基带信号序列为 1 −1 −1 1 1 1 1 −1 −1 1 1 −1，对应的 QPSK 及 OQPSK 发送波形如图 6.19 所示。

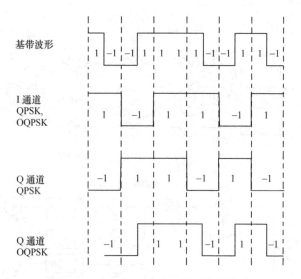

图 6.19　QPSK、OQPSK 发送信号波形

图 6.19 中 I 通道与 Q 通道分别为 $U(t)$ 的奇数码元和偶数码元,而 OQPSK 的两个通道错开半个码元。当然错开时间也可以是 1/4 码元、1/8 码元等。两种调制方式的相位变化图如图 6.20 所示。

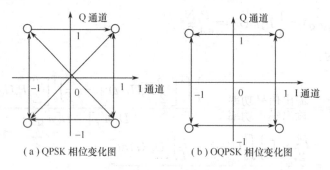

（a）QPSK 相位变化图　　　　　　（b）OQPSK 相位变化图

图 6.20　相位变化图

6.4　IEEE 802.11 中的扩频调制方式

在 IEEE 802.11 系统中,采用不同的直扩方式与传统的相对移相 D8PSK 与 DQPSK 相结合的方式。扩频码共有 Barker 码、Walsh 码与互补码 3 种。

6.4.1　Barker 码

Barker 码是 1953 年由 R. H. Barker 提出的,它原来是为了解决通信中同步问题而提出的一种非周期自相关最佳二元码。其定义如下:

设 $X=(x_0,x_1,\cdots,x_j,\cdots,x_{N-1})$, $j=0,\cdots,N-1$ 是一个长度为 N 的二元序列,若其非周期自相关函数为:

$$R_x(j)=\begin{cases} N & j=0 \\ 0 & j\text{ 为奇数} \\ -1 & j\text{ 为偶数} \end{cases}$$

则称序列 X 为 Barker 序列或 Barker 码,满足上述条件的码仅有 3 个,即:

$N=3,X=1,1,-1$

$N=7,X=1,1,1,-1,-1,1,-1$

$N=11,X=1,1,1,-1,-1,-1,1,-1,1,-1$

若将非周期自相关函数 $R_x(j)$ 的条件放宽为:

$$R_x(j)=\begin{cases} N & j=0 \\ 0\text{ 或}+1,-1 & j=\pm1,\pm2,\cdots\pm(N-1) \end{cases}$$

则此时的 Barker 序列有:

$N=2,X=1,1$ 或 $X=1,-1$

$N=4,X=1,1,1,-1$ 或 $X=1,1,-1,1$

$N=5,X=1,1,1,-1,1$

$N=13,X=1,1,1,1,1,-1,-1,1,1,-1,1,-1,1$

到目前为止,仅找到上述 9 种 Barker 码,IEEE 802.11 标准中使用的是 $N=11$ 的 Barker 码。

6.4.2 互补码键控(CCK)扩频调制

IEEE 802.11b 标准在 2.4 GHz 频段采用 CCK(Complementary Code Keying)调制技术,它支持 5.5 Mbps 和 11 Mbps 两种数据速率。

复扩频码由如下公式生成

$$C=e^{j\phi_1}\{e^{j(\phi_2+\phi_3+\phi_4)},e^{j(\phi_3+\phi_4)},e^{j(\phi_2+\phi_4)},-e^{j\phi_4},e^{j(\phi_2+\phi_3)},-e^{j\phi_3},-e^{j\phi_2},1\} \tag{6.49}$$

式中,ϕ_1、ϕ_2、ϕ_3、ϕ_4 取值为 $\left\{0,\dfrac{\pi}{2},\pi,\dfrac{3}{2}\pi\right\}$。

式(6.49)中的码字是由低位到高位排列的,ϕ_1 调制所有码片相位,是复扩频码的 DQPSK 相位,而 ϕ_2、ϕ_3、ϕ_4 可编出 64 个 8 bit 正交码序列,再经 ϕ_1 旋转得出复扩频码。其调制原理如图 6.21 所示。

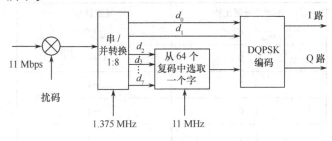

图 6.21　CCK 扩频调制原理

首先将输入的 11 Mbps 数据经扰码后再经 1：8 串/并转换器,将数据速率降至 1.375 Mbps,即并行分为 8 路数据 $d_0,d_1,\cdots,d_7$;(d_0,d_1) 产生相位 ϕ_1,(d_2,d_3)、(d_4,d_5) 和 (d_6,d_7) 分别产生相位 ϕ_2、ϕ_3、ϕ_4。互补码集的产生可通过 Walsh/Hadamard 函数来实现。

对于 5.5 Mbps 的输入数据,可将串/并变换器 1∶8 改为 1∶4,用于 CCK 码集选择的比特由 6 bit 降至 2 bit,其他部分不变。

6.4.3　Walsh 码

Walsh 码又叫 Walsh 函数,是 1923 年由 J. L. Walsh 提出的。此函数只有 +1 和 −1 两个值,其定义方式有 4 种,分别为 W 编号、P 编号、H 编号和 X 编号。无论用哪一种编号方式,其函数空间是一样的,且为正交的、完备的函数系,即任一函数均可用一系列 Walsh 函数来表示。

6.5　TD-SCDMA 中的调制

TD-SCDMA 系统的数据调制通常采用 QPSK,在提供 2 Mbps 业务时采用 8PSK 方式,在支持 HSDPA 时下行可以使用 16QAM 甚至 64QAM 方式。其扩频码采用 OVSF 码(正交可变扩频因子码),其基本调制参数见表 6.2。

表 6.2　TD-SCDMA 的基本调制参数

码片速率	1.28 Mcps
数据调制方式	QPSK、8PSK、16QAM(仅适用于 HS−PDSCH)
扩频特性	正交,Q 码片/符号,其中 $Q=2p,0 \leqslant p \leqslant 4$

符号的持续时间 T_s 依赖于扩频因子 Q 和码片的持续时间 T_c,$T_s = QT_c$,其中 T_c 为码片速率的倒数,在 TD-SCDMA 系统中,码片速率为 1.28 Mcps,因此 T_c 为 0.781 25 μs。

6.5.1　QPSK 调制

QPSK 调制是将物理信道映射后的两个连续二进制比特 $b_{1,n}^{(k,i)}$、$b_{2,n}^{(k,i)}$ 映射到一个复数符号 $d_n^{(k,i)}$ 中,其中 $b_{1,n}^{(k,i)}$、$b_{2,n}^{(k,i)} \in \{0,1\}$;$k=1,\cdots,k_{code}$;$n=1,\cdots,N_k$;$i=1,2$。其映射关系见表 6.3。

表 6.3　两个连续二进制比特映射到复数符号

连续二进制比特 $b_{1,n}^{(k,i)}$、$b_{2,n}^{(k,i)}$	复数符号 $d_n^{(k,i)}$
0　0	+j
0　1	+1
1　0	−1
1　1	−j

6.5.2　8PSK 调制

8PSK 调制是将物理信道映射后的 3 个连续数据比特 $b_{1,n}^{(k,i)}$,$b_{2,n}^{(k,i)}$、$b_{3,n}^{(k,i)}$ 映射到一个复数符号 $d_n^{(k,i)}$,其映射关系见表 6.4。

表 6.4　3 个连续二进制比特映射到复数符号

连续二进制比特 $b_{1,n}^{(k,i)}\,b_{2,n}^{(k,i)}\,b_{3,n}^{(k,i)}$	复数符号 $d_n^{(k,i)}$
000	j
001	$\frac{1}{\sqrt{2}}+\mathrm{j}\frac{1}{\sqrt{2}}$
010	$\frac{1}{\sqrt{2}}-\mathrm{j}\frac{1}{\sqrt{2}}$
011	1
100	$-\frac{1}{\sqrt{2}}+\mathrm{j}\frac{1}{\sqrt{2}}$
101	-1
110	$-\mathrm{j}$
111	$-\frac{1}{\sqrt{2}}-\mathrm{j}\frac{1}{\sqrt{2}}$

6.5.3　16QAM 调制

16QAM 调制是将物理信道映射后的 4 个连续二进制比特 $b_{1,n}^{(k,i)}$、$b_{2,n}^{(k,i)}$、$b_{3,n}^{(k,i)}$、$b_{4,n}^{(k,i)}$ 映射到一个复数符号 $d_n^{(k,i)}$,其映射关系见表 6.5。

表 6.5　4 个连续二进制比特映射到复数符号

传统的二进制表示 $b_{1,n}^{(k,i)},b_{2,n}^{(k,i)},b_{3,n}^{(k,i)},b_{4,n}^{(k,i)}$	复信号符号表示 $d_n^{(k,i)}$	传统的二进制表示 $b_{1,n}^{(k,i)},b_{2,n}^{(k,i)},b_{3,n}^{(k,i)},b_{4,n}^{(k,i)}$	复信号符号表示 $d_n^{(k,i)}$
0000	$\mathrm{j}\frac{1}{\sqrt{5}}$	1000	$-\frac{1}{\sqrt{5}}$
0001	$-\mathrm{j}\frac{1}{\sqrt{5}}+\mathrm{j}\frac{2}{\sqrt{5}}$	1001	$-\frac{2}{\sqrt{5}}+\mathrm{j}\frac{1}{\sqrt{5}}$
0010	$\mathrm{j}\frac{1}{\sqrt{5}}+\mathrm{j}\frac{2}{\sqrt{5}}$	1010	$-\frac{2}{\sqrt{5}}-\mathrm{j}\frac{1}{\sqrt{5}}$
0011	$\mathrm{j}\frac{3}{\sqrt{5}}$	1011	$-\frac{3}{\sqrt{5}}$
0100	$\sqrt{\frac{1}{5}}$	1100	$-\mathrm{j}\frac{1}{\sqrt{5}}$
0101	$\frac{2}{\sqrt{5}}-\mathrm{j}\frac{1}{\sqrt{5}}$	1101	$\frac{1}{\sqrt{5}}-\mathrm{j}\frac{2}{\sqrt{5}}$
0110	$\frac{2}{\sqrt{5}}+\mathrm{j}\frac{1}{\sqrt{5}}$	1110	$-\frac{1}{\sqrt{5}}-\mathrm{j}\frac{2}{\sqrt{5}}$
0111	$\frac{3}{\sqrt{5}}$	1111	$-\mathrm{j}\frac{3}{\sqrt{5}}$

6.5.4 数据扩频

对数据的扩频有两个操作:先用一个长度为 Q 的实值扩频码 $C^{(k)}$ 对每个复值数据符号 $d_n^{(k,i)}$ 进行扩频;扩频后的数据再用一个长度为 16 的复值序列 v 进行加扰。在 TD-SCDMA 系统中,上行扩频码的长度可以为 $Q\in\{1,2,4,8,16\}$,而下行扩频码长度只能为 1 或 16。

扩频码 $C^{(k)}$ 可以使同一时隙下有不同的扩频因子,但是相互之间仍然保持正交。OVSF 码可以用图 6.22 所示的码树来定义。

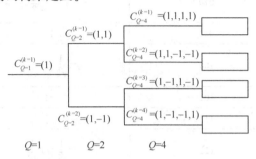

图 6.22 生成 OVSF 码的码树

OVSF 码的码长 Q 是 2 的整数次幂,即 $Q=2^n$。在 TD-SCDMA 系统中,$n\leqslant 4$,因此最大的扩频因子是 16。

码树的每一级都定义了一个扩频因子为 Q 的码。但是,并不是码树上所有的码都可以同时在一个时隙中使用。如果一个码已经在一个时隙中采用,则其母系上的码和下级码树路径上的码就不能在同一时隙中被使用。也就是说,任意两个长度相同的 OVSF 码相互正交;任意两个不同长度的 OVSF 码,只要其中一个不是另外一个的母码,则它们之间也是正交的,因为母码与其子码之间具有相关性。

在 TD-SCDMA 中,扩频码与数据符号相乘时,还有一个加权因子,称之为特征乘法因子,如表 6.6 所示。其目的是降低多码传输时的峰均比。

每个信道化码的特征乘法因子见表 6.6。

表 6.6 扩频码的加权因子

k	$w_{q=1}^{(k)}$	$w_{q=2}^{(k)}$	$w_{q=4}^{(k)}$	$w_{q=8}^{(k)}$	$w_{q=16}^{(k)}$
1	1	1	$-j$	1	-1
2		$+j$	1	$+j$	$-j$
3			$+j$	$+j$	1
4			-1	-1	1
5				$-j$	$+j$
6				-1	-1
7				$-j$	-1
8				1	1
9					$-j$
10					$+j$
11					1
12					$+j$
13					$-j$
14					$-j$
15					$+j$
16					-1

习题

6.1　常用数字调制方式有哪些？移动通信对数字调制有什么要求？

6.2　什么是扩频调制？扩频调制有什么特点？简述扩展频谱的方法。

6.3　什么是 PN 码？在扩频调制通信系统中，对 PN 码有何要求？

6.4　已知电话信道带宽为 6.8 kHz，试求：若要求该信道能传输 9 600 bps 的数据，则接收端要求的最小信噪比为多少 dB？若想使最大的信息传输速率增加到 60%，则信噪比 S/N 应增大到多少倍？如果在计算结果的基础上将信噪比再增大到 10 倍，则最大信息速率能否增加 20%？

6.5　设有一个 2FSK 传输系统，其传输带宽等于 2 400 Hz。2FSK 信号的频率分别等于 $f_0 = 980$ Hz，$f_1 = 1 580$ Hz。码元速率 $R_B = 300$ Baud。接收端输入的信噪比等于 6 dB。试求：(1)此 2FSK 信号的带宽；(2)用包络检波法时的误码率；(3)用相干检测法时的误码率。

6.6　设发送数字信息为 110010101100，试分别画出 OOK、2FSK、2PSK 及 2DPSK 信号的波形示意图。(对于 2FSK 信号，"0"对应 $T_s = 2T_c$，"1"对应 $T_s = T_c$；其余信号对应 $T_s = T_c$，其中 T_s 为码元周期，T_c 为载波周期。对于 2DPSK 信号，代表"0"、代表"1"，参考相位为 0；对于 2PSK 信号，代表"0"、代表"1"。)

6.7　设发送数字信息序列为 $+1 -1 -1 -1 -1 -1 +1$，试画出 MSK 信号的相位变化图形。若码元速率为 1 000 Baud，载频为 3 000 Hz，试画出 MSK 信号的波形。

6.8　GSM 系统的调制方式是什么？该调制信号的产生方法主要有哪些？

6.9　CDMA 系统的主要调制方式是什么？

6.10　IEEE 802.11 采用的扩频调制方式有哪些？

第7章 移动通信中的定位技术

无线定位是保障人类交通安全和从事军事活动的必要手段,在现代社会中发挥着越来越大的作用,如大地测量、地震预报、车辆调度、森林防火、地质勘探和国土开发、航海/航空的安全航行和交通管制、空间飞行器的定位和测探以及授时、移动通信、搜索救援等,经过人们的努力,导航定位技术已经从最早的天文导航发展到全球卫星导航。

无线电定位分为卫星无线电定位和地面无线电定位。卫星定位利用 GPS,GLONASS、北斗等卫星系统的多颗卫星实现移动目标的三维定位;地面无线电定位则通过测量无线电波从地面发射机到接收机的传播时间、时间差、信号场强、相位或入射角等参量来实施目标移动终端的二维定位。

本章主要研究地面无线电定位系统,讲述该领域的关键技术和最新研究成果,分析各种移动通信定位系统及其定位技术。

7.1 无线电定位的分类和基本原理

无线电定位是建立一系列无线电信号发射台,用户接收这些无线电信号,根据信号的频率、相位等参数的变化,通过特定的方法计算出自己的位置,从而能够安全、准确地从某一地点向另一地点运动。由于无线电定位设备利用无线电波测量目标的坐标,其工作情况基本上与气候条件无关,在复杂气候及能见度不佳的情况下是一种很有效的导航方法,可在近、中、远距离各种条件下顺利完成各项导航任务。

在蜂窝网络中,各种基于移动台位置的服务,如公共安全服务、紧急报警服务、基于移动台位置的计费、车辆和交通管理、导航、城市观光、网络规划与设计、网络服务质量和无线资源管理等,都需要一种简单、廉价的定位方法。在蜂窝网定位系统中,被定位的移动终端通常是普通终端(如手机),这在客观上要求多个基站设备通过附加装置测量从移动终端发出的电波信号参数,如传播时间、时间差、信号场强、相位等,再通过合适的定位算法推算出移动终端的大致位置。显然,由于受移动通信信道噪声和多径传播干扰等不良因素的影响,蜂窝网无线电定位系统很难达到较高的定位精度,定位覆盖范围也受到蜂窝移动通信系统场强覆盖范围的限制。

7.1.1 陆基无线电导航系统

各种地面无线电导航系统都采用了相同或相似的基本技术,其差别主要在于不同用途采用不同的无线电频段和系统结构。此外,对覆盖范围很大的定位系统,其导航精度和导航数据更新速率常常较低,而提供高精度的系统往往覆盖范围有限。

20 世纪以来出现了各种地面无线电导航系统,如 Loran-C(罗兰 C)、Omega(奥米加)、Tacan(塔康)、Vor/DME、AVL、仪表着陆系统、微波着陆系统、子午仪、无线电信标等,通常都是针对快速移动目标的定位和导航,并提供目标的位置、距离和运动方向等信息。典型的陆基无线电导航系统是罗兰 C 和奥米加导航系统。

7.1.2 卫星定位系统

卫星定位是将无线电发射台放置在卫星平台上,当用户接收到来自卫星发出的信号时,通过测量信号传输时间或者频率变化量等参数,求解出自身的位置、速度和时间等信息。卫星定位系统是在卫星技术和卫星通信技术发展的基础上产生的,其覆盖范围由卫星星座的覆盖范围所决定,而卫星轨道的确定则通过地面遥控系统的指令来实现,定轨精度的高低也将直接影响用户定位精度的高低。

卫星定位系统最早由美国发明。第一套实用系统是1964年美国海军研制的子午仪系统,因其不能实时定位等原因,后又发展了全球定位系统(Global Positioning System,GPS),是当今世界应用最广泛的定位、授时系统。

目前建有卫星定位系统的国家或地区有美国、俄罗斯、欧盟、中国、日本及印度,多个系统融合定位是用户享受卫星定位服务的必然选择。

7.1.3 蜂窝无线定位系统

蜂窝移动通信是采用蜂窝无线组网方式,在终端和网络设备之间通过无线通道连接起来,进而实现用户在活动中可相互通信。其主要特征是终端的移动性,并具有越区切换和跨本地网自动漫游功能。近年来,随着蜂窝移动通信技术的迅速发展,移动台的数目急剧增加,使得对移动台的定位需求变得越来越迫切。

在蜂窝网络中,根据进行定位估计的位置、定位主体以及所采用的定位设备的不同,可将移动台的无线定位方案分为基于移动台的定位方案、基于网络的定位方案以及GPS辅助定位方案三类,与之对应的有以下几类定位系统:

1) 基于移动台的定位系统:采用的技术有E-OTD(增强观测时间差定位法)和OTDOA-IPDL,移动台集成GPS接收机,和网络之间建立数据链;

2) 基于网络的定位系统:采用的技术有Cell-ID、TA(提前时间定位算法)、TOA(传播信号到达时间估计算法)、TDOA(传播信号到达时间差估计算法)和AOA,需要改造现有网络,兼容现在的移动系统;

3) 网络辅助定位系统;

4) 移动台辅助定位系统;

5) GPS辅助定位系统(A-GPS):网络和移动台集成GPS辅助设备;

6) 混合定位系统:使用较多的是GPS/蜂窝网混合定位系统(如gpsOne系统)。

7.1.4 无线定位基本原理

在各种无线电定位系统中,所采用的基本定位方法和技术都是相同或相似的,即通过检测某种信号的特征测量值实现对移动台的定位估计。从几何角度看,确定目标在二维平面内的坐标可以由两个或多个曲线在二维平面内相交得到。我们将待定位的目标称为移动终端或移动台(MS)(手机或车载台),将参与定位的蜂窝网络基站称为基站(BS)。

在蜂窝网络中为移动台提供的地面二维定位服务,通常可选择的基本定位方法有以下几种:圆周定位、双曲线定位、方位测量定位和混合定位。

1. 圆周定位方法

若已知移动台到基站 i 的直线距离 R_i,根据几何原理,移动台定位于以基站 i 位置为圆心、R_i 为半径的圆周上,即移动台位置 (x_0, y_0) 与基站位置 (x_i, y_i) 之间满足如下关系:

$$(x_i - x_0)^2 + (y_i - y_0)^2 = R_i^2 \tag{7.1}$$

如果已知移动台与三个基站之间的距离,以三个基站所在的位置为圆心,移动台与三个基站的距离为半径画圆,如图 7.1 所示,则三个圆的交点即为目标移动台所在的位置。

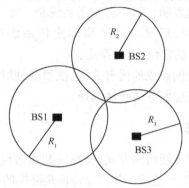

图 7.1　圆周定位方法

在实际无线电定位方法中,通过测量从目标移动台发出的信号以直线到达基站 i 的时间 t_i (TOA),可以得到目标移动台与基站的距离 $R_i = c \times t_i$。对于 $i = 1, 2, 3$,联立上述三个方程组,即可得到移动台坐标位置 (x_0, y_0)。由于 TOA 与距离 R_i 的关系,三圆相交定位又称为 TOA 定位。

2. 双曲线定位方法

如图 7.2 所示,当已知基站 BS1 和 BS2 与移动台之间的距离为 $R_{21} = R_2 - R_1$ 时,移动台必定位于以两基站为焦点、与两个移动台之间的距离差恒为 R_{21} 的实线双曲线上;当同时知道基站 BS1 和 BS3 与移动台之间的距离差 $R_{31} = R_3 - R_1$ 时,可以得到另一组以两基站 BS1 和 BS3 为焦点,与该两个焦点的距离差恒为 R_{31} 的虚线双曲线对上。于是,双曲线的交点代表对移动台位置的估计。

与 TOA 定位方法类似,距离差也可以通过测量从两个基站发出的信号到达目标移动终端的时间差来确定:$R_{ij} = c \times t_{ij}$ ($i, j = 1, 2, 3$)。双曲线定位中移动台坐标 (x_0, y_0) 和基站坐标 (x_i, y_i) 关系如下:

$$\sqrt{(x_0 - x_2)^2 + (y_0 - y_2)^2} - \sqrt{(x_0 - x_1)^2 + (y_0 - y_1)^2} = R_{21} \tag{7.2}$$

$$\sqrt{(x_0 - x_3) + (y_0 - y_3)} - \sqrt{(x_0 - x_1) + (y_0 - y_1)} = R_{31} \tag{7.3}$$

由于求平方的缘故,解方程后会得到两个解,而只有一个是真实的,这就需要一些先验知识来分辨真实解,以消除位置模糊。双曲线定位法也称为基于电波到达时间差(TDOA)的定位法,即 TDOA 定位法,它是目前在各种蜂窝网中研究、采用较多的定位方法。

3. 方位测量定位方法

方位测量定位方法也称为信号到达角度(AOA)定位方法。该方法是通过基站接收机

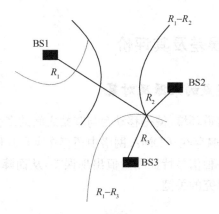

图 7.2　双曲线定位方法

天线或天线阵列测出移动台发射电波的入射角,从而构成一根从接收机到移动台的径向连线,即方位线。利用两个或两个以上接收机提供的 AOA 测量值,按 AOA 定位算法确定多条方位线的交点,即为移动台的估计位置,如图 7.3 所示。

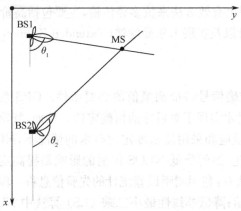

图 7.3　方位测量定位方法

假设基站 BS1 和 BS2 分别测得移动台发出信号的到达角分别为 θ_1 和 θ_2,则下式成立:

$$\tan \theta_i = \frac{x_0 - x_i}{y_0 - y_i} \quad (i = 1, 2) \tag{7.4}$$

通过求解上述非线性方程,可以得到移动台位置 (x_0, y_0)。

4. 混合定位方法

混合定位方法是利用上述两种或多种不同类型的信号特征测量值(如 TOA/AOA、TDOA/AOA、TDOA/TOA)进行定位估计。

例如,如果一个基站能够同时测得移动台发出的信号以直射路径到达基站的时间 t_1 和角度 θ_1,则移动台相对于基站的距离 $R_1 = c \times t_1$ 和方位角 θ_1 已知,于是由下式可以解出移动台的位置 (x_0, y_0):

$$\tan \theta_1 = \frac{x_0 - x_1}{y_0 - y_1} \tag{7.5}$$

$$(x_0 - x_1)^2 + (y_0 - y_1)^2 = (ct_1)^2 \tag{7.6}$$

7.2 蜂窝无线定位误差及其评价

7.2.1 蜂窝无线定位误差的来源及对策

蜂窝网络中的非理想信道环境,使得移动台与基站之间的多径传播和非视距(Non Linear of Sight,NLOS)传播普遍存在;CDMA网络中还存在来自其他用户的多址干扰(MAI)。这些因素都会使检测到的各种信号特征测量值出现误差,从而降低定位精度。如何克服这些因素的影响是无线定位研究的关键。

1. 多径传播

多径是移动台定位的主要误差来源,各种定位法均会由于多径传输而引起时间测量误差。窄带系统中各多径分量重叠将造成相关峰位置偏差,宽带系统能够在一定程度上实现对各个多径分量的分离,据此改善定位精度;但若反射分量大于直射分量,干扰影响等均会引起精度降低。目前已提出有效方法来抗多径传输,主要包括高阶谱估计、最小均方(Least Mean Squares,LMS)估计以及扩展卡尔曼滤波(Extended Kalman Filtering,EKF)等。

2. NLOS传播

NLOS传播是得到准确信号特征测量值的必要条件。GPS系统正是基于电波的视距(Line of Sight,LOS)传播才实现了对目标的精确定位。然而,蜂窝网络的覆盖区一般是城市和郊区,即使在无多径效应和采用高精度定时技术的情况下,NLOS传播也会引起TOA或TDOA测量误差。因此,如何降低NLOS传播的影响是提高定位精度的关键。目前降低NLOS传播影响的方法有:利用测距误差统计的先验信息将一段时间内的NLOS测量值调节到接近LOS的测量值;降低非线性最小二乘(LS)算法中NLOS测量值的权重,或者在LS算法中增加约束项等。

3. 多址干扰(MAI)

在CDMA系统中,多个用户使用不同的扩频码共享同一个频带,若扩频码之间缺乏正交性,多址干扰(MAI)将随用户的增加而增加。这在基于时间的定位系统中会严重影响时间粗捕获和延时锁定环的工作,使其测量误差随着MAI的增加而增加。CDMA的功率控制对其通信功能来说可以大大降低多址干扰,但对定位来说,采用功率控制使多个参与定位的基站难以同时准确地测量TOA或TDOA。由于功率控制只对服务基站起作用,非服务基站移动台的信号仍会受到严重的多址干扰。临时提高求救手机功率、改进软切换方式以及采用多用户检测技术等,是抗多址干扰的有效途径。

7.2.2 定位准确率评价指标

为了正确评价各种定位算法在实际蜂窝网络环境中的定位性能,需要首先确定评价定位准确率的指标。目前常用的是定位解均方误差(MSE)、均方根误差(RMSE)、克拉美-罗下界(CRLB)、几何精度因子(GDOP)和圆误差概率(CEP)。另外,累积分布函数(CDF)、相对定位误差(RFE)等也时常用作评价指标。

后面各节主要采用 RMSE 和 CDF 指标对相关算法的定位精度进行讨论和评价。

1. 蜂窝网络的拓扑结构及移动台分布

在蜂窝网系统中,基站以蜂窝状排列,正中间的是服务基站,紧邻它的 6 个基站构成内圈,再往外 12 个基站构成外圈。对于理想蜂窝网络,小区是半径为 R(中心到正六边形顶点之间的距离)的正六边形。

假设每个小区分为 4 个扇区,移动台(MS)在 1/4 小区内均匀分布,如图 7.4(阴影部分)所示;若每个小区分成 12 个扇区,同理可得 MS 在 1/12 小区内均匀分布。定位的准确与否就是在移动台与其对应的小区内基站的服务范围之间进行判断。

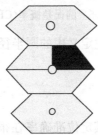

图 7.4 MS 在 1/4 小区均匀分布

2. 均方误差(MSE)与 CRLB

一种常用于评定定位准确度的度量,是定位解的均方误差(MSE)与理论上基于无偏差估计均方差的 CRLB 界的比较。在二维定位估计中计算 MSE 的方法为:

$$MSE = E\big[(x-\hat{x})^2 + (y-\hat{y})^2\big] \tag{7.7}$$

其中,(x, y) 为 MS 的实际位置,$(\hat{x}, \hat{y})$ 为 MS 的估计位置。此外,均方根误差也常常用来评定定位准确率:

$$RMSE = \sqrt{E\big[(x-\hat{x})^2 + (y-\hat{y})^2\big]} \tag{7.8}$$

为了判断定位估计器的准确率,通常将 MSE 或 RMSE 与理论界 CRLB 进行比较。CRLB 为任何无偏差估计器的方差提供了一个下界,通常适用于存在平稳高斯噪声的平稳高斯信号估计;对非高斯和非平稳(周期平稳)信号,则要采用其他方法评估。

3. 圆/球误差概率 (CEP/SEP)

定位估计准确率的另一评价度量是圆误差概率(CEP),它是定位估计器相对于其定位均值的不确定性度量。对于二维定位系统,CEP 定义为包含了一半以均值为中心的随机矢量实现的圆半径。如果定位估计器为无偏差的,CEP 即为 MS 相对于其真实位置的不确定性度量,如图 7.5 所示。如果估计器有偏差且以偏差 B 为界,则对于 50% 概率,MS 的估计位置在距离 $B+CEP$ 内,此时 CEP 为一复杂函数,通常用其近似值表示。对于 TDOA 双曲线定位,CEP 近似为:

$$CEP \approx 0.75 \sqrt{\sigma_x^2 + \sigma_y^2} \tag{7.9}$$

其中，σ_x^2，σ_y^2为二维估计位置的方差。

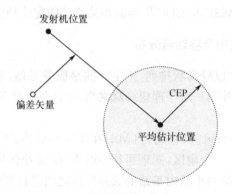

图 7.5　圆误差概率(CEP)

当考虑三维位置坐标定位时，上述定义中的圆半径应由球半径代替，而圆误差概率也应由球误差概率(SEP)代替。

4. 几何精度因子

采用距离测量方法的定位系统，其定位准确率在很大程度上取决于基站和待定位移动台之间的几何位置关系。几何位置对定位准确率影响的度量即为几何精度因子(GDOP)，其定义是定位误差 RMSE 和测距误差 RMSE 的比率，它表征了由于移动台与基站的几何位置关系对测距误差的放大程度。

无偏差的估计器及二维双曲线定位系统，GDOP 可表示为：

$$\text{GDOP}=\sqrt{\sigma_x^2+\sigma_y^2}/\sigma_s \qquad (7.10)$$

其中 σ_s 为测距误差标准差。GDOP 与 CEP 有以下近似关系：

$$\text{CEP}\approx(0.75\sigma_s)\times\text{GDOP} \qquad (7.11)$$

GDOP 可作为从大量基站中选择所需定位基站的依据，所选中的基站应是使 GDOP 最小的基站。

5. 累积分布函数（CDF）

上面几种性能指标主要侧重于理论分析，在实际工程应用中还经常用到平均定位误差、误差概率密度函数(误差 PDF)、误差累积分布函数(误差 CDF)等指标。其中，累积分布函数(CDF)是指在某个精度门限以下的定位次数在总定位次数中所占的比例。

6. 相对定位误差（RPE）

定位精度与定位范围在某些情况下也存在一定的关系。为了反映它们的这种关系，引入相对定位误差(RPE)的概念。若定位范围的最大圆(球)半径为 R_m，定位精度为 δ，则

$$\text{RPE}=\frac{\delta}{R_m} \qquad (7.12)$$

7.3 具体应用网络实例

在 3GPP 提出的未来全球陆地无线接入网（UTRAN）中，第二代的 GSM 网络和第三代的 WCDMA 网络将是其中两个主要组成部分，对移动台的定位服务功能也已开始在这两种网络中实施。针对定位功能，3GPP 提出根据移动台用户需求和移动台类型在网路内提供多种精确定位服务，并选择所依赖的多种定位方法和技术。

7.3.1 GSM 网络无线定位系统

1. 具有定位功能的 GSM 网络

在 GSM 网络中，对用户定位请求的响应主要是提供移动台的地理位置信息及相关的定位精度估计、移动速度估计等。为此，要求定位服务功能的建立应充分利用现有的网络资源及其他资源，并尽可能减少对系统话音和数据业务的影响，根据用户的服务权限和精度要求采用不同的定位方法。在 3GPP 中，目前已根据定位功能的要求在原 GSM 网络中增加了必要的物理和逻辑功能模块，设计了相关的信令协议、接口和操作程序，能将移动台估计位置以一种标准格式向用户、网络运营商、定位服务提供者报告。在 GSM 网络中，对于不同的定位方案，广泛采用了短消息向没有进行定位估计的一方传播定位信息。

2. GSM 网络中的定位方法

对 GSM 来说，3GPP 为其选择的定位方法有基于蜂窝小区标识（ID）、基于提前时间（TA）参数、TOA（上行）、E-OTD（下行，包括移动台辅助和基于移动台）以及基于 GPS（包括移动台辅助和基于移动台）等。目前，采用以上定位方法和技术在 3GPP 中已形成共识。

1) 提前时间（TA）定位法。该方法利用 GSM 网络现有的 TA 参数对移动台进行定位估计，移动台的 TA 参数可由基站获得。当移动台处于空闲状态时，可采用寻呼或要求移动台发出紧急呼叫等方式获得；当移动台处于专用状态时，服务基站可直接检测 TA 参数，利用此参数和服务小区 ID 进行估计。TA 定位是一种辅助定位法，当其他定位方法失败时可以用该方法做近似。

2) 单个小区识别码（CGI-TA）定位技术。CGI-TA 是一种最简单的定位技术。CGI 是小区全球识别码，每个蜂窝小区有一个唯一的小区识别码。CGI-TA 根据移动台所处的蜂窝小区 ID 号来确定用户的位置，因此它的定位精度取决于蜂窝小区的半径。CGI-TA 算法的原理是利用 GSM 系统中相关基站所测到的时间提前量 TA 和小区全球识别码来对手机进行定位，其定位精确度主要依赖于小区的大小、是全向小区还是扇形小区以及弧形变化的区域。

因为 TA 值的特殊性质，内圆和外圆的半径差（深度）约为 550 m。因此，计算出的位置在小区是全向小区和扇形小区之间有较大的差别，不可能提供一个精确值，其范围在 100～1 100 m 之间。这种定位技术的优点是对现有的手机终端无须做改动，并可实现漫游，适用于网络覆盖的任何地方；但缺点是 GSM 网络需做一定调整，目前为厂家专用协议，不同厂家的设备不能互通，而且定位精度不高。

3) 上行链路（UL-TOA）定位技术。UL-TOA 定位技术是一种基于电波传输时间的定位技术，它通过测量从发射机传到多个接收机的信号传播时间来确定移动用户的位置。该方法要求至少有 3 个基站参与测量，每个基站增加 1 个位置测量单元（Location Measure-ment Unit，LMU）。当手机发送一上行信号，3 个或多于 3 个 LMU 即开始测量，由于每个基站的位置（经纬度坐标）是已知的，一般采用平面三角算法可对手机定位，精度在 50～200 m 之间。

这种定位技术的优点是：完全兼容现有手机，手机不必做任何改动就可在网络覆盖范围内实现定位，最大限度地保护现有手机用户的利益；支持漫游，各种接口标准统一，通过提高 LMU 的性能，可局部提高定位精度。这是当前实现 GSM 手机定位的一种理想方式。其缺点是：需要精确同步，每个基站需安装 GPS 接收机设备，并且该定位方法还要求在所有基站上安装监测设备（即 LMU），网络运营商初始投资较大；定位精度还受多径干扰的影响。

4) 增强观测时差（E-OTD）技术。E-OTD 是基于移动台的定位方案，通过增强观察时间差来进行定位的技术。通过放置在许多参考站点上的 LMU 的测量，得出观测时间差（OTD）、真实时间差（Real Time Difference，RTD）和地理位置时间差（Geolocation Time Difference，GTD）。其中 OTD 是移动台观测到的两个不同位置基站信号的接收时间差，RTD 是两个基站之间的系统时间差，GTD 是两个基站到移动台由于距离差而引起的传输时间差。每个参考点都有一个精确的定时源，当 LMU 接收到来自至少 3 个基站的信号时，从每个基站到达手机和 LMU 的时间差将被计算出来，这些差值可以用来产生几组交叉双曲线，并由此估计出手机的位置。E-OTD 方案可以提供比 CGI-TA 高得多的定位精度，但其精度除依赖于基站或小区的大小、是全向小区还是扇形小区、弧形变化的区域、移动台至基站中心的距离、TA 值的精度之外，还与多径传输、接收到 E-OTD 的基站数量、邻频道干扰、OTD 的精度和手机的运动速度有关，理论上在 50～125 m 之间。这种方法对手机和网络的要求较高（手机要支持 E-OTD，移动网络也需要添加大量用于解决基站同步的硬件单元），实现起来也比较复杂。

5) 辅助 GPS（Assistant-GPS）定位技术。GPS 定位方式利用 GPS 卫星星历和时间校验参数（如参考时钟）等许多变量为手机定位。A-GPS 是 GSM 网络辅助 GPS，它使用固定位置 GPS 接收机获得移动终端的补充信息数据，使移动用户接收机不必对实际消息译码就可以进行定时测量，手机得到 GPS 信息后计算出自身精确位置并将位置信息发送到 GSM 网。利用辅助 GPS 进行定位，GSM 网基本上不用增加其他设备，无须建立 LMU，对现有网络改动少，同时可以大大缩小时间搜索窗口和频率搜索窗口，减少移动用户 GPS 接收机计算位置所需的时间（首次捕获时间在 1～8 s 之间）。

3. 蜂窝网络多精度定位的基本思想

由于不同的定位技术所能提供的定位精度不同，不同的服务所要求的定位精度也不同，因此定位系统应根据用户的定位精度要求，采用不同的定位技术。即使是同一种定位技术，采用不同的算法，所能提供的定位精度也不一样。在定位精度要求高的时候可以适当地牺牲响应时间，以提供高精度定位；在定位精度要求不高和需要立即响应时，可以选择算法速度快、精度不太高的计算方法。

7.3.2 3G移动定位系统

1. CDMA定位技术

随着3G系统的发展,无线定位依靠系统自身的体系结构和所传输的信息实体来实现移动台的位置估计。美国联邦通信委员会(FCC)的E-911明确了无线定位业务将成为3G网络必备的基本功能。3G网络的无线定位除了要满足E-911定位需求外,还有以下主要用途:

1) 安全方面,如紧急救助和求助;
2) 车辆导航和智能交通系统(ITS);
3) 工作调度和团队管理;
4) 基于位置的计费系统;
5) 增强网络性能,如移动性管理及系统优化设计;
6) 其他方面,如移动黄页查询和防止手机盗打等。

这些应用对于移动用户来说,可以保证外出更加方便、安全;对于运营商来说,可以给用户提供更有吸引力的业务,使自己处于更有利的竞争地位,获得更多的收益;对于生产厂家来说,提供无线定位产品会更具市场竞争力。

从定位技术的角度来看,除了GSM系统中采用的小区ID、TOA、TDOA、辅助GPS等技术外,在3G系统中也采用了AOA(到达角,Angle of Arrival)技术、先进的前向链路三边测量技术以及混合技术等。

AOA技术要求网络增加智能天线,通过基站接收天线或天线阵列测出移动台发射电波的入射角,从而构成由基站到移动台的径向方位线,两根方位线的交点即可确定移动台的二维位置坐标。此技术的测量精度随基站与移动台之间距离的增加而降低,且受非视距传播及多径影响较大。

在前向链路三边测量技术中,移动台同时监听多个(至少3个)基站的导频信息,利用码片时延确定移动台到各个基站的距离,从而解算出移动台的位置信息。在采用该技术时,需要在网络侧增加新设施,以获取导频信息,定位求解可由移动台或网络侧设施完成,其精度可达100 m。

在郊区,利用GPS提供搞精度的位置信息,同时网络侧提供辅助数据来缩短定位时间和提高定位精度;在城市,利用基站密集的优势,提供基于基站信号的定位方式来实现在复杂环境下(室内或信号遮挡区域)的精确定位。

混合定位技术则是指利用上述两种及两种以上方法,组合使用,以得到更高的精度、更全覆盖的定位结果。在移动网络中使用较多的是GPS/蜂窝网混合定位方法。

在WCDMA系统中,定位技术主要包括基于小区覆盖的定位技术、观测到达时间差(Observed Time Difference of Arrival,OTDOA)定位技术和网络辅助的GPS定位等。三种方法各有特点,具有不同的性能。亦可以针对需求,混合使用。

在TD-SCDMA系统中,除了采用WCDMA系统中的三种定位技术外,还依据自身的特点,补充了以下几种新的定位技术:

1) AOA+TA技术。TD-SCDMA系统使用其自身的智能天线,可以根据信号到达角

(AOA)和时间提前量(TA)来实现单基站的移动定位业务。在终端侧测量到的时间提前量(TA)放在测量报告中上报给网络侧,而基站则使用智能天线根据信号到达角(AOA)来确定来波方向,基站自身也会去测量 TA 的偏差,从而将 AOA 和此偏差信息上传至无线网络控制器(RNC)。在 RNC 侧的服务移动位置中心(SMLC)模块负责位置信息的计算和转换。

2) Cell ID+TA+OTDOA 技术。时间提前量(TA)由基站测量后通知移动台(MS)提前这一时间量发送数据,目的是为了扣除基站与移动台之间的传输时延。因此,TA 方法就是用现有的参数 TA 估计移动台和基站之间的距离。如果移动台处于空闲模式,则可能被寻呼或者主动发起呼叫(如紧急呼叫),从而使 SMLC 获得 TA 和 Cell ID。如果移动台处于被占用模式,则 SMLC 向 RNC 发送消息,以获取 TA 和 Cell ID。SMLC 将小区天线中心半径为 TA 的圆环(对于全向天线)或者圆环的一部分(对于定向天线)范围内的区域确定为移动台所在区域。但这只能表示移动用户和小区中心之间的距离,而不是精确的位置。在 Cell ID 和 TA 之外引入 OTDOA 技术,则可获得准确的用户位置信息。

cdma2000 移动通信网络主要采用了高通公司开发的 gpsOne 定位技术,属于混合定位方式。

尽管 3G 系统中采用了多种定位技术,由于在复杂的移动环境中实现高性能位置服务所涉及的因素众多,在当前 3G 已实现的定位系统中仍存在一定的局限性,主要包括如下几点:

1) 基站覆盖:可测量基站多于 3 个,且要求时间同步;
2) 信道传播环境:多径、NLOS、MAI 所带来的测量误差,造成定位算法不稳定;
3) 拐角效应:LOS 信号与 NLOS 信号的信号突变,造成定位估计误差。

7.3.3 LTE 网络中的定位应用

3GPP 长期演进 (LTE) 项目是近两年来 3GPP 启动的最大的新技术研发项目,这种以 OFDM/FDMA 为核心的技术可以看作"准 4G"技术。其中的定位技术与 3G 中的定位技术类似,是在 3G 的基础上发展起来的。目前该标准中主要支持 4 种定位方法:

1) 网路辅助 GNSS 定位方法。这种方法可以在具有接收 GNSS 信号能力的 UE 上使用。不同的 GNSS 系统(如 GPS、Galileo、GLONASS 等),可以单独地进行定位,也可以结合起来进行定位。

2) 下行观测到达时间差(OTDOA)定位方法。这种方法通过手机接收来自很多基站的下行定位信号,并利用来自定位服务器的辅助信息测量接收信号的到达时间差(TDOA)。最后,使用这些时间差与基站的坐标建立双曲线,从而进行定位。LTE 系统为了改善这种方法的性能,引入了新的定位参考信号(PRS),提高了周围基站的可观测性和到达时间测量精度。

3) 增强的小区标识(E-CID)定位方法。这种方法除了利用服务小区标识,还使用额外的无线资源和其他测量值来改善用户的位置估计,主要包括服务基站与用户的距离(TOA),服务基站与用户的角度(AOA)。

4) 上行到达时间差定位(OTDOA)方法。由手机发射上行链路信号,多个基站利用从定位服务器收到的辅助信息来进行到达时间差(TDOA)的测量。最后,使用这些时间差与基站的坐标来建立双曲线,从而进行定位。

7.3.4　Wi-Fi 网络无线定位

过去的几年里，Wi-Fi 定位技术在市场上的应用迅速发展。该技术可在有限的区域（如企业内部、校园、医院、零售店、公园等）内，对财产和人员进行实时定位和跟踪。迄今为止，Wi-Fi 定位技术在医疗卫生行业上的应用发展最为迅猛。Wi-Fi 定位厂商一直致力于推动该行业的应用，在大多数的医院应用中，Wi-Fi 定位跟踪的投资回报率很高。

Wi-Fi 的定位系统能充分利用现有的网络基础，从而降低了成本。此外，基于 Wi-Fi 的定位系统还降低了射频（RF）干扰的可能性。

由于整个 Wi-Fi 定位系统都与其他客户共享网络，因此有效地减少了另外安装单独无线网络的必要性。这种系统具有经济的扩展能力，因此用户可以先小范围部署，然后随着接入点数量的增多再扩展定位系统。

例如，利用定位标签，工作人员可以实时监测患者，以便遏制疾病的传播和蔓延；通过使用 Wi-Fi 定位标签或者内置的客户端软件进行跟踪，可提高设备的利用率，防止贵重设备的丢失。目前在美国和欧洲，基于 Wi-Fi 定位技术的 RTLS 系统已经成为一种主流技术，该技术主要用于医院跟踪资产和病人，及时了解情况，从而能够降低成本，改善工作流和提高病人护理服务的质量。此外，零售业内也开始应用这种技术。随着互联网搜索引擎在满足具有本地特色的需求方面做得越来越好，结合 Wi-Fi 用户能够确切把握自己的位置，根据特定需求获得精准得多的信息。

目前，Wi-Fi 定位技术主要有三边测量法和指纹匹配法两种。

三边测量通过测量待测物体与其他多个参考点之间的距离来计算待测物体的位置。在二维平面上，已知物体与三个不共线的参考点之间的距离就可以计算出待定位目标的位置；同理，计算物体的三维位置则需要测量它与其他四个不共面的参考点间的距离。在无线局域网中，参考点就是负责网络通信的接入点。用户与接入点间的距离可以通过两种方法测得：

1）通过测量无线电信号到达终端的时间来估计距离，即到达时间法（TOA 法）；

2）利用无线电信号传播的数学模型，把在用户端测得的信号强度转化为距离，也称为传播模型法。

基于位置指纹的 Wi-Fi 室内定位大致分为两个阶段：离线采样阶段和在线定位阶段（或实时定位阶段）。离线采样阶段的目标是构建一个关于信号强度与采样点位置间关系的数据库，也就是位置指纹的数据库或无线电地图。为了生成该数据库，操作人员首先需要在被定位环境里确定若干采样点；然后遍历所有采样点，记录下在每个采样点测量的无线信号的特征，即来自所有接入点的信号强度；最后将它们以某种方式保存在数据库中。在第二阶段，当用户移动到某一位置时，根据他实时收到的信号强度信息，利用定位算法将其与位置指纹数据库中的信息匹配、比较，计算出该用户的位置。

指纹匹配法主要分为两类。第一类是确定性的定位方法。它的特点是位置指纹用来自每个接入点的信号强度的平均值表示，然后采用确定性的推理算法来估计用户的位置。比如，采用信号空间最邻近法（Nearest Neighbor in Signal Space，NNSS）和信号空间 k 最邻近法（k-NNSS），在位置指纹数据库里找出与实时信号强度样本最接近的一个或多个样本，将它们对应的采样点或多个采样点的平均值作为估计的用户位置。第二类是基于概率的方法。与确定性的定位方法用信号强度的平均值表示位置指纹不同,基于概率的方法以条件概率为位置指纹建立模型,并采用贝叶斯推理机制来估计用户的位置。

习题

7.1 无线电定位分为哪几种?各有哪些特点?

7.2 请简要叙述 GPS 定位技术的原理。

7.3 移动通信信道有哪些衰落特性?

7.4 蜂窝网络中有哪些定位准确率评价指标?

7.5 试列举移动通信中常用的定位算法。

7.6 3G 移动定位系统有哪些特点?

第8章　卫星移动通信

8.1　卫星通信概述

开普勒于16世纪发现了行星运动规律(即开普勒三定律),但当时并不知道行星为什么要按此规律运行。后来牛顿发现了万有引力,才对开普勒三定律做出总结和解释,从而奠定了人造卫星依靠惯性绕地球运行的理论基础。

19世纪中叶,人造卫星还仅仅是一种科学幻想。20世纪初,俄国的齐奥尔科夫斯基全面阐述了宇宙飞行理论,并在1903年证明了把飞行器送到大气层外使它像月球一样永远绕着地球运行是可能的。

1945年10月,英国物理学家、作家克拉克在《无线电世界》杂志上发表了一篇幻想文章,描绘了一幅利用地球同步轨道上的中继站实现全球通信的景象。当时,正是利用电离层的反射作用进行短波通信的鼎盛时代。由于电离层的高度和反射率随着季节、昼夜而变化,短波通信信号不稳定,因此出现了微波接力通信,其利用高山或铁塔来建造中继站,实现了大范围稳定信号传输。克拉克的设想就是将中继站置于静止轨道上,每隔120°设置一颗静止卫星,从而实现全球通信,如图8.1所示。

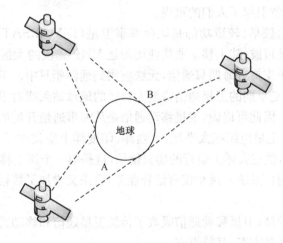

图 8.1　全球通信的设想

1957年10月,前苏联成功发射了世界上第一颗人造地球卫星,证实了上述设想的正确性。1963年美国成功发射地球同步卫星实验星,1965年美国成功发射晨鸟卫星,首先在大西洋地区开始提供商用国际通信业务,并由国际电信卫星组织定名为 INTELSAT-I。目前通信卫星已发展了7代,应用非常广泛。

8.1.1 卫星通信

简单地说,地球上(包括地面和低层大气中)的无线电通信站之间利用卫星作为中继而进行的通信,即为卫星通信。卫星通信系统由卫星和地球站两部分组成。卫星在空中起中继站的作用,即把地球站发上来的信号放大后再返送回另一地球站。地球站则是卫星系统与地面公众网的接口,地面用户通过地球站出入卫星系统形成链路。

卫星通信的特点是:

1) 通信范围大,只要在卫星发射的电波所覆盖的范围内,任何两点之间都可进行通信;

2) 不易受陆地灾害的影响(可靠性高),只要设置地球站电路即可开通(开通电路迅速);

3) 同时可在多处接收,能经济地实现广播、多址通信(多址特点);

4) 电路设置非常灵活,可随时分散过于集中的话务量;

5) 同一信道可用于不同方向或不同区间(多址连接)。

卫星通信可以提供的业务主要包括电话、电报、数据、电视、电视会议、无线广播和应急通信等,承担着70%以上的国际通信业务。

8.1.2 卫星移动通信

卫星移动通信一般是指利用卫星中继实现车辆、舰船、飞机及个人在运动中的通信,或移动用户与固定用户间的相互通信,尤其是在海上、空中和地形复杂而人口稀疏的地区中实现移动通信,可发挥其独特的优越性。卫星移动通信除了可提供远距离及在多个国家之间漫游服务外,还可有效改善飞机、舰船、公共交通、长途运输等的控制和引导,帮助意外事故的救援行动,因此很早就引起了人们的重视。

应用卫星移动通信较早、较成功的是国际海事卫星(INMARSAT)系统。海上移动通信很长时间内使用的是短波,陆上移动通信使用的是 VHF 频段的大区制和蜂窝通信系统。但是这些技术仅能用于支持近海船只通信,无法应用到远洋船只中。卫星通信出现后,人们很想用于移动通信,但是早期的卫星通信需要大口径的地球站天线对卫星精确跟踪,而只有大型船只才适合安装。因此可以说,卫星移动通信是从海事通信开始的。

1976 年,国际海事卫星组织在太平洋、大西洋、印度洋上空发射了 3 颗对地静止卫星,称为 Inmarsat-A 卫星,供三大洋上航行的船只使用,这是第一个海上移动通信系统,也是第一个商用的卫星移动通信系统。最初仅有话音业务,后来又增加了数据业务,满足了大部分的海事通信要求。

随着通信技术的发展,卫星移动通信吸收了传统卫星通信和移动通信的长处,为个人通信的实现提供了一套完备方案,其特点有:

1) 通信距离远,具有全球覆盖能力,能满足陆地、海洋、空中等全方位立体化的多址通信需求,从而实现真正意义上的全球通信和个人通信;

2) 系统容量大,可提供多种通信业务,可以满足用户多方需求;

3) 在使用静止轨道的同时,也可使用中低轨道卫星,业务性能更优良。

卫星移动通信作为地面通信系统的补充、支持和延伸,具有良好的地域覆盖特性,为地面通信系统难以覆盖的地区、国际通信特殊地域和特殊行业通信领域以及第三代移动通信领域提供服务,具有良好的发展前景。

8.1.3 卫星移动通信系统的发展动力

卫星移动通信的基础是卫星通信,其最初应用于海事移动通信,解决了过去海上短波通信信号传输不稳定,抗干扰能力差的问题,自 1976 年便获得了广泛应用。除了海上移动通信推动因素以外,陆地移动通信、个人通信以及市场全球化等因素也大大促进了卫星移动通信的发展。

1) 陆地移动通信迅速发展所带来的动力。公共陆地移动通信的使用最早可追溯到 20 世纪 20 年代,但其蓬勃发展是从 80 年代初期蜂窝通信网的建设开始的,90 年代初期数字蜂窝移动通信系统的建成更为公共陆地移动通信的发展注入了更大的活力。自 20 世纪 80 年代中期以来,全球的移动通信用户数以 50%~60% 的速率逐年增长。然而,地球上仍有许多地方是公共陆地移动通信系统覆盖不到的,空中和海上的活动区域是其中重要的组成部分。即使是陆地上,人烟稀少的地方也很难用陆地移动通信手段覆盖,或者说很难降低成本,这是卫星移动通信迅速发展的主要推动力。同时,全球各地已存在多种不同的陆地通信系统,但兼容性不够,致使用户之间难以互联互通,这也刺激了卫星移动通信系统的发展。

2) 个人通信的提出带来了新的需求。所谓个人通信,是指任何人在任何时间和任何地点都可以通过通信网用任何信息媒体及时地与任何人进行通信。显然,实现个人通信的一个基本条件是要有一个在全球范围内无缝覆盖的通信网络,卫星通信即是其实现的重要手段之一。因此,人们在探讨未来的个人通信系统时,无一例外地都考虑了全球个人卫星移动通信系统。

3) 市场的驱动。随着经济的全球化,经济活动每时每刻都不会停止。在一个普通的公司内,25% 的工作人员有多达 20% 的时间是在办公室外工作的;另外,全球仅有约 5% 的陆地面积能被地面蜂窝移动通信系统覆盖,且多个蜂窝系统之间可能还互不兼容;而且,即使是在蜂窝移动通信系统覆盖的区域内也还可能存在着覆盖缝隙。这些都为卫星移动通信系统的发展提供了机遇,或者说提供了潜在的使用对象。

从电信市场来看,1997 年全球移动通信业的总收入为 20 亿美元,而 2005 年的总收入达到了 200 亿美元。2013 年世界移动通信大会上的报导显示,目前全球多达 32 亿人拥有至少 1 部手机或移动设备,仅中国、俄罗斯、巴西和印度回国在 2012 年的移动通信收入总和就达 2 500 亿美元。未来 5 年内,涵盖移动网络运营商、设备生产商、内容供应商、设备分发商和基础设施制造商的移动生态系统有望为全球经济贡献 10 万亿美元。所有这些外在因素,加上卫星通信本身具有的独特优点、良好的使用经历和技术基础,使得卫星移动通信迅速发展,并继续呈现出高速发展的态势和良好的发展前景。

8.2 卫星移动通信系统的组成

卫星移动通信是卫星通信的一种,是未来个人通信网络必不可少的组成部分。第三代卫星移动通信系统,使得人们借助体积小的手持终端就可直接与卫星建立通信链路,实现个人通信。

卫星移动通信系统的组成如图 8.2 所示,包括地面段和空间段两部分。主要由卫星转发器、地面主站、地面基站、地面网络协调站和众多远程移动站等组成。

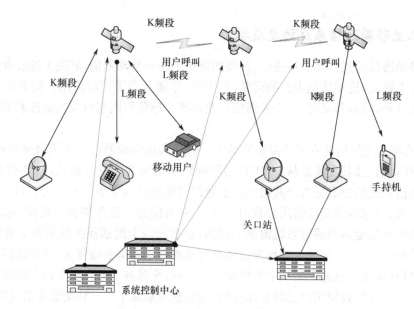

图 8.2 卫星移动通信系统的组成

卫星转发器又称中继站,用于转发地面、空中、海上固定站和移动站的信息。地面主站,又称关口站或信关站,是卫星移动通信的核心,用于地面公共电话网和卫星移动通信网的转接,为远端移动站和固定用户提供话音和数据传输通道。对于公众网数据的传送和接收,主站要完成数据的分组交换、接口协议变换、路由选择等。网络控制中心也设在主站内,主要执行如下功能:

1) 监测卫星转发器的性能和工作状态,控制转发器的切换;

2) 承担全网络的管理,如发送信令和信标信号,对整个系统性能和所有设备进行监测、故障查询及切断、频谱监测、频率和功率控制、计费等;

3) 控制按需分配多址,即移动用户发出呼叫申请信令后,控制中心在数据库中找出空闲业务信道,告知用户和相关的地球站。

地面基站是小容量的固定地球站,主要完成远程移动用户与地面专用通信系统(如蜂窝移动通信)之间的转接功能,其接口、协议和信令与相应的地面网制式兼容。

网络协调站可由覆盖区内的基站兼任,负责区域内的信道分配和网络管理。

远程移动站可以是车、船、飞机及行人等。设备包括天线、射频单元和终端,终端又可分为电话终端、数据终端等。

8.3 卫星移动通信系统的特点

卫星移动通信系统是基于卫星实现用户之间通信的,其特点与地面移动通信系统有所不同。除了卫星本身外,其信道环境、组网方式及传输方式也都有其独特的地方。本节从卫星、信道及组网三个方面来分析卫星移动通信系统的特点。

8.3.1 卫星

用于通信的卫星星体分为大星座和小星座。一般来说,能承担全球实时通信业务的星座称为大星座,工作频段在 1 GHz 以上;仅能承担存储转发业务的星座称为小星座,工作频段在 1 GHz 以下。对于频率的选择,1987 年世界移动业务无线电行政大会(World Administrative Radio Conference,WARC)上决定分配 L 波段用于移动站至卫星链路,Ku 波段用于固定地球站至卫星链路。

卫星在宇宙环境中运行,其星体设计必须考虑空间环境的特性。宇宙空间是一个无限的热吸收体,其中的热源有三种:太阳直接辐射、地面反射太阳的辐射和地球的红外辐射。在卫星外壳面向太阳光的部分和背向太阳光的部分之间会产生 200 ℃ 以上的温度差,热源控制是星体设备必须考虑的因素之一。另外,宇宙环境中有大量的辐射线,对卫星上设备的元器件影响很大,抗辐射设计也是必须要考虑的一个因素。

除星体大小和环境因素外,卫星轨道是另外一个因素,它直接影响通信的覆盖性能和通信质量。轨道越高,则对地面覆盖区域越大,实现全球通信所需的卫星数就越少。如静止轨道高度为 3 万多千米,覆盖约 1/3 的地球面积;轨道高度为 800 km 时,仅能覆盖地球表面的 1.5%。当然,轨道高度越高所导致的传输信号损耗也越大。为了保证用户终端在低功耗条件下实现与卫星的连接,轨道选择是关键,理想情况为 500~1 500 km 之间。卫星轨道太低则受大气阻力影响大,会消耗更多的燃料,卫星寿命将受影响。

对于固定站址卫星通信,卫星轨道的位置间隔可小到 2°;而移动站址的天线口径小,无法产生窄波束,指向性差,因此卫星轨道间隔不能太小,一般要求在 30° 以上。同时,因其移动性特点,移动用户设备收发能力受到限制,卫星必须提供较高的发射功率,即等效全向同性辐射功率(Equivalent Isotropically Radiated Power,EIRP)要大。

8.3.2 信道特性

对于卫星移动通信,其工作频段的下限由应用在移动站上的小口径天线能达到的天线增益所确定,一般为 200 MHz,频率上限则受雨衰、大气吸收等因素的影响。从技术角度看,卫星移动通信的最佳工作频率范围为 800 MHz~3 GHz。但是 WARC 分配给卫星移动通信业务的带宽远窄于固定卫星通信业务,同时由于移动应用中的频率复用困难,其频谱利用率不高,因此卫星信道具有带宽受限的特点。因卫星星体和移动设备天线增益的原因,发射功率不能随意增大,故而功率也受限。

卫星转发器和移动终端的功率放大器均为非线性器件,所以卫星通信信道又是非线性的。

由于卫星工作在电离层外,信号传输过程中经由电离层时极易受电离层闪烁和法拉第效应的影响,尤其是 L 波段和 UHF 频段,信号相位、振幅、到达角和极化状态均会发生不规则的变化。

与地面移动通信类似,卫星移动通信信道的特性也可用直达波和多径来表示。移动体运动过程中将导致信号的频率发生变化,多径信号的包络和相位均会产生快速变化,如快速运动的车辆、飞机等与静止的通信卫星间的相互运动;在 1.6 GHz 的 L 波段,车速为 38 m/s 时可产生 203 Hz 的频移;飞机速度为 335 m/s 时,频移为 1.8 kHz。对于直达波和反射波的描述通常采用瑞利信道和莱斯信道模型。如果接收信号中没有直达波,则通常用分集/均衡技术来接收;若存在直达波,则可利用反射波信号精确估计的方法以便对其加以抑制和消除。

阴影衰落在卫星移动通信中同样存在,即卫星移动通信系统会因为受到某种阴影遮蔽(例如树木、建筑物的遮挡等)而增加额外的功耗。一般地面对信号的反射系数取决于地面的凹凸度和潮湿度,而树木对移动信号的衰减较大,如 UHF 频段的信号通过单种树木的最大信号衰落可达 10~20 dB,与通过树叶的路径长度成正比,每米的平均衰落约为 1 dB。

8.3.3 信号传输及组网

为了适应卫星移动通信信道的特性,必须采用相应的编码、调制措施,并利用灵活的组网形式,使卫星移动通信业务获得较高的质量。

由于带宽受限,必须采用低比特率(4.8~16 kbps)的话音编码方式;对于功率受限的制约,则采用前向纠错编码来达到节约功率的目的。信道因多径效应等多种因素使接收信号电平变化大,造成链路信噪比降低而且产生波动,因此需在信号传输中插入周期性的固定同步头,用于保持稳定的同步状态,确保接收信号的正确解调。关于调制技术,多采用功率和带宽效率高的数字调制,如 QPSK。在信号速率不高时,为获得稳定的载波和时钟捕获及跟踪,采用 BPSK 比 QPSK 更有益。

由于卫星移动通信的用户分布区域广,且又是移动的,故系统定时困难,若采用较大的保护时隙,会引起系统效率下降,所以一般不采用 TDMA 制式,而采用 FDMA 制式,例如常采用的单路单载波方式。

卫星轨道因其高度不同导致其覆盖范围不同,中、低轨道卫星系统较适合局部和区域的实时通信,即几十至几百千米的小范围,如一个国家或一个洲的范围。全球通信最好利用高轨道卫星,以节省使用和管理成本。

8.4 卫星移动通信系统的分类

卫星移动通信系统可按技术实现手段分类,也可按照应用领域进行分类。下面就不同分类来介绍卫星移动通信系统。

8.4.1 按技术手段划分

卫星依惯性在空中飞行,其轨道形状有圆和椭圆两种,卫星轨道与地球赤道可以构成不同夹角(称倾角),倾角等于 0°的称为赤道轨道;倾角等于 90°的称为极轨道,倾角在 0~90°之间的称为倾斜轨道。

卫星轨道按距离地面的高度又可分为:低地球轨道(Low Earth Orbit,LEO),距地面数百千米至 5 000 km,运行周期 2~4h;中地球轨道(Middle Earth Orbit,MEO),高度为5 000~20 000 km,运行周期为 4~12 h;静止轨道(Geostationary Earth Orbit,GEO),高度为35 786 km,运行周期为 24 h。在某些特性区域,特别是高纬度地区将采用椭圆轨道(Elliptical Earth Orbit,EEO),卫星在远地点附近工作。

1. 低地球轨道系统

低轨道卫星是实现利用手持机进行移动通信的手段,此类卫星轨道低,环绕周期与地球自转不同步。从地面上任何一点看,卫星总是移动的。因此,必须设置多个轨道、多颗卫星,以保证任意时刻在某一点上空均有卫星出现。卫星和卫星之间通过星间链路连接，可构成环绕地球上空、不断运动但能覆盖全球的卫星网络。

低地球轨道卫星移动通信系统与高轨、中轨系统不同，与地面蜂窝系统也不同，具体表现在：

- 通话时延小。低轨卫星距地球表面距离近，与移动用户间距离短，因此移动用户可使用天线短、功率小、重量轻的手机，且通话时的时延比静止轨道卫星小得多。
- 移动基站。低轨卫星的作用相当于陆地蜂窝移动通信中的基站，其覆盖范围构成小区。而卫星移动使其覆盖的地面小区也是移动的，且速度很快。如铱系统仅 9 分钟即从地面掠过，而地面移动用户相比之下则可视为静止。这和地面蜂窝系统基站不动、用户移动恰好相反，所以又被形象地称为倒置蜂窝系统。
- 越区切换。由于卫星移动使地面小区移动，因此越区切换同样存在，只不过是小区穿过用户，而不是用户穿过小区。
- 控制覆盖。低轨卫星覆盖的小区面积与卫星离地面的高度有关。在同一轨道中，在赤道上空和在南、北极上空的卫星高度不同，覆盖面积不同，因此为了实现全覆盖且不重复，必须控制卫星波束的开放与关闭。

低轨道卫星移动通信系统于 20 世纪 90 年代初期初具规模，是目前移动通信卫星发展的一大热点。世界上有不少国家提出并发展了低轨道卫星移动通信系统。下面介绍几个典型的系统。

1) 铱(Iridium)系统。铱系统是美国 Motorola 公司推出的全球移动通信系统，设计之初把铱的原子序数 77 作为卫星数量，后来改为 66 颗，分布在六个圆形极轨道平面上，轨道高度为 765 km，每一轨道平面上均匀分布 11 颗卫星，用户链路为 L 波段，而控制链路为 Ka 波段。铱系统的多址方式为 FDMA/TDMA，可提供话音、数据、传真、定位和全球寻呼业务。

铱系统突出的特点是采用了先进的"星间链路"技术，使其在系统结构上具有不依赖于现有地面通信网络的支持即可建立全球移动通信系统的能力。"星间链路"使系统具有空间交换和路由选择的功能，共有 4 条，分别形成与同一轨道平面前后相邻(距 4 027 km)的两颗卫星之间及相邻轨道面的前后两卫星之间(最大距离 4 633 km)的双向星际联系。

从 1987 年至 1998 年共 11 年间，铱星公司投资 57 亿多美元先后将 66 颗工作卫星及 6 颗备用卫星发射上天，并于 1998 年 11 月正式商业运营，是全球个人通信的里程碑，为此铱星公司获得了 1998 年度世界电子科技大奖。但由于系统耗资太大，市场定位及预测不准，终端价格及使用费用过高，再加上陆地蜂窝系统的迅速发展，公司运营出现巨额亏损。2000 年 3 月铱星公司宣布破产，铱星系统一度停止运营。2000 年 12 月系统重新投入运营至今。

2) "全球星"系统。"全球星"(Global Star)系统利用与地面公共网联合组网的形式实现全球通信，可提供话音、数据、传真及无线电定位业务。由于不单独组网，未利用星间链路，可以最大限度地发挥地面公共网的作用，从而降低了通话费。

该系统由 48 颗分布在 8 个轨道平面的卫星组成，运行高度为 1 414 km，备用卫星为 8 颗，卫星运行周期为 114 分钟，由 6 个点波束在地面形成椭圆形的小区覆盖。用户采用 CDMA 技术接入系统，在同一频率上同时通话的用户可达 20 个，且有保密功能。

"全球星"系统自 1998 年 2 月开始发射卫星，至 1999 年 11 月全部建成，由"全球星"公司运营,为 120 多个国家和地区提供服务。中国卫通中宇卫星移动通信有限公司作为全球星公司在国内的独家业务提供商,在北京建有关口站。

3) 白羊系统(Aries)。该系统是美国 Constellation-Communication Inc 推出的投资少、容量小的低轨全球卫星移动通信系统,共由 4 个圆形极化轨道平面上的 48 颗卫星组成,卫星运行高度 1020 km,并以单波束覆盖地球表面近 5 000 km 的范围。它可提供 50 条信道,用户至卫星采用 L 波段的单路单载波方式,以 CDMA 技术接入;而卫星至用户的下行链路工作于 S 波段,控制链路采用 C 波段。

4) 柯斯卡(Coscon)系统。该系统是由俄罗斯设计的用 32 颗卫星组成的低轨系统,共 4 个 1 000 km 高的轨道平面,各有 8 颗卫星。星间链路工作于 S 频段,卫星与移动用户之间的链路用 UHF 波段,上行频带分为 8 个子频带,在每个子频带内实施 TDMA 方式。

2. 中地球轨道系统

对于中地球轨道系统,地面终端设备的天线仰角可在 30°以上工作。每颗卫星对其覆盖地区的服务时间比低轨道卫星长,因此系统的控制和切换均较简单。例如,美国 TRW 公司推出的奥德赛系统(Odyssey)由 12 颗卫星组成,高度为 10 370 km,在三个倾斜圆轨道上可提供 230 万个用户的话音服务。每颗卫星具有 19 个波束,与用户交互数据的频段为 S 和 L 频段。

3. 静止轨道系统

静止轨道系统利用 GEO 卫星实现区域卫星移动通信,一般而言仅需一颗卫星(最多加一颗备份卫星),因此,无论从建网周期,发射费用,还是从系统造价方面看都比中、低轨道全球卫星移动通信系统小得多。下面介绍几个典型实例。

1) 北美卫星移动通信系统(MSAT)。MSAT 是全球第一个区域性卫星移动通信系统。1983 年,加拿大通信部和美国宇航局达成协议,联合开发北美地区的卫星业务,加拿大 TMI 公司和美国 AMSC 公司负责该系统的实施和运营。卫星 MSAT-1 和 MSAT-2 均采用美国 AMSC 的 HS-601 卫星平台和加拿大 TMI 的有效载荷,两星互为备份,轨道高度 36 000 km,均可覆盖加拿大和美国的几乎所有地区,也覆盖墨西哥和加勒比群岛。

1995 年 4 月 7 日和 1996 年 4 月 21 日,分别发射了美国 MSAT-2 和加拿大 MSAT-1 卫星,可提供电话、电报和文件传送服务,卫星和地面站之间采用 Ku 频段(14/12 GHz),卫星与移动站之间采用 L 频段。卫星发射功率高达 2 800 W 以上,天线覆盖区的直径为 5 500 km,有 4 000 个信道,卫星设计工作寿命为 12 年。

MSAT 系统主要提供两大类业务:一类是面向公众通信网的无线业务;另一类是面向专用通信网的专用通信业务。具体可以分为以下几种:

- 移动电话业务(MTS)——把移动的车辆、船舶或飞机与公众电话交换网互相连接起来的语音通信;
- 移动无线电业务(MRS)——用户移动终端与基站之间的双向话音调度业务;
- 移动数据业务(MDS)——可与移动电话业务(MTS)或移动无线电业务(MRS)结合起来的双向数据通信;
- 航空及航海业务——为了安全或其它目的的话音和数据通信;

- 终端可搬移的业务——在人口稀少地区的固定位置上使用可搬移的终端为用户提供电话和双向数据业务；

- 寻呼业务；

- 定位业务。

2) 亚洲蜂窝卫星通信系统(ACeS)。亚洲蜂窝卫星系统(Asia Cellular Satellite,简称ACeS,俗称亚星),以印尼的雅加达为基地,覆盖了东南亚 22 个国家,包括日本、中国、印度和巴基斯坦。该系统由印尼、泰国和菲律宾的三家公司的国际财团开发,投资 10 亿美元。

静止轨道卫星移动通信系统可以为有限的区域提供服务,并支持手持机通信。这对发展中国家具有尤其特殊的意义,不仅可为该地区提供移动通信业务,而且可以用低成本的固定终端来满足广大地区的基本通信要求。地面通信网在这些地区的建立所需投资大、周期长,而业务密度低,经济效益也很低。

北美的 MSAT 系统只能支持车载台(便携终端)或固定终端。由印度尼西亚等国建立的 ACeS 系统则是可支持卫星/GSM900 双模的话音、传真、低速数据、因特网服务及全球漫游等业务的卫星移动通信系统。该系统可覆盖东亚、东南亚和南亚,超过 1 100 万 mi^2(1 mi=1.609 3 km),覆盖区总人口约 30 亿,其卫星 Garuda-1 于 2000 年 2 月 12 日发射,运行寿命 12 年,Garuda-2 发射作为其备份使用,共可支持 200 万用户服务。

3) 瑟拉亚(Thuraya)系统。Thuraya 系统的卫星网络提供包括欧洲、中非、北非、南非大部、中东、中亚和南亚等 110 个国家和地区的卫星电信服务,约涵盖全球 1/3 区域、23 亿人口。Thuraya 卫星通信公司总部设在阿联酋阿布扎比,其系统拥有 3 颗卫星,可提供语音、短信、数据(上网)、传真、GPS 定位等业务。

Thuraya 卫星分别于 2000 年、2003 年、2007 年发射,均为波音公司制造,设计寿命为12年。

8.4.2 按应用领域划分

卫星移动通信系统按应用领域划分可分为海事卫星移动通信系统(MMSS)、航空卫星移动通信系统(AMSS)、陆地卫星移动通信系统(LMSS)。

1. 海事卫星移动通信系统

国际海事卫星组织 INMARSAT 于 1979 年 7 月 16 日正式成立,总部设在英国伦敦。中国是创始成员国之一。卫星运行在四个区域,包括太平洋、印度洋、大西洋东区和大西洋西区。目前卫星已发展了四代,具有点波束覆盖功能,并支持宽带全球区域网无线宽带接入业务,可满足日益增长的数据和视频通信需求,尤其是宽带多媒体业务。

2. 航空卫星移动通信系统

AMSS 的主要用途是在飞机与地面之间为机组人员和乘客提供话音和数据通信。利用卫星进行航空移动通信早在 1964 年就已提出,但由于技术、经济、国际合作、所有权和经营权等方面的问题而拖延,1988 年才在国际海事卫星上进行了飞行通信实验。在 1991 年,海事卫星通过在新加坡、挪威和英国的三个地球站,与太平洋、印度洋和大西洋上空的飞机进行通信。

3. 陆地卫星移动通信系统

LMSS 的用途主要是针对陆地上的移动用户,尤其是幅员辽阔并且山区和沙漠占很大比重的国家,地面蜂窝移动通信系统不能覆盖。美国、加拿大、澳大利亚等国家均在开发和研究,并取得了很大的成就。

8.4.3 按通信覆盖区域划分

按卫星移动通信系统的覆盖区域进行划分,主要有全球性卫星移动通信系统、区域性卫星移动通信系统等。

1. 区域性卫星移动通信系统

区域性卫星移动通信系统主要采用地球静止轨道移动通信卫星,如 INMARSAT。第一代 INMARSAT 使用欧洲海事通信卫星 MARECS、国际通信卫星-V 上的海事通信分系统以及美国 3 颗海事卫星 MARISAT,第二代 INMARSAT 由英国宇航公司研制,第三代 INMARSAT 由美国通用电气公司制造。此外,美国 AMSC 和加拿大 TMI 公司合作的 MSAT,印度尼西亚的 ACeS 系统等,均可称为区域性移动通信系统。

2. 全球性卫星移动通信系统

全球性卫星移动通信系统则主要采用中、低轨道移动通信卫星,如前面介绍的铱系统和"全球星"系统。

此外,按照用途区分,卫星通信系统可以分为综合业务通信卫星、军事通信卫星、海事通信卫星、电视直播卫星等;按照转发能力区分,卫星通信系统可以分为无星上处理能力卫星系统和有星上处理能力卫星系统。

8.5 卫星移动通信系统的传输技术

本节主要介绍卫星移动通信系统应用的几种重要的信号传输技术。这些技术在其他的移动通信系统中也广泛应用,但由于信道特点不同,在卫星移动通信系统中有着自己的特色。

1. 数字调制技术

在卫星移动通信系统中,一般要求调制解调技术有较高的功率利用率和频带利用率,此外由于卫星通信信道的非线性,还要求调制是恒包络调制。因此,卫星移动通信系统主要采用的是功率利用率高的移相键控(PSK)调制及其衍生形式,使用最广的是四相移相键控(QPSK)调制方式。

2. 差错控制技术

在卫星通信系统中,广泛采用差错控制技术来提高系统的抗干扰能力和在卫星功率受限情况下的通信容量。常用的方式是在低层协议中采用循环冗余校验(CRC)和前向纠错

(FEC)技术,在高层协议中采用分组接收对数据传输提供附加保护,防止出现差错。卫星通信普遍使用前向纠错技术来解决信号传输时延大的问题,同时大量应用维特比译码以获得更高的编码增益,提高信道抗干扰的能力。

3. 多址技术

多址技术是指在卫星覆盖区内的多个地球站,通过同一颗卫星的中继建立两址和多址接入的技术。目前,实用的多址技术有频分多址(FDMA)、时分多址(TDMA)、码分多址(CDMA)、空分多址(SDMA)、随机多址(ALOHA)和预留随机多址(R-ALOHA)。其中空分多址作为卫星移动通信系统的特色技术得到广泛应用。

4. 均衡技术和分集接收技术

和其它移动通信系统一样,卫星移动通信系统也采用了均衡技术和分集接收技术。均衡技术用以减小码间干扰,采用自适应均衡器实时跟踪移动通信信道的时变特性。分集接收技术则用来改进链路性能,是抵抗移动通信特有的多径干扰的一种有效接收技术,被各种卫星移动通信系统所采用。

8.6 卫星移动通信系统的发展趋势

从目前的形势来看,卫星移动通信系统的发展趋势主要表现在如下几个方面:

1）系统所提供的应用领域包含海、陆、空等,趋于向综合方面发展。

2）系统所提供的业务趋向于多样化,不仅具有话音、数据、图像等通信功能,还具有导航、定位和遇险告警、协助救援等功能。

3）系统面向全球应用,与各国家的自由通信系统要实现互联互通,统一标准规范,且需要通过广泛的国际合作来共同投资、共同运营、共同收益与抵御风险。

4）系统的卫星主要趋向于低轨道小型卫星,发展多波束扫描技术、星间链路技术和大功率固态放大器技术等。

5）对于应用移动终端,主要是开发小型、低成本且与地面蜂窝通信相结合的设备,解决天线、单片集成电路等问题。

6）卫星移动通信系统的建立所需的频率资源还需要全人类共同去挖掘、发现。

下面着重从系统与蜂窝网及与导航定位结合方面介绍其发展趋势及应用。

8.6.1 卫星移动通信系统与蜂窝网系统的结合

蜂窝网是用于人口稠密地区的移动通信系统,而卫星移动通信系统是更适用于边远、人口密度小的地区的移动通信系统。两者具有互补的优势,但是各自独立发展,体制上没有统一。例如,卫星移动终端进入市区,无法利用蜂窝网通信,必须依旧和卫星通信,经过地面网关站才能进入蜂窝网;反之,蜂窝网的移动用户到了边远无基站的区域,则无法进入卫星移动网,不能实现通信。

卫星移动通信系统若要与蜂窝网结合,则要使终端设备相融合。用户的设备变为双模式,即可作为蜂窝与卫星网的双重功能终端使用,使之根据需要进入这两个网络之一。当然,不能仅仅将两类终端简单叠加,而应该是大部分元件可以共用,结合为一个完整的终端。对于两个网络来说,其系统体制应尽量保持一致,如多址方式、语音编码、纠错编码、调制方式等,射频部分也要求一致或接近。

除了终端方面的结合外,系统级的结合也是实现卫星移动通信与蜂窝网结合的手段之一,即可将卫星系统视为蜂窝网的一个(或多个)覆盖区,将卫星的每一个转发器视为这些区的基台,按一个完整系统来编号,是两个网络的最高级融合。基于此类结合,两个网络间的用户通话就只作为两个区之间的用户通话来处理了,其通信规程和信令则要求统一。

8.6.2 卫星移动通信与导航定位的结合

利用卫星实现导航定位是从上世纪六十年代开始发展起来的,美国利用人造卫星与地面的信息传递,实现了地面用户到卫星之间距离的测量,从而解决了大范围甚至是全球范围内用户的定位与导航功能,在人们的日常生活、军事战争中发挥了重要的作用,对整个人类的发展也起到了不可磨灭的作用。目前,美国建立的GPS是主要的导航定位服务提供系统,它利用了天空中运行的移动卫星,但不提供通信功能。利用卫星移动通信实现用户的定位导航,中国区域定位系统(CAPS)是最典型的代表。另外,中国的北斗一代导航定位系统除了有导航定位服务外,还有卫星移动数据传输功能,也可看作卫星移动通信与导航定位的结合实例。铱星系统在美国正在被研究用来作为GPS的信号增强系统使用,也可看作两方面结合的一个新发展趋势。

1. 北斗一号卫星定位导航系统

北斗一号卫星定位导航系统是1983年由我国著名专家陈芳允院士提出的,是利用两颗相对于地球静止的卫星来实现定位导航的系统,又称为双星定位导航系统。我国分别于2000年10月31日和12月21日成功发射了两颗"北斗一号"地球静止轨道卫星,2003年5月25日,我国成功将第三颗"北斗一号"导航定位卫星送入太空。三颗卫星组成了完善的卫星导航定位系统,建立了覆盖中国的区域性卫星导航定位系统,可全天候、高精度、快速地实现定位、通信和授时三大功能,为服务区域内任何用户在任何时间和地点确定其所在位置的三维位置和速度,其双向通信功能使其可广泛应用于海陆空运输、野外作业、水文测报、森林防火、渔业生产、勘察设计、环境监测等众多行业。第三颗北斗卫星的升空,标志着我国成为继美国、俄罗斯之后第三个建立了完善卫星导航系统的国家。

北斗一号系统分为空间部分和地面部分,空间部分由两颗地球同步的导航卫星和一颗在轨备用卫星组成,地面部分由一个中心控制站、若干个卫星定轨标校站、差分定位标校站和测高标校站及用户机组成,如图8.3所示。

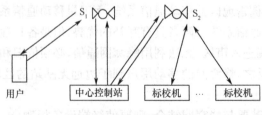

图 8.3 北斗一号系统构成

两颗卫星分别定点于东经 $80°$ 和东经 $140°$，带有信号转发器，用于转发出站信号和入站信号，即地面中心至卫星链路和用户机至卫星链路。中心控制站用于接收定位通信申请，完成测距、定位、授时和通信的信号处理，发送导航电文，监视和控制整个系统的工作情况。定轨标校站为卫星精密测量提供基准数据，差分定位标校站提供差分用的基准数据，测高标校站为气压测高法提供基准数据。用户机是收发机，利用收发天线接收卫星转发来的信号，也发送定位通信申请，但不含有定位解算处理器。

北斗一号系统采用三球交会测量原理进行定位，即分别以两颗卫星球心到用户的距离为半径做两个球面，再以地球质心为球心到用户的距离为半径做一个球面，三个球面的交点则为用户可能的位置，求解坐标时排除镜像点即可。卫星至用户的距离利用信号传播时间来计算，地心至用户的距离则可用中心站的数字地形图查询或用气压高度表测量。其基本的用户位置坐标 (x_0, y_0, z_0) 计算公式为

$$(x_{s1} - x_0)^2 + (y_{s1} - y_0)^2 + (z_{s1} - z_0)^2 = R_{s1}^2 \tag{8.1}$$

$$(x_{s2} - x_0)^2 + (y_{s2} - y_0)^2 + (z_{s2} - z_0)^2 = R_{s2}^2 \tag{8.2}$$

$$(x_e - x_0)^2 + (y_e - y_0)^2 + (z_e - z_0)^2 = R_e^2 \tag{8.3}$$

其中 (x_{s1}, y_{s1}, z_{s1}) 与 (x_{s2}, y_{s2}, z_{s2}) 分别表示卫星 1 和卫星 2 的坐标，R_{s1}，R_{s2} 为用户至两颗星的距离，(x_e, y_e, z_e) 为地球质心的坐标，R_e 为地球质心至用户的距离。上式中右端的三个距离可测出，卫星和地心坐标也是已知的，因此上式可以求得唯一用户位置坐标。

北斗一号系统的工作过程为集中式信号处理，其定位、授时和通信功能均由中心站统一处理，根据用户请求的类型执行相应的操作。信号流程如图 8.4 所示。中心站持续发射特定频率的伪码扩频信号，经两颗 GEO 卫星转发给覆盖区内所有用户。若用户需要定位服务，则发出申请，即发送入站信号，经 GEO 卫星转发至中心站，中心站收到信号后解调出相应信息，测量用户至两颗卫星的距离，求解出用户的地理坐标，经卫星 1 或 2 转发给申请用户。若用户申请的是通信服务，则中心站解调出相应内容后经由卫星 1 或 2 转发给收信用户。

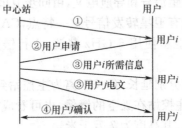

图 8.4　北斗一号系统的信号流程

对于授时服务，在北斗一号系统中共有两类：单向授时和双向授时。对单向授时来说，中心站在每一个周期内的第一帧数据段发送标准时间及其修正数据，用户接收此信号与本地时钟比对，求解出相互之间的差值，然后调整本地时钟与标准时间对齐。如果用户将比对结果经卫星转发回地面中心站，由中心站精确计算两个时钟的差值，再由卫星 1 或 2 转发给用户，用户用此差值修正本地时钟，则称为双向授时。

北斗一号用户机的最基本功能是发出定位及通信请求，并接收中心站的定位和通信结果，按其功能可分为 5 种不同类型，分别用于不同的场合。

1) 通用型:适合于一般车辆、船舶及个人,便于用户的导航定位应用,可接收和发送定位及通信信息,与中心站及其他用户终端进行双向通信;

2) 通信型:适合于野外作业、水文测报、环境监测等各类数据采集和数据传输,用户可接收和发送短信息、报文,与中心站和其他用户终端进行双向或单向通信;

3) 授时型:适合于授时、校时、时间同步等用户,可提供 20 ns 双向授时和 100 ns 单向授时精度;

4) 指挥型:适合于小型指挥中心指挥调度、监控管理等应用,具有鉴别、指挥下属其他北斗用户机的功能,可与下属北斗用户机及中心站进行通信、接收下属用户的报文,并向下属用户发播指令;

5) 多模型:既能接收北斗卫星定位和通信信息,又可利用 GPS 系统或 GPS 增强系统导航定位,适合于对位置信息要求比较高的用户。

不管是哪一种类型的用户机,其发射信号频率为 L 波段,接收信号频率为 S 波段,信息传输速率 8 kbps,平均功率小于 10 W,位置信息延时 1 s,短信传输延时 5 s。

与 GPS 相比,北斗一号是中心站定位,其用户设备可以非常简单,系统的中心站一升级后就可以使用户方便地获取优越的性能。另外,GPS 是开环系统,接收机被动地接收卫星发送的信号,处理后获得定位,授时信息,但无通信能力;北斗一号系统是一个闭环系统,即用户到中心站再到用户才能完成一次定位、通信或授时任务,用户具有通信能力。

2. CAPS

中国区域定位系统(CAPS)是最为典型的卫星通信与导航功能的结合。其基本出发点是利用天空中已有的通信卫星,解决导航卫星研制费用高和周期长的问题。另外,在地面站设置高稳定度原子钟,避开了当前我国缺乏星载高精度原子钟的困境。同时,在现有通信卫星系统上增加导航定位功能,也是对已有资源的再利用,是现有通信卫星系统的增值业务。

1) CAPS 系统构成及信号物理过程。CAPS 主要是利用同步通信卫星进行导航定位,地面设置主控站向卫星发送测距信号和导航电文,由同步卫星转发给用户,图 8.5 为其基本构成示意图。由于系统利用现有卫星转发信号这一特点,CAPS 也称为转发式卫星导航系统。其上行链路即地面站至卫星使用 6 GHz 载波,下行链路即卫星至用户使用 4 GHz 载波。

如果将用户与卫星的连线分别延长,延长距离为主控站到卫星的距离,如图 8.6 所示。此时,延长后的端点可看成是主控站在天空的镜像,也可看成"虚拟卫星"。即对用户而言,信号如同从虚拟卫星发送出来,其高度为 7 万千米。

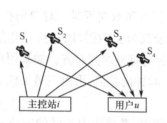

图 8.5 CAPS 基本构成

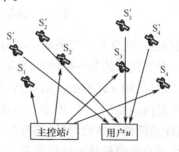

图 8.6 CAPS 虚拟星座示意图

2) CAPS 系统定位的数学方程。设地面站的坐标为 $p_i(x_i,y_i,z_i)i=1,2,\cdots,m$,空间转发器卫星的坐标为 $s_j(x_j,y_j,z_j),j=1,2,\cdots,n$,上述两组参数均可由导航电文得到。又假设用户坐标为 $U(x_u,y_u,z_u)$ 是待求量,则地面站 i 至卫星 j 的距离 r_{ij} 为

$$\gamma_{ij}=\sqrt{(x_j-x_i)^2+(y_j-y_i)^2+(z_j-z_i)^2} \tag{8.4}$$

卫星 j 至用户 u 的距离 p_{ju} 为

$$\rho_{ju}=\sqrt{(x_u-x_j)^2+(y_u-y_j)^2+(z_u-z_j)^2} \tag{8.5}$$

则地面站 i 经卫星 j 至用户 u 的距离为两者之和。

在 m 个地面站,n 个卫星的条件下,最多可获得 $n(m+1)$ 个观测方程,联立为方程组即可求解得到用户位置 $u(x_u,y_u,z_u)$。

习题

8.1 简述卫星移动通信系统的特点。

8.2 刺激卫星通信快速发展的动力主要有哪些?

8.3 简述卫星通信系统的各组成部分及其相应的功能。

8.4 常见的卫星移动通信系统的分类有哪些?

8.5 当前应用到卫星移动通信系统中的信号传输技术主要有哪几种?

8.6 试简述北斗一号系统工作时段信号的传输过程并画出流程示意图。

8.7 简述卫星移动通信系统的发展趋势。

第9章 深空通信技术概述

9.1 深空通信概述

从 1958 年至今，人类已经开展了 200 多次月球、火星以及其他太阳系天体的深空探测活动。进入 21 世纪后，随着航天科技和空间科学的迅速发展，在世界各主要航天国家和地区的未来空间活动战略和规划中，深空探测已经成为未来航天领域的主要发展方向之一。2007 年 10 月 24 日，我国嫦娥一号绕月探测卫星的成功发射，标志着我国已经迈出了深空探测的第一步。随着我国经济实力和科技实力的不断增强，展开对火星及太阳系内其他行星的探测必将成为我国未来深空探测的目标。在美国 2004 年 1 月对外公布的"新太空计划"和欧空局 2004 年 2 月对外公布的"曙光女神"超大规模深空探索计划中，都提出要首先对月球和火星开展大量的综合探测，同时验证实现载人登月和登陆火星所需的各项技术手段，最终将人类送上月球，并以此为基础和跳板将人类送上火星，从而进入更遥远的深空。

9.1.1 深空通信

国际电信联盟（ITU）于 1971 年 6 月 7 日至 7 月 17 日在日内瓦召开的世界无线电管理大会上规定：以地球大气层之外的航天器为对象的无线电通信，正式称为空间无线电通信，简称为空间通信。空间通信一般包括 3 种形式：

1) 地球站与航天器之间的通信；
2) 航天器之间的通信；
3) 通过航天器的转发或发射来进行的地球站之间的通信。

目前，国际上通常将空间任务划分为两种类型，并以距离地球表面 200 万千米的飞行高度作为分界线。根据空间数据系统咨询委员会（CCSDS）的标准建议，对于飞行高度小于该分界线的航天器，称为 A 类任务；对于飞行高度大于或等于该分界线的航天器，称为 B 类任务。深空通信就是在 B 类任务定义范畴内的空间通信，其主要工作内容是将深空测控站发送的遥控和测轨等信息正确、可靠地传输至深空探测器，并将深空探测器发送的遥测、测轨、图像、视频和科学数据等信息正确、可靠地传输至深空测控站。

9.1.2 深空通信的特点

考虑到深空探测活动的实际情况，深空通信通常具有以下几个特点：

1) 通信距离远。深空测控站与深空探测器之间的距离可达几十万到数亿万千米，甚至更远。无线电波在如此遥远距离上的传播损耗是巨大的，如果按 S 频段（2.5 GHz）、通信距离 50 万～5 000 万千米计算，自由空间损耗可达 214～254 dB。在深空探测器超远距离飞行条件下，应确保有限的发射功率可以进行可靠的通信。

2) 数据传输的误比特率较高。通信距离极其遥远导致接收信号极其微弱，从而增加了信息传输过程中出现差错的概率。

3) 复杂的通信环境。深空通信信道基本上是加性高斯白噪声信道(AWGN)。通信系统的噪声主要是高斯热噪声,提高通信可靠性的措施主要是针对高斯噪声进行的。此外,还应考虑宇宙中的噪声与干扰,在月球和其他行星上,其辐射温度和振动等环境比地面恶劣和复杂得多,应采用在低信噪比下能正常工作的技术体制。

4) 传输条件好。为了降低各种外部噪声对通信的影响,无线电波工作频率应在一个合适的范围内,在这个范围内的噪声最低,对通信的质量也影响最小。总的外来噪声在1 GHz~10 GHz之间比较小,在电波传播受噪声影响的条件下,这一频率范围称为"电波窗口"。目前深空通信的工作频率多处于这个范围。

5) 非对称的信道带宽。对于深空通信而言,通信带宽是非对称的,上行链路的带宽要比下行链路的带宽窄,有1~2个数量级的差异。

6) 工作频率高,可用频带宽。以往的深空通信系统工作于S和X频带。为了提高通信系统的增益和减小天线的尺寸,新的系统将提高到Ka频段。我国的探月卫星采用S频段,而美国的火星探测器通信系统采用X频段进行火星与地球的通信。

7) 传输时延大且多变。由于通信距离远而带来传输时延大,因此遥控指令传输需考虑到传输时延;而对深空探测器采集到的图像、视频和科学数据,可先将这些数据取样存储起来,然后再慢速传输到深空测控站,传输速度减慢意味着发射功率降低,这成为克服巨大距离损耗的措施之一。

8) 空间的通信用户数量比地球上的少。目前,深空探测器数量较少,比地球上通信系统的用户数量少得多。因此,用户之间的干扰较少,对频率资源的使用限制较少,可充分使用频带,并且多为点对点的通信。但是,随着国际上深空探测活动的深入开展,深空探测器的数量将不断增加,频率资源的占用率问题也必将成为制约深空通信发展的一个重要因素。

9) 费用高。深空通信是一种很昂贵的通信方式,这使得复杂的编译码技术成为必需的选择。

10) 全天候工作能力。无论在什么时间、什么样的地面气候条件下,通信设施和航天器之间应始终保持不间断的联系。

9.1.3 深空通信的难点

深空通信的上述特点使其具有以下难点:

1) 遥远的距离挑战探测距离极限。深空探测的距离远,到达宇航器和地面的信号都非常微弱,如何弥补深空测控通信的距离衰减是深空测控通信系统面临的困难之一。

2) 无线电波传输耗时巨大。与近程测控通信相比,深空通信单程的时间延迟大大增加。例如:地球到月球的单程通信时延为 1.35 s,地球到火星的单程通信时延为 22.3 min。对于深空测量、控制和通信技术而言,实时控制和通信都很难实现。

3) 信息传输速率受限。由于深空通信存在巨大的距离损耗,很难通过单纯提高发射功率的方法来实现高速率数据传输,目前只能在中、低数据传输速率之下工作。

4) 高精度导航困难。在深空测控通信中主要依靠传统的多普勒测量和距离测量手段,获取高精度定位信息较难。随着目标距离的增大,角度测量引起的误差也很大。

5) 长时间连续跟踪的困扰。由于地球自转,单个地面测站可连续跟踪测量深空探测器8~15 h,为了增加对探测器的跟踪测量时间,需要在全球布站。

9.1.4 深空通信的技术指标

美国是世界上最早开展深空探测并具备深空通信能力的国家之一。由美国国家航空航天局(NASA)负责管理的深空网(Deep Space Network,DSN)是目前世界上规模最大的测控通信网络。下面主要以美国 NASA 的深空网为例,简要介绍深空通信的术语和技术。

1. 信噪比

深空网必须能够从自然界的电磁辐射信号和人为因素所产生的辐射信号组成的背景噪声中检测出航天器发出的信号。通常用信噪比(SNR)来表示航天器发射信号功率与背景噪声功率之比。对深空网来说,信噪比是描述通信链路质量的重要指标之一。

2. 使用频带

射频辐射频率在 $10\sim100$ GHz 之间,为处理和使用方便,射频辐射频率被划为不同的段,称之为频段。频段进一步划分为较小的频率范围,即频带形式。对于深空通信的使用频带而言,频带的划分依据《无线电规则》等国际约定。

表 9.1 划分了无线电频段所对应的频率和相应的波长范围,表 9.2 则给出了用于深空研究的无线电频率划分。

表 9.1   无线电频段所对应的频率和波长

频段命名	波长/cm	频率/GHz
L	15~30	1~2
S	7.5~15	2~4
C	3.75~7.5	4~8
X	2.5~3.75	8~12
K	0.75~2.5	12~40

表 9.2   用于深空研究的无线电频率划分表

划 分 频 段	描 述	业 务
2 110~2 120 MHz	划分给空间研究(深空)业务的地对空方向	主要业务
2 290~2 300 MHz	划分给空间研究(深空)业务的空对地方向	主要业务
5 650~57 350 MHz	划分给空间研究(深空)业务	次要业务
7 145~7 190 MHz	使用仅限于深空	主要业务
8 400~8 450 MHz	使用仅限于深空	主要业务
12.75~13.25 GHz	划分给空间研究(深空)业务的空对地方向	次要业务
16.6~17.1 GHz	划分给空间研究(深空)业务的地对空方向	次要业务
31.8~32 GHz	划分给空间研究(深空)业务的空对地方向	主要业务
32~32.3 GHz	划分给空间研究(深空)业务的空对地方向	主要业务
34.2~34.7 GHz	划分给空间研究(深空)业务的地对空方向	主要业务

早期用于深空探测的航天器使用 L 频段进行深空通信。随后的一些年里，S 频段代替了 L 频段用于深空通信。后来若干年，X 频段在深空通信中被广泛采用。实验表明采用 K 频段(可进一步划分为 Ku 频段、K 频段和 Ka 频段)的通信系统具有一定的优越性。一般而言，频段越高，对空间通信就越能展现更大的优越性。

3. 多普勒效应

深空网的地面跟踪站所接收到的航天器无线电信号的频率或波长，通常会发生一定的变化，这一现象称为多普勒效应，所产生的频率变化称多普勒频移。在深空任务中，由于航天器绕天体轨道的变化及地球自转的影响，航天器与地面跟踪站之间的相对运动产生了多普勒效应。

4. 上行链路和下行链路

无线电信号从深空网天线传输到遥远的航天器所经链路称为上行链路，相反地，无线电信号从航天器传输到深空网所经链路称为下行链路。上行和下行链路由各种调制信号所在载波组成，这些调制信号包含了传输的信息、控制命令以及遥测数据等。通信联络仅包含下行链路，这种链路称为单向链路，这种通信方式称为单向通信方式。航天器接收上行链路信号的同时深空网接收下行链路信号，这种链路称为双向链路，这种通信方式称为双向通信方式。这两种通信方式在深空通信中发挥着重要作用。

5. 信号功率

航天器发射功率往往有限制，这样信号到达地球时功率就会非常小。如何跨越百万千米把一个可接收的信号传输到深空接收机是要解决的问题。在过去的 40 年里，深空网地面段采用先进的天线技术(如大孔径天线)和接收机(如超敏感低噪声接收机)使得深空通信信息传输质量提高了几个量级。

6. 相干性

下行链路信号除了用作传输调制的遥测数据以外，还用于承载深空网跟踪航天器的有关数据和无线电科学实验数据。下行链路信号的这些应用要求在一段时间内，从载频为 GHz 级中检测出 Hz 级的载频变化。这就需要下行链路载波频率极其稳定，并且十分精确。因为航天器不可能搭载很大的设备来保证载频的稳定，这就要求深空通信要充分利用上行链路，使其具有载频稳定性。

7. 分贝

在深空网络中常使用的技术术语是分贝(Decibel，dB)。分贝是用于描述 2 个功率值比率的度量单位。功率比值为 10 对应的分贝值为 10 dB，功率比值为 100 对应的分贝值为 20 dB。深空网的高功率发射机、大型天线增益、接收机系统门限、激光放大器增益、信噪比、误比特率等参量都采用分贝来表示。

8. 调制和解调

航天器产生的数字形式的科学与工程数据调制到 S 频段和 X 频段的载波信号上,进而传送到深空网天线并发射出去。调制分两步:首先,原始信息调制到副载波频率,此时频率较低;然后,把副载波的调制数据调制到射频载波并发射出去。对航天器而言,就是通过航天器发射机和天线将射频信号发射并传输到地球;在接收站,处理过程相反。在传输过程中,大多数航天器采用了信道编码来应对由于噪声或者干扰所产生的差错。

9.2 深空通信系统组成

深空通信系统用于深空航天器与地面站之间的信息传输。典型的深空通信系统如图 9.1 所示,它有 3 个基本功能:跟踪、遥测和指令系统。

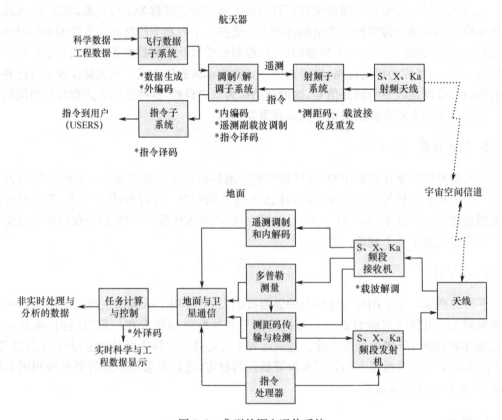

图 9.1 典型的深空通信系统

跟踪功能主要负责产生航天器位置、速度、无线电传输媒质和太阳系属性等信息,实现航天器轨道监视和航天器导航。遥测功能主要负责从航天器到地面的信息传输,这些信息通常由科学数据、工程数据和图像组成。指令系统负责从地面到航天器的信息传输,依靠指令来控制航天器。

1. 无线电跟踪系统

用于深空任务的无线电跟踪系统(简称跟踪系统)具有两个作用:

1) 获取有关航天器的位置和速度、无线电传输媒质以及太阳系属性的信息,这些信息对于航天器具有重要作用;

2) 向遥测和指令功能提供无线电载频和额外参考信号。

跟踪系统由用来产生无线电信号的设备和用来接收、跟踪和记录这些信号属性的设备组成。

2. 遥测系统

一个典型的深空通信遥测系统组成如图 9.2 所示。

图 9.2 典型的深空通信遥测系统框图

遥测发射机安装在航天器上,首先对数据进行能量高效的编码,然后对一个方波副载波进行相位调制,最后对一个正弦载波信号进行相位调制并发射出去。遥测接收机安装在地面站,接收机跟踪载波,并将截获的信号下变频到与参考信号相干的中频,然后副载波调制器集合(Subcarrier Demodulator Assembly,SDA)对信号再次进行变频到基带,并对副载波解调。SDA 输出是由符号同步器集合(Symbol Synchronizer Assembly,SSA)进行同步的,对于采用卷积码作为信道编码的系统,使用最大似然卷积码(Maximum Likelihood Convolutional Decoder,MCD)进行译码。

3. 指令系统

指令系统(Command System,简称 CMD 系统)用于地面向航天器提供航天器的动作操作。多任务指令系统(Multimission Command System,简称 MMC 系统)将进入任务操作中心(Mission Operations Center,MOC)生效的指令入口点扩展到航天器分系统的指令分配点,分配前进行了差错检测和校正。MMC 系统包含由 MOC、DSN、航天器指令检测器和译码器所执行的指令功能。指令系统实现多任务指令分发和计算功能,MMC 系统上行链路的组成如图 9.3 所示。

4. 航天器无线电频率子系统

对深空通信的 3 个功能而言,航天器无线电频率子系统(Radio Frequency Subsystem,RFS)是一个重要组成部分。RFS 是航天器无线电信号处理设备与控制和数据子系统的接口,并且具有和 DSN 之间的双向通信能力。

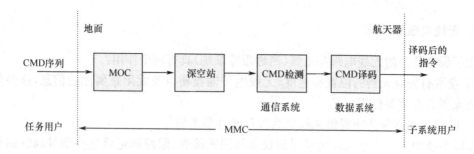

图 9.3　MMC系统上行链路组成框图

9.3　深空通信调制技术

一般来讲,深空通信中有待传输的信息信号是含有直流分量和低频分量的低通信号(基带信号),它们往往不能作为传输信号在无线信道中直接传输,必须采用一定的调制技术把基带信号转变为一个相对基带频率而言频率非常高的带通信号(已调信号),即把低频基带信号的频谱搬移到高频载波信号上,才能实现信息的传输。按照基带信号的形式不同,深空通信调制技术一般可以分为模拟调制和数字调制两大类。

深空通信除了需要进行信息传输外,还需要利用载波信号的多普勒频移来测量深空探测器与深空测控站之间的径向速度,因此通过载波信号频率变化来实现的 FM 调制一般不用于深空通信。此外,由于 AM 调制是通过载波信号幅度变化来实现的,这种方式不利于保持接收端信号功率电平的相对稳定,因此 AM 调制一般也不用于深空通信。PM 调制既不会使载波信号的频率随基带信号的变化而发生偏移,又不会使接收端信号功率电平随基带信号的变化而发生突变,因此是目前深空通信中应用最广泛的一种模拟调制方式。

在深空通信中,发射端采用的高功率放大器一般为非线性器件,具有"幅相转换(AM/PM)"效应,即当输入信号幅度变化时,能够转换为输出信号的相位变化,从而引入相位噪声,产生频谱扩展现象。因此,深空通信中调制后的信号波形应该尽量具有恒定的包络特性,即通常采用 FSK 调制和 PSK 调制,而很少采用幅度变化的 ASK 调制。

根据太空数据系统咨询委员会(CCSDS)和欧洲航天局(ESA)的标准建议,深空通信调制技术主要采用残留载波(Residual Carrier)和抑制载波(Suppressed Carrier)两种调制方式。残留载波调制的基本原理是首先采用 PSK 调制将一定码型(NRZ-L、NRZ-M 和 SP-L)的基带信号调制到频率较低的副载波上,然后采用 PM 调制以一定的调制指数将已调副载波再调制到高频载波上,从而实现整个调制过程,这种利用数字调制和模拟调制相结合的调制方式也称为"二次调制"。抑制载波调制的基本原理是将一定码型(NRZ-L、NRZ-M 和 SP-L)的基带信号直接调制到高频载波上,可选用的调制方式主要包括:BPSK 调制、QPSK 调制、OQPSK 调制和 GMSK 调制等。

在美国国家航天局(NASA)2001 年 4 月 7 日发射的奥德赛(Odyssey)火星轨道器、2003 年 6 月 10 日发射的勇气号(MER-A)火星探测漫游器和 2003 年 7 月 8 日发射的机遇号(MER-B)火星探测漫游器中,均采用了 BPSK 调制进行深空通信;在 NASA 于 2005 年 8 月 12 日发射的火星侦察轨道器(MRO)中,采用了 BPSK 调制、QPSK 调制和多进制频移键控(MFSK)进行深空通信。ESA 于 2002 年 8 月发布的研究报告指出,ExoMars09 火星探测器将采用残留载波调制和抑制载波调制两种方式进行深空通信,且当符号速率小于或等于 60 ksps 时,采用残留载波调制方式,当符号速率大于 60 ksps 时,采用抑制载波调制方式。

深空通信在选择调制技术时,必须权衡通信环境、数据完整性要求、数据延滞要求、用户接入、业务负荷和其它约束条件。1998 年,国际空间频率协调组织(SFCG)推荐了包括 PCM、QPSK、BPSK、MSK、GMSK、8PSK 和 FQPSK-B 在内的近 10 种用于空间通信的调制方法,但没有一种可以解决指定应用中的所有问题,因此空间通信所使用的调制技术还在不断发展之中。随着数字信号处理技术和微处理技术的发展,互相关网格编码正交调制(XTCQM)以及 OQPSK 和 FQPSK 等新型调制技术已经呈现出越来越广泛的应用前景。此外,MFSK(多进制频移键控调制)、8PSK、16APSK(16 阶幅相键控调制)等高阶调制方式也被应用于高速数据传输。

在深空通信中,国际上普遍推荐的恒包络调制技术包括 BPSK、QPSK、OQPSK、MSK 和 GMSK 等几种。其中,BPSK、QPSK 和 OQPSK 为相位不连续的恒包络调制技术,其已调信号的相位均存在±180°或±90°的跳变,从而导致信号在经过非线性器件放大时出现频谱扩展现象,但它们具有较高的功率利用率,因此在深空通信中被广泛应用;MSK 和 GMSK 为相位连续的恒包络调制技术,由于 GMSK 具有频谱利用率高的特点,因此又被称为带宽高效调制技术。目前,GMSK 已被国际上许多航天机构作为深空通信调制技术的重要应用方向。与相位不连续的恒包络调制技术相比,相位连续的恒包络调制技术具有已调信号的相位平滑变化的特点,因此在经过非线性器件放大时,不会导致频谱再生和波形失真。

在第 6 章对有关的调制技术已经做了详细的介绍,本章仅针对深空通信中常用的调制技术所涉及的解调方式做一说明。

9.3.1 相位不连续的恒包络调制技术

1. BPSK 调制与解调

在 BPSK 调制中,载波信号的相位随调制数据流的"1"或"0"而改变,通常用相位 0°和 180°分别表示"1"和"0"。BPSK 信号可以用直接调相法来产生,其基本原理就是利用平衡调制器将电平转换器输出的双极性 NRZ 二进制信号与载波信号直接相乘。

BPSK 信号的解调包括平方环和 Costas 环两种方法,都需要从接收到的信号中恢复出载波参考信号,实现对 BPSK 信号的相干解调。由于恢复出的载波参考信号可能存在 180°相位模糊,从而导致解调输出的基带信号出现极性反转,但该问题可以采用差分相移键控调制(DPSK)来解决。此时,发送方需要利用一个波形变换器先将 NRZ-L 码转换为 NRZ-M/S 码后再进行调制,接收方则需要利用一个由比特延迟器和乘法器组成的差分译码器来进行非相干解调。由于这种方法不需要恢复出载波参考信号,因此有效地避免了 180°相位模糊。此外,在实际应用中,利用事先已知的帧同步字排列图形来判断数据信息是否出现了"1"、"0"倒置,这种帧同步字匹配法也是消除 180°相位模糊的一种有效措施。

为了使 BPSK 信号接收解调时产生的错误概率最小,通常在接收机中使用匹配滤波器代替低通滤波器来对 BPSK 信号进行相关检测。匹配滤波器可以用一个积分清零器和一个采样保持器实现,它实际上是一种在最大化信号的同时使噪声影响最小的线性滤波器,其目标就是通过滤除噪声以使输出的信噪比尽可能大,但并不保证信号波形不失真。BPSK 匹配滤波器相关检测的工作原理见图 9.4 所示。

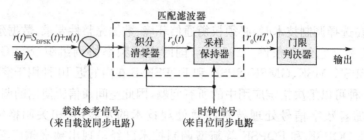

图 9.4　BPSK 匹配滤波器相关检测工作原理示意图

2. QPSK 调制与解调

QPSK 信号可以由两路 BPSK 解调器独立无关地解调和检出,其 I 支路和 Q 支路的噪声是独立无关的,因此 QPSK 系统与 BPSK 系统的误码率性能相同。QPSK 相干解调也存在 180°相位模糊问题,其解决办法是采用差分编码和译码或者采用帧同步字匹配法。QPSK 正交相干解调器的工作原理见图 9.5 所示。

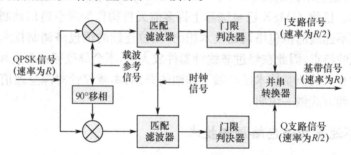

图 9.5　QPSK 正交相干解调器工作原理示意图

3. OQPSK 调制与解调

OQPSK 与 QPSK 的主要不同点是:OQPSK 的 $d_I(t)$ 和 $d_Q(t)$ 在时间起点上不再要求对齐,而是存在一个 T_b 的时移,$d_k(t)$ 分解成 $d_I(t)$ 和 $d_Q(t)$ 后不用存储,只需将奇数码位相对于偶数码位延迟一个 T_b 时间间隔。在 OQPSK 调制中,$d_I(t)$ 和 $d_Q(t)$ 两个数据流改变状态不是同时出现的,一路数据流的极性跃变只在另一路数据流符号位间隔的中间出现,因此 $d_I(t)$ 和 $d_Q(t)$ 在每个 T_b 时间间隔内的极性只有＋＋、＋－或－－、－＋两种组合情况,从而消除了 180°相位跃变出现的可能性,相位跃变只局限于±90°,且每 T_b 秒都可能发生变化。

OQPSK 信号可以采用与 QPSK 信号类似的方法进行解调和检出,只是需要在 Q 支路时钟信号中增加一个 T_b 延迟,因此 OQPSK 系统与 QPSK 系统的误码率性能相同。OQPSK 相干解调也存在 180°相位模糊问题,其解决办法是采用差分编码和译码或者采用帧同步字匹配法。OQPSK 正交相干解调器的工作原理见图 9.6 所示。

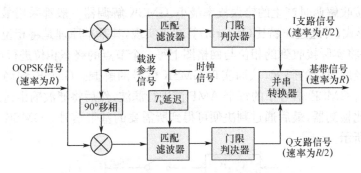

图 9.6　OQPSK 正交相干解调器工作原理示意图

9.3.2　相位连续的恒包络调制技术

1. MSK 调制与解调

MSK 调制采用半余弦脉冲信号来对输入的双极性 NRZ 二进制信号进行脉冲成形,除此之外其余过程均与 OQPSK 调制完全相同,因此从某种意义上讲 MSK 信号可以等价于 OQPSK 信号,所以 MSK 解调完全可以采用与 OQPSK 解调类似的工作原理。MSK 信号和 OQPSK 信号的表示形式及解调过程仅仅是所采用的脉冲波形不同而已,因此 MSK 系统与 OQPSK 系统的误码率性能相同。MSK 相干解调也存在 $180°$ 相位模糊问题,其解决办法是采用差分编码和译码或者采用帧同步字匹配法。MSK 正交相干解调器的工作原理见图 9.7 所示。

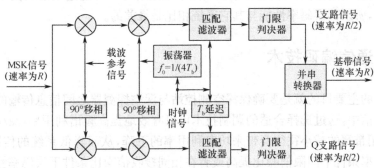

图 9.7　MSK 正交相干解调器工作原理示意图

2. GMSK 调制与解调

不同带宽效率的 GMSK 调制方式可以用高斯滤波器带宽 B 和码位持续时间 T_b 的乘积即 BT_b 因子来区分。一般来讲,BT_b 因子越小,GMSK 信号的占用带宽越小,但却会带来越大的码间串扰,从而导致系统的误码率性能降低。因此,BT_b 因子的选择必须在频谱利用率和误码率性能之间折中考虑。在 GSM 系统中,BT_b 因子一般取 0.25 或 0.3,而在深空通信中,根据 CCSDS 的标准建议,BT_b 因子通常取 0.5。此外,为了便于分析计算和物理实现,GMSK 信号通常采用劳伦(Laurent)于 1981 年提出的用多个相移调幅脉冲(AMP)流叠加的方法来表示。

为了保证接收解调时产生的错误概率最小,GMSK 解调器一般都采用最大似然序列估计(MLSE)的形式,并通过维特比(Viterbi)算法来实现,其基本原理是将相位随码元变化表示为网格图,并将实际接收到的相位与网格图上每一个节点的终态相位进行比较,然后选择出最小距离路径所对应的码元,从而实现 GMSK 信号的解调。GMSK 解调器利用 2^{L-1} 个匹配滤波器来对 GMSK 信号中的每个 AMP 流进行滤波,然后将滤波输出送入一个具有 2^L 个状态的维特比检测器,最后通过判决便可得到所需要的基带信号。GMSK 解调器的工作原理见图 9.8 所示。

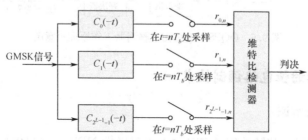

图 9.8　GMSK 解调器工作原理示意图

由此可见,基于 GMSK 信号的 AMP 表示法,其解调过程的复杂程度实际上取决于频率脉冲持续时间的长度 L。由于 GMSK 信号的绝大部分能量都集中在与 $K=0$ 和 $K=1$ 对应的两个等效脉冲上,因此可以仅使用两个匹配滤波器和一个四态维特比检测器来完成 GMSK 信号的解调,该简化 GMSK 解调器与更加复杂的最佳 GMSK 解调器相比性能十分接近,具有较高的实用价值。GMSK 系统实际上采用的是一种通过增加码间串扰来压缩频谱带宽的方法,所以其误码率性能与其它系统相比是最差的。

9.4　深空通信编码技术

深空通信的主要目的就是要确保深空测控站与深空探测器之间信息传输的效率和可靠性。在深空通信中,通过选择合适的调制技术可以有效地提高频谱利用率,减小已调信号占用带宽;但占用带宽的减小往往会带来功率利用率的下降,从而降低系统的信道容量,导致在相同数据速率条件下门限信噪比提高或者在相同接收信噪比条件下误码率性能降低。针对深空通信特点,选用合适的信道编码技术,可以最大限度地解决频谱利用率和功率利用率之间的矛盾,提高深空通信系统的可靠性。

根据 CCSDS 和 ESA 的标准建议,深空通信中推荐选用的遥测信道编码为 RS 码、卷积码和级联码,推荐选用的遥控信道编码为 BCH 码。20 世纪 90 年代,Turbo 码和 LDPC 码作为高效信道编码方法在深空通信中得到广泛关注,目前已成为深空通信中信道编码的主要研究方向。其中,Turbo 码是当今低码率通信中最好的编码方案,1/2 码率的 Turbo 码在误比特率为 10^{-5} 时距离香农限仅差 0.6 dB,而 LDPC 码在高码率通信中表现出了比 Turbo 码更为优异的性能和译码复杂度方面的优势。在 NASA 的奥德赛火星轨道器、机遇号和勇气号火星探测漫游器任务中,均采用了 RS/卷积级联码;在 NASA 的火星侦察轨道器任务中,采用 RS/卷积级联码、Turbo 码和 RS 码;在 ESA 的 ExoMars09 火星探测器任务中采用 RS/卷积级联码和 Turbo 码。此外,CCSDS 于 2007 年 9 月发布的橘皮书标准建议中,一种可用于深空通信的累积重复累积（Accumulate Repeat Accumulate，ARA）LDPC 码也已经被正式提出。近年来，随着深空通信高速数据传输需求的不断提高，将高阶调制技术和信道编码技术结合起来的网格编码调制技术（Trellis-coded Modulation，TCM）也得到了广泛的应用。

CCSDS 标准建议的深空通信信道编码及主要参数如下。

1. RS 码

深空通信中推荐采用的 RS 码，其主要参数如下：

1）$m=8$ 比特/RS 符号。

2）t 为一个 RS 码块中的纠错能力，可选 16 或 8 个 RS 符号。

3）$n=2^m-1=255$ 符号/RS 码块。

4）$2t$ 为一个 RS 码块（长度为 n）中校验信息所占的 RS 符号数量。

5）$k=n-2t$ 为一个 RS 码块中数据信息所占的 RS 符号数量。

6）域生成多项式：$P(x)=x^8+x^7+x^2+x+1$。

7）码生成多项式：$g(x)=\prod_{j=128-t}^{127+t}(x-\alpha^{11j})=\sum_{i=0}^{2t}g_ix^i,P(\alpha)=0$。其中，$\alpha^{11}$ 为 $GF(2^8)$ 上的本原元，g_i 可通过查表法获得。当 $t=16$ 时，$P(x)$ 和 $g(x)$ 代表 [255,223] RS 码；当 $t=8$ 时，$P(x)$ 和 $g(x)$ 代表 [255,239] RS 码。

8）符号交织：交织深度 $I=1,2,3,4,5,8$ 可选。当 $I=1$ 时，相当于不进行符号交织。RS 符号交织器的工作原理见图 9.9 所示，图中开关 S_1 和 S_2 按照 RS 编码器 $1,2,\cdots,I$ 的顺序以一个 RS 符号（8bit）的时间间隔同步取样。

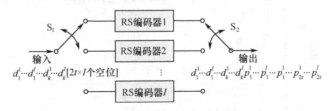

图 9.9　RS 符号交织器工作原理示意图

9）最大码块长度：$L_{\max}=(2^m-1)I=255I$（不含帧同步字）。当实际信息码块小于 $(255-2t)I$ 时，需要在码块同步标识之后和实际信息码块之间插入全"0"的虚拟填充，虚拟填充是不需要发送的，仅在编码器和译码器中分别设置。

2. 卷积码

深空通信中推荐采用的卷积码包括基本和筛孔两种类型。筛孔卷积编码器的基本结构与基本卷积编码器类似，只是取消 $G2$ 输出路径中的反相器，并利用特定的筛孔图形来禁止输出序列中的某些位，从而实现不同的编码速率（$R=2/3$、$3/4$、$5/6$ 和 $7/8$ 比特/符号可选），以达到提高编码效率的目的。筛孔卷积码可用于频谱利用率要求较高的场合，但由于其编码增益比基本卷积码低，因此在实际应用中通常采用基本卷积码，其主要参数如下：

1）编码速率：$R=1/2$ 比特/符号；

2) 约束长度：$M=7$ 比特；

3) 连接向量：$G1=1111001$（八进制 171）、$G2=1011011$（八进制 133）；

4) 符号反相：$G2$ 输出路径；

5) 输出序列：$C_1(1)$，$\overline{C_2(1)}$，$C_1(2)$，$\overline{C_2(2)}$，…。

3. "RS+卷积"级联码

在"RS+卷积"级联码中，通常将 RS 码作为外码，而将卷积码作为内码。这种级联码在 AWGN 信道中既具有抗随机错误的能力，又具有抗突发错误的能力，因此在深空通信中被广泛采用。

在飞往木星和土星的探险者号探测器（Voyager）中，NASA 采用了 [255,223] RS 码作为外码、1/2 编码速率的 [2,1,7] 卷积码和 1/3 编码速率的 [3,1,7] 卷积码作为内码的级联码方案，从而获得了与非编码系统相比约 7 dB 的编码增益。

4. Turbo 码

深空通信中推荐采用的 Turbo 码，其主要参数为：分量码数量为 2；分量码类型为递归卷积码；每个卷积分量码的状态数量为 16；编码速率 $R=1/2$、1/3、1/4 和 1/6 可选；信息位数 $k=1\ 784$、$3\ 568$、$7\ 136$ 和 $8\ 920$ 比特可选；编码序列长度 $n=(k+4)/R$ 比特（不含帧同步字）。Turbo 码在 BPSK 调制方式下的误码率性能如图 9.10 所示。

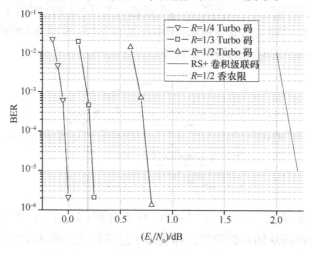

图 9.10　Turbo 码在 BPSK 调制方式下的误码率性能

5. LDPC 码

深空通信中推荐采用的 LDPC 码是一种 ARA 码，具体来讲就是 AR4JA（Accumulate-Repeat-4-Jagged-Accumulate）码，其主要参数为：编码速率 $R=1/2$、2/3 和 4/5 可选；信息位数 $k=1\ 024$、$4\ 096$ 和 $1\ 6384$ bits 可选；编码序列长度 $n=k/R$ 比特（不含帧同步字）。图 9.11 给出了 ARA LDPC 码在 BPSK 调制方式下的误码率性能。

AR4JA LDPC 码的构造过程采用块循环行列式（Block-Circulant）生成矩阵来完成矩阵乘法，其支持的编码速率为 $K/(K+2)$，因此 K 分别取 2、4 和 8 时，可依次对应于 CCSDS

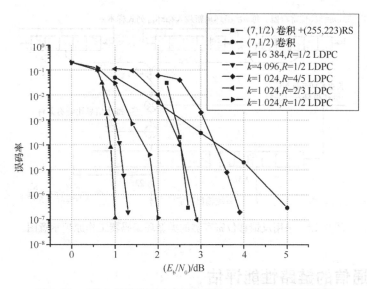

图 9.11　ARA LDPC 码在 BPSK 调制方式下的误码率性能

标准建议中推荐的编码速率 1/2、2/3 和 4/5。若在编码时考虑了删余列,则生成矩阵 G 的大小为 $MK \times M(K+3)$,其中 $M=k/K$;若在编码时忽略了删余列,则 G 的大小为 $MK \times M(K+2)$。生成矩阵 G 的构造过程如下:

1) 将校验矩阵 H 最后 $3M$ 列组成的 $3M \times 3M$ 子矩阵定义为矩阵 P,同时将校验矩阵 H 开始 MK 列组成的 $3M \times MK$ 子矩阵定义为矩阵 Q;

2) 采用模 2 运算法则计算矩阵 $W=(P^{-1}Q)T$;

3) 构造生成矩阵 $G=[I_{MK} \ W]$。其中,I_{MK} 为 $MK \times MK$ 的单位矩阵;W 是一个 $MK \times M(N-K)$ 的循环行列式稠密矩阵,N 可由编码序列长度 $n=MN$ 求得。对于 AR4JA LDPC 码,n 也等于 $MK \times (K+3)$。因此,当删余列在生成矩阵 G 中被忽略掉时,则可以将 W 表示为 $MK \times 3M$ 矩阵或者 $MK \times 2M$ 矩阵。

生成矩阵 G 是由大小为 $m=M/4$ 的循环行列式组成的块循环行列式矩阵,它拥有基于单项式和的紧凑结构,单项式形式为 $x^i (i \in \{0,1,\cdots,m-1\})$,其中 x^i 表示一个在第 1 行 $(j=0)$ 第 i 列、第 2 行 $(j=1)$ 第 $i+1$ 列以及第 $(i+j) \bmod m$ 行第 j 列均为"1"的循环行列式矩阵。其中,x^0 块循环行列式矩阵为单位矩阵。

由于对信息 m 进行编码需要计算 mG,而生成矩阵 G 是块循环行列式,因此可以利用 $2M/m=8$(对于所有编码速率)线性反馈移位寄存器以比特连续串行的方式高效完成编码过程,且每个移位寄存器的长度均为 $m=M/4$,其工作原理见图 9.22 所示。开始时,循环行列式第 1 行的二进制元素被置入移位寄存器。如果次序更高的单项式比每个移位寄存器的输入项都更接近输出项,则可以得到正确的输出。另外,在计算 mG 期间,被编码的第 1 比特为行向量 m 最左边的元素,当 m 比特到达且被循环移位后,循环行列式的下一行将被载入。编码在循环行列式的 MK/m 行被载入后完成。由于每个行向量的奇偶校验均需要 m 个时钟周期,因此总共需要 $k=MK$ 个时钟周期来完成每个编码序列的奇偶校验。图 9.12 所示的结构在概念上比较简单而且具有非常高的吞吐量(在 k 个时钟周期内可以完成 n 个码字比特的计算)。

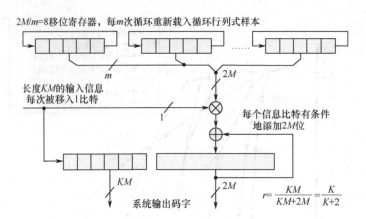

图 9.12 采用反馈移位寄存器的类循环编码器工作原理示意图

9.5 深空通信的链路性能评估

在深空通信中,由于深空探测任务具有工作距离远、信号电平弱的特点,无论采用哪种调制技术和编码技术,都必须通过信道估算的方法来选择合适的工作参数,否则探测器将无法与地面上的深空站之间建立正常的通信联系。信道估算是以通信方程为基础的,根据不同调制方式、信息速率、误码率要求以及设备指标参数所确定的接收解调门限,可以对通信链路的性能是否满足任务需求进行评估。通信方程可以表示为:

$$S/N_0(\text{dBHz}) = \text{EIRP}(\text{dBm}) + G_R/T_e(\text{dB/K}) - K(\text{dBm}) - [L_S + \Sigma L_i] \quad (9.1)$$

式中,S/N_0 为深空站接收到的信号噪声功率谱密度比,EIRP 为探测器发出的等效全向辐射功率,G_R/T_e 为深空站接收系统的品质因数,K 为玻尔兹曼常数($K = -198.6$ dBm),L_S 为路径损耗,ΣL_i 为各种损耗之和。

1. 路径损耗 L_S 的计算

路径损耗 L_S 与深空站对探测器的跟踪距离 ρ(km)和载波工作波长 λ(m)有关,计算公式如下:

$$L_S(\text{dB}) = 10\lg\left(\frac{4\pi\rho}{\lambda}\right)^2 \approx 81.987\text{dB} + 20\lg\frac{\rho(\text{km})}{\lambda(\text{m})} \quad (9.2)$$

2. 接收系统等效噪声温度 T_e 的计算

接收系统等效噪声温度 T_e 由三部分组成,即:

$$T_e = \frac{T_a}{L_\Phi} + T_0\left(1 - \frac{1}{L_\Phi}\right) + T_R \quad (9.3)$$

式中,T_a 为天线噪声温度,又称为外部噪声温度,包括三部分,即宇宙噪声温度、大气噪声温度和人为噪声温度。宇宙噪声温度主要由银河系热辐射产生,一般来讲 1~10 GHz,特别是 1~3 GHz 是宇宙噪声温度最低的频段;大气噪声温度主要由大气中的闪电引起,一般在 30 MHz 以下存在,对 2 GHz 以上的频段可以不考虑;人为噪声温度主要由电焊、电机旋转、电刷和整流器之间产生的火花引起,一般在 30 MHz 以下存在,对 2 GHz 以上的频段可以不考虑。L_{ϕ} 为馈线损耗,它与射频电缆或波导的长度和型号有关。T_0 为环境温度,一般取 290 K。T_R 为接收机的热噪声,它与接收机所采用的前置放大器(LNA)有关,其计算公式为 $T_R(\mathrm{K}) = 290(NF-1)$,其中 NF 为接收机的噪声系数,用自然数表示。

3. 各种损耗之和 $\sum L_i$ 的计算

各种损耗之和 $\sum L_i$ 由六部分组成,即

$$\sum L_i(\mathrm{dB}) = L_{tc} + L_{rc} + L_{tp} + L_{rp} + L_a + L_p \qquad (9.4)$$

式中,$L_{tc}(\mathrm{dB})$ 和 $L_{rc}(\mathrm{dB})$ 分别为发方馈线损耗和收方馈线损耗,如果 L_{tc} 已在 EIRP 中计算过,则在 $\sum L_i$ 中不再重复计算。$L_{tp}(\mathrm{dB})$ 和 $L_{rp}(\mathrm{dB})$ 分别为发射天线指向损耗和接收天线指向损耗,其取值与天线指向精度和天线波束宽度有关,且天线波束较宽时取值可以小一些,天线波束较窄时取值可以大一些。$L_a(\mathrm{dB})$ 为大气损耗,它等于对流层损耗与电离层损耗之和,与载波工作频段和天线指向仰角有关,当载波工作频段在 500 MHz 以上时,电离层损耗可以忽略不计,晴朗天气条件下的对流层损耗一般在 0.5~2.5 dB 之间。$L_p(\mathrm{dB})$ 为电波极化损耗,若用线极化发射、圆极化接收或圆极化发射、线极化接收,则 $L_p = 3$ dB;同旋向的椭圆极化损耗一般在 0.2~0.4 dB 之间。

4. 天线增益 G 的计算

航天器常用的天线主要包括半波振子天线、螺旋天线、喇叭天线、开槽天线和抛物面天线等,其天线增益 G 一般由型号研制部门根据实测天线方向图给出。深空站使用的天线一般为抛物面天线,其天线增益 G 的计算公式如下:

$$G = \frac{4\pi}{\lambda^2}A\eta \approx \frac{4\pi}{\lambda^2}\frac{\pi}{4}D^2\eta = \left(\frac{\pi D}{\lambda}\right)^2\eta \qquad (9.5)$$

式中,A 为天线口径实际面积,等于天线口径几何面积 $A' = \pi R^2 = \pi\left(\dfrac{D}{2}\right)^2 = \dfrac{\pi}{4}D^2$ 减去馈线遮挡面积;R 为天线口径半径(m);D 为天线口径直径(m);λ 为载波工作波长(m);η 为天线效率,对于固体抛物面,η 一般可取 0.65。

5. 等效全向辐射功率 EIRP 的计算

确定探测器的发射机功率 $P_T(\mathrm{dBm})$、发射天线增益 $G_T(\mathrm{dB})$ 和馈线长度及其型号,并计算出 $L_{tc}(\mathrm{dB})$ 后,即可求出 EIRP:

$$\mathrm{EIRP}(\mathrm{dBm}) = P_T(\mathrm{dBm}) + G_T(\mathrm{dB}) - L_{tc}(\mathrm{dB}) \qquad (9.6)$$

或

$$\mathrm{EIRP}(\mathrm{dBW}) = P_T(\mathrm{dBW}) + G_T(\mathrm{dB}) - L_{tc}(\mathrm{dB}) \qquad (9.7)$$

6. 接收系统品质因数 G_R/T_e 的计算

确定深空站的接收天线增益 $G_R(\mathrm{dB})$,并计算出接收系统等效噪声温度 $T_e(\mathrm{dBK})$ 后,即可求出 G_R/T_e:

$$G_R/T_e = G_R(\mathrm{dB}) - T_e(\mathrm{dBK}) \qquad (9.8)$$

7. 信道安全余量 M 的计算

综合上述 1~6 的计算结果,并依次代入通信方程即可求得深空站接收到的信号噪声功

率谱密度比 S/N_0。假设数据传输的信息速率为 R(bps)，在某种调制方式和编码方式下，数据解调所需的码元能量谱密度比为 E_b/N_0(dB)。于是，可由下式求出整个通信链路的信道安全余量 M(dB)：

$$M=S/N_0-E_b/N_0-10\log(R)-L_{dm} \qquad (9.9)$$

式中，L_{dm}(dB)为数据解调产生的损耗，一般小于 2.5 dB。在深空通信中，当信道安全余量 $M \geqslant 3$ dB 时，即可认为通信链路的性能满足任务需求。

9.6 深空网络

深层的空间任务具有很多独特之处，这些独特之处影响通信结构的选择。深空网络由很多独特的元素组成，由此推动了通信协议的发展。

随着空间站在深空通信中任务数量的增多，建立何种网络才能更好地满足服务必须综合考虑，其中通信协议是重要的内容之一，特别要求在深空网络的背景中结合现有协议重新设计。

9.6.1 深空网络的部署和运行

深空通信网络因其特殊性，设备的部署主要包含两部分任务：一是要从地面发射飞行器至遥远的距离，费用较高，且在太空中的电力供应也是一个难点问题，所以通常在设计协议时将更多的功能分配给地面站完成；二是在遥远的星球轨道周围部署通信设备，而不需要在星球表面设置昂贵的站点。总的来说，深空网络的部署所受到的限制因素更多，连通端点的数量及协议也不能像地面的移动通信系统那样。

深空通信网络的运行着重考虑如下内容：

1) 航天器的运行要遵守轨道力学的原理，而且需要自主控制与远程控制相结合；
2) 如果因长时间电力中断而导致通信链路中断，要有数据保存的能力；
3) 利用信道编码技术，以确保在长距离条件下完成数据通信任务；
4) 当航天器出现故障时，地面控制系统应能发出修复命令，保证其稳定、可靠地运行。
5) 太空飞行的航天器还需导航系统的支持，以及地球指挥部的监视；
6) 良好的控制机制促使动态传输功能的实现，且尽可能降低系统复杂性。

9.6.2 深空通信网络架构

现有的空间通信多采用非网络化的简单中继方式，已无法适应多个端点并行工作的复杂深空网络的要求。因特网作为近几十年来发展迅猛的地面通信网络，采用了对等、异构、开放的互操作标准，为深空探测的空间架构提供了很好的参考。美国航空航天局描述的通信空间因特网基础架构包括：

1) 骨干网络；
2) 接入网络，是骨干网和任务航天器、运载器及其局域网之间的通信接口；
3) 航天器之间的网络，含星座、编队飞行器和卫星群；
4) 极近行星表面网，用于连接飞机、行星车等运载器和自组网络中的传感器。

在通用网络基础上，美国又提出了新的研究热点——行星际因特网（IPN），其基本思想是:在低时延的遥远环境中部署标准的因特网,建立适应长时延空间环境的 IPN 骨干网连接上述分布的网络,利用中继网关适应于低时延和高时延的环境。

行星网络(PN)由行星卫星网络和行星表面网络组成,能在任何外层空间的行星上实现,用于提供卫星和行星表面元素之间的互连,并实现它们之间的协同工作。

IPN 架构通常分解为不同的子网络,每个子网络均有其自身的特点和设计要求,因此需要有一个公共的协议集将不同特点的子网络集成在一起,并延伸到地面因特网,即 IPN 的配对网络。

9.6.3　深空网络路由

地面因特网路由算法都是基于实时状态寻址计算的,而 IPN 是基于容迟网络(DTN)体系结构的。容迟网络研究组提出逐跳传递、每跳差错控制的数据传输协议集。DTN 不要求网内不同的域采用相同的路由协议,但要求以下一跳路由器的状态为预测基础的概率路由。

空间骨干路由(SBR)框架可通过 IPN 内不同的自治域进行路由。SBR 框架分为外部SBR 和内部 SBR 两部分。外部 SBR 通过 IPN 内的自治域寻址传递遥控信息和科学数据;内部 SBR 在一个自治域内的骨干节点之间交换域际的路由信息,计划调度域际的消息传输。

对行星网络(PN)而言,由于极端的环境限制和来自地球的定时控制,其网络层需要分布处理和本地决策,以实现 PN 的自治和重组。

9.6.4　深空网络传输协议

深空通信链路的特点是传播时延长、误码率高、间歇连接和带宽不对称。为此通常采用的做法是:用基于速率的开环协议来降低传输时延;用重传机制减小误码率;用选择重传(SNACK)克服宽带不对称带来的影响。所有这些做法均需要通过一套完整的传输协议来实现。

空间通信协议标准-传输协议(SCPS-TP)是由 CCSDS 委员会开发的一个空间通信协议,它在 TCP(传输控制协议)的基础上增加了一系列的调节和扩展机制来处理空间通信链路。Saratoga 是一个可靠的基于速率的文件传输协议,专门用于处理对等层之间点对点的连接,可有效地传输小的或者很大的文件,且能提高下一个节点的传输效率。与 Saratoga类似,利客莱德传输协议也是一个点到点的协议,适用于 DTN 汇聚层。

深空传输协议(DSTP)是一种用于深空通信链路的可靠协议。与传统的 TCP、SCPS-TP 和 Saratoga 相比,该协议的主要优点是有能力达到更快的传输速度,因此对连接时间短的任务非常有利。从功能上来说,DSTP 具有以下特性:

1) 基于速率的传输。动态路由在 IP 协议中用得很好,能够增加连接时间并降低管理和调度成本,但无形之中该方法使端到端路径的空间传播时延变得很高,且更新的路由表也不会提供更为可靠的消息。所以,空间通信的任务将继续以静态的、预定的方式运行,其传输链路的带宽已知,链路利用率高,最终不会导致拥塞。

2) 复合 ACK-SNACK 策略。空间链路的带宽不对称性显著,如果对每个到达的数据包均要发送 ACK 响应,则可能导致反向路径上的拥塞并最终造成传输速率下降。DSTP 以ACK-SNACK 混合形式从接收端反馈到发送端,一旦 SNACK 到达发送端,则发送端不重传任何丢失的数据包,而是利用其中的信息计算链路误码率。在 DSTP 协议中,ACK 和 SNACK 的累积特性减小了其丢失的影响。

3) 再传输技术。双重自动再传输(DAR)技术是 DSTP 实施的新型再传输技术,能在发送端的缓冲区快速而高效地"填洞"。每个数据包发送 2 次,其间加入一个时间间隔,因此,在链路出现错误的情况下,损坏的数据包最终也会由正确的数据包代替,总体上降低了数据丢失率。

为深空链路提供可靠数据传输的最著名的传输协议是 TP-Planet。与 DSTP 相比,TP-Planet 协议的主要功能是试探拥塞检测和控制机制,以处理拥塞的损失。此外,该协议利用中断处理程序解决中断问题,用延迟包策略解决带宽的不对称性。

9.7 深空通信发展趋势

深空通信对空间探测任务的实现起着关键的作用,其主要功能是将探测器所获得的信息传送到地面,以对其进行处理与分析。人类要进行深空探测,就必须建设深空测控通信网,这是人类与深空探测器联系的纽带。

深空通信中通信距离长、传输延时大、非对称的信道带宽、数据传输误码率高、通信中断问题、复杂的通信环境和昂贵的通信费用等特点,对深空通信技术的发展提出了巨大的挑战。

9.7.1 深空通信技术发展

自从 1963 年 12 月深空探测网(DSN)正式建立以来,由于航天器和深空通信设施的一系列技术革新,深空通信性能呈持续增长的态势,这些技术革新体现在更高的工作频段、新的编码技术、航天器采用更高的功率和更大的天线、深空通信设施采用更低噪声放大器和更大的天线技术。结合未来深空探测任务发展的需要,深空通信技术将在以下几个方面重点发展。

1. 工作频段提高到 Ka 频段

由于深空通信距离遥远,增加了通信路径的损耗,限制了数据传输率。从 20 世纪 70 年代以来,X 频段已经得到广泛的应用,目前深空探测器的测控频率基本上采用 X 频段。与 X 频段相比,Ka 频段在同等条件下信噪比更高,可以提供的数据率更高。

2. 深空通信协议体系

由于行星际因特网(IPN)共分 3 个主要网络,即行星际骨干网络、行星际外部网络、行星网络。在部署整个网络时,网络之间的相通是至关重要的。为适应深空环境,每个网络运行的协议可能不同。

随着深空通信技术的发展,国际上有许多组织正在进行深空通信网络方面的研究工作,其中包括空间数据系统咨询委员会(CCSDS)和延迟容忍网络研究小组(Delay-Tolerant Networking Research Group, DTNRG)。

目前空间通信使用的空间/地面协议栈是由 CCSDS 提出的。该协议栈由 8 层组成:空间应用、空间文件传输、空间端到端的可靠性、空间端到端安全、空间网络、空间链路、空间信道编码和空间无线频率与调制。延迟容忍网络协议栈是专门为未来深空探测捆绑协议,以具备适应感知能力。DTNRG 提出了空间/地面协议栈目标,即高度整合最优化区域协议栈,协议栈的中间层是所谓的捆绑层,位于应用层和较低层之间。

3. 光通信技术

光通信技术能进一步增加深空通信链路性能。光学频率远高于无线电频率,且能获得更多的增益,但也更容易受到云层等环境的影响。目前深空探测领域的光通信技术还处在概念研究阶段,在不久的将来将得到广泛应用。

4. 天线组阵技术

所谓天线组阵就是利用分布的多个天线组成天线阵列,接收来自同一信号源发送的信号,并将来自各个天线的接收信号进行合成,从而获得所需的高信噪比接收信号。

深空通信主要问题是距离长,通常导致深空探测器中信号到达地球时十分微弱。为了在地球上接收微弱信号,需要使用高增益天线,其口径必须很大。相对于大口径的天线,天线阵列可以减小单个天线口径,但可获得更大口径天线的等效增益,增加系统的灵活性和可操作性,且制作成本低。

9.7.2　深空通信网络前景

深空网络的特点对深空通信技术的发展提出了巨大的挑战,人类进行深空探测的步骤如表 9.3 所示。

未来的空间探索要超越低轨道(LEO),并增加未来探测任务中遥感设备的协调和合作。各个国家的航天局都在争取积极合作进行机器人到月球、火星、水星、木星、金星和冥王星的任务。

表 9.3　人类深空探测的步骤

步　　骤	目　的　地	主要新的能力	其余的目的地
1) 超过 LEO	太阳-地球 L2,月球	地球空间探测工具	环地轨道,地球-月球 L1、L2
2) 测空	近地-地球物体	行星际探测工具	深空试验飞行
3) 临近火星	火卫一/火卫二	飞船传输工具	火星轨道
4) 火星登陆	火星表面	火星降落/上升系统和表面环境	无

1. 构建行星际互联网络

对未来深空任务的挑战,美国 NASA 的 JPL 等机构提出建立"行星际因特网"(IPN)的设想,以解决深空探测和通信中的各种问题。

IPN 作为一种深空行星互联网络,是设计和发展深空网络的下一步,它为未来深空任务中数据传输提供通信服务,为航天器和空间探测器提供导航服务。扩展 DSN 到 IPN 存在两个明显优点:

1) 为基本任务提供通信和导航服务,建立真正的外星球基础设施;

2) 大幅度增加可用带宽,使信息从深空返回地球。

2. 利用月球及其拉格朗日点开展深空探测

自 1978 年第一颗拉格朗日点"卫星国际探测者"3 号发射成功,便拉开了拉格朗日点开发利用的序幕。近几十年来,拉格朗日点的应用已成为国际空间探测的热点,多颗该类卫星相继发射成功。利用拉格朗日点进行太空基地的建立是未来的美好设想,研究拉格朗日点将对空间探测系统未来的发展起到重要的推动作用。

3. 从地基到地空基的通信网

在过去的 20 年里,地面互联网对通信进行革命化,让不同的区域网络以高容量点对点连接到主干网络。随着火星网络概念的出现,可以看到在空间网络的一个类似扩展,越来越多的网络在不同的空间站中的天基设备需要与地基的对应单元进行持久通信。

习题

9.1 空间通信的定义及其主要形式。

9.2 当前深空通信实现及其推广面临的难点主要有哪几方面?

9.3 试画出常见深空通信系统的系统构成。

9.4 当前深空通信中应用较为广泛的恒包络调制技术主要有哪几种,简述其原理。

9.5 深空通信编码技术主要有哪几种?

9.6 深空网络的构成元素主要有那些?

9.7 简述深空通信链路的特点和现今采用的处理方法。

9.8 简述深空通信的发展趋势。

第10章 移动通信的应用发展

近年来,随着移动通信在现实生活中所起的作用越来越大,人们对移动通信系统的研究和探讨也越来越多。同时,随着人们需求的不断提升,移动通信的应用也更加广泛。移动卫星通信因其覆盖范围广、通信容量大、通信距离远、不受地理环境限制、质量优、经济效益高等优点而迅速发展,新技术层出不穷;它与光纤通信和数字微波通信一起,成为我国当代远距离通信的支柱。

10.1 移动通信的应用

移动通信在现代生活中所起的作用日益重要,其发展在国内外都呈现出了迅猛的态势,具有很高的社会效益和经济效益。反过来看,也正是这种高的社会效益和经济效益,刺激着移动通信持续快速发展,并应用在现代日常生活的各个方面。下面以一个具体实例来分析移动通信的作用。

如图 10.1 所示,一辆卡车需要从仓库向三个单位运送货物,图 10.1(a)所示的是汽车上没有用无线电话调度时汽车所经过的路径。载重汽车需往返仓库三次,跑了三次空车,汽车的利用率低,运输时间长,汽油消耗多,极不经济。图 10.1(b)显示了有无线电话调度时汽车所经的路径,汽车根据调度员的指挥,沿途装卸货物,大大提高了汽车利用率,缩短了运输时间,节约了汽油,非常经济。

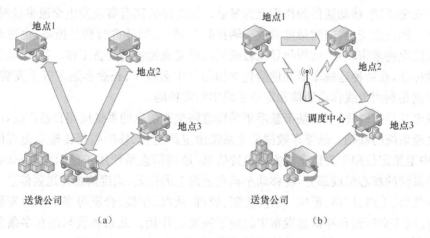

图 10.1 移动通信提高运行效率的实例

大量的汽车、火车、船舶、飞机和宇航器是现代生活中的必需品,机动性变大已使地球成为"地球村",将移动通信用于协调分散在广大地区上各移动体之间紧密相关的活动,对其迅速、可靠、畅通的要求也更为迫切。

同时,移动通信业也是军事现代化装备的重要组成部分,在如下领域有着不可替代的作用:

1）军用飞机编队飞行或攻击目标；

2）军舰、快艇出海执行任务或进行战斗；

3）步兵、坦克兵、炮兵、工程兵等陆军各兵种在对敌作战时，报告情况、听取命令或指令，与指挥机关保持联系；

4）战场上武器装备的联网；

5）集团作战等。

总的来说，移动通信对于现代生活是不可或缺的，具体可从以下三方面来阐述。

1. 陆地移动通信应用

陆地移动通信是指以与陆上移动体进行通信联络为目的的一种通信，也包括灾难发生时临时架设的可搬运型的无线通信。

陆地移动通信的初期阶段是以警察、消防、急救、出租汽车的公共业务及新闻、广播等的报道业务作为主要应用。随着人们出行的增加以及生活质量的提高、生活节奏的加快，一般企、事业单位及个人都有了利用陆地移动通信的要求，陆地移动通信全面渗透到了人们的生产活动和日常生活中。

在日常活动中，人们往往有很多时间在户外移动当中，或者乘车，或者不在办公室，利用移动通信便可以在途中或在办公室之外工作，如推销产品，与顾客通话，售货员远程向仓库发送所需账单，回家途中还可与商店联系存货状态，并告诉家人准备饭菜等。

旅行者在途中可通过移动通信手段联系自己的家人，互致问候；可给旅馆饭店打电话预订住宿房间和吃饭席位；进入繁华的闹市区前可先致电停车场预留车位；车辆收费也可通过收发信机远程发送车辆编码信息到银行，自动从用户账户中扣除消费额。

对于安全救援，移动通信的作用更为显著。如高速公路有雾或发生交通事故时，可提醒相应地区车辆注意安全，同时帮助事故车辆排除故障；在野外进行伤员抢救，也可利用移动通信与医院保持紧密联系，远程指导抢救的同时可完成抢救的准备工作。目前，我国已经提出强制性标准，在特种运输车辆如危险化学物品专用运输车、长途客运车等上安装"汽车黑匣子"，它就是利用无线移动通信和定位手段实施监控的。

在城市智能交通管理中，基于悬浮车采集道路交通信息的系统应用日益广泛，已逐步成为智能交通系统的基础。悬浮车数据采集系统由卫星定位、移动数据传输和地理信息系统组成，其中卫星定位用于提供车辆实时位置信息，地理信息系统用于显示处理车辆数据，数据传输是系统的核心组成部分，将移动车辆在道路上的位置、速度信息传送到信息中心。我国已经在北京、上海、广州、重庆、大连、沈阳、成都、武汉、宁波、合肥等多个城市安装了此类系统，这在城市交通诱导和信息发布中起到了重要的作用。北京和杭州还在多条公交线路上安装了调度系统，也是利用移动数据传输实现车辆实时位置监控的。

2. 航海移动通信应用

远洋船只远涉重洋，船上人员利用无线电设备可以与船、岸进行通信。包括汇报船只情况，定时报告船位、进出港日期，听取中心指示等。随着移动通信技术的发展，远航船舶上的工作人员向家庭或家庭向船舶拨打电话的个人移动通信业务将逐渐普及。尤其是船舶面临风浪袭击、触暗礁、搁浅滩或船只碰撞的危险时，利用移动通信技术可以提前发出预警并在船只间相互通告险情,气象部门则可向船只发布各海区的气象信息,提醒船只尽早做好预防措施,以减少经济损失。

全球组成了"无线电航行警告网",将全球划分成若干航行警告区,及时向相应海区发播警告信息,通知船舶绕开危险区域,确保航行安全。

海难事故发生后,船上的无线电通信设备按规定的协议发出求救信号"SOS",全世界过往的船只按照国际道义,在收到信号后应立即前往救援。

总的来说,航海移动通信主要用于以下几个方面:

1) 海上船舶使用的紧急和遇险通信;

2) 海上船舶的协调和指挥通信;

3) 港口和锚地区域的协调和指挥;

4) 船员与乘客的公交通信。

3. 航空移动通信应用

航空飞机在万米以上的高空飞行,空、地人员只能通过移动通信相互联系,如地面指挥员和空中调度员通过地对空无线电话,可以向飞行员发布命令和指示,听取关于飞机方位和状况的报告以及请求等。移动通信在飞机从起飞到降落的全过程中均发挥重要的作用。

航空移动通信有近距离与远距离之分,近距离航空移动通信通常使用甚高频无线电台,在机场用于调度人员向飞行员发布命令,指示飞机起飞和着陆的次序,以保障机场上空的安全使用。远距离航空移动通信用于飞行途中的飞机与目的地取得通信联系,通知对方做好接机的准备工作。如果地面有紧急情况或空中有警情,则需要立即通知飞行中的飞机改变计划。短波无线电台多用于远距离移动通信,卫星移动通信也是发展的必然趋势。总之,航空移动通信是保障飞机安全和提高飞行效率的重要手段。

航空移动通信主要用于以下业务:

1) 用于遇难飞机的紧急通信;

2) 协调和指挥地面操作的通信;

3) 协调和指挥空降操作的通信;

4) 飞机乘务员与乘客的公众通信。

由于移动通信为人们的日常生活提供了极大的方便,同时也使劳动生产率和办公效率显著提高,其发展正处于兴旺快速期。

10.2 移动通信的展望

移动通信是随着电子技术、计算机技术、集成电路技术等的发展而逐步发展起来的,其过程伴随着人们物质文化生活水平的提高和对信息需求的增长。第三代移动通信(3G)已经能够提供 Mbps 量级的传输速率,但是对于传输视频图像和网络三维动画游戏等还远远不够。目前,全世界已有多个国家(包括中国在内)开始了面向未来的移动通信技术与系统的研究,可以在将来提供高速移动环境下 100 Mbps 以上速率的信息传输,频谱利用率与现有系统相比也将大大提高。未来移动通信总的趋势是宽带化、IP 化、业务多样化及智能化,其灵活的接入方式将为整个移动通信系统注入新的生机和活力。

就系统而言,移动通信系统最初仅有语音业务。随着对数据业务及多媒体业务需求的增长,移动通信呈现出宽带化的发展趋势;与此同时,为了扩大其市场容量和用户群,固定的宽带无线接入技术,也正向移动化方向发展,即为移动用户提供宽带服务。由此出现了"移动通信宽带化,宽带无线接入移动化"的局面,用户希望新一代移动通信能够提供更好的通信质量,容纳更多的用户,更好更快地迈向理想的通信——个人通信,实现任何人(whoever)在任何时候(whenever)和任何地点(wherever)都能和任何另一个人(whomever)进行任何方式(whatever)的通信。

10.2.1 宽带无线接入

宽带无线接入是无线技术与宽带技术相结合的产物,可提供用户 2 Mbps 以上的数据速率。根据其覆盖范围的不同,IEEE 将其分为四类:无线个域网(WPAN)、无线局域网(WLAN)、无线城域网(WMAN)和无线广域网(WWAN);涉及的标准化组织分别为 IEEE 802.15、IEEE 802.11、IEEE 802.16 和 IEEE 802.20。

1. 无线个域网

无线个域网是指为个体所构建的无线网络,其覆盖范围在 10 m 以内,尤其是指能在便携式消费电器和通信设备之间进行短距离无线连接的自组织网络。例如,打印机、传真机、投影仪、便携式电脑等设备无须通过电缆连接即可构成互联互通网,实现打印、投影等功能。

针对无线个域网的不同应用,IEEE 制定了两个标准,即超宽带(UWB)IEEE 802.15.3 和 Zigbee IEEE 802.15.4,分别采用不同的技术来实现高速率和低速率的数据传输。

IEEE 802.15.3 工作在 ISM 频段,采用 UWB 技术,支持 250 kbps、40 kbps 和 20 kbps 三种数据速率,用于实现便携式消费电器和通信设备之间的无线连接,以传输高质量的声音、图像等内容。

IEEE 802.15.4 支持低于 20 kbps 的数据速率,采用直接序列扩频技术,具有低功耗、低成本、自配置和拓扑灵活的特点,用于解决低速连接问题,如保健监视、货单自动更新、库存实时跟踪、在线游戏和互动式玩具等。

2. 无线局域网

无线局域网是一种采用微蜂窝和微微蜂窝结构的自主管理计算机网络,能够支持高达 54 Mbps 的数据传输率,可广泛用于家庭、企业、商业热点地区的公共接入、自组织网等领域。

无线局域网技术中目前占主导地位的是 IEEE 802.11 标准。该标准已经广泛地在个人笔记本电脑中得到普及,主要包括 IEEE 802.11a/b/g 三个标准,可在 100 m 以内提供高速的、灵活配置的数据连接服务,连接固定的、便携的或手持式的各类设备。自 1999 年 IEEE 批准了 802.11b 和 802.11a 以来,系列标准产品已在全球范围内得到普及,并成立 Wi-Fi(Wireless Fidelity)联盟认证 WLAN 产品的互操作性,促进了其应用和发展。

IEEE 802.11a/b/g 三个标准的主要技术指标如表 10.1 所示。

表 10.1　IEEE 802.11a/11b/11g 标准比较

标准	频谱带宽/MHz	工作频率/GHz	信道数	调制方法	最大数据速率/Mbps	吞吐量/Mbps		备注
						UDP	ICP/IP	
11a	125	5.725～5.85	5	OFDM	54	30.7	24.0	11d 用于非 2.4 GHz
11b	83.5	2.4～2.835	3	CCK	11	7.1	5.9	
11g	83.5	2.4～2.835	3	CCK,OFDM	54	19.5	14.4	

　　WLAN 的系统组网方式有两种,即自组织网络(也叫对等网络)和基础结构网络。前者是为了满足暂时需求的服务,由一组具有无线接口卡的无线终端(如个人电脑)组成,实现点对点或点对多点的通信。该方式不需要中央控制器的协调,各个通信终端具有相同的功能和逻辑结构,使用非集中式的协议,其缺点是某节点处于另一节点传输范围以外时,则无法保持通信。后者则是利用了有线或无线骨干网络,移动节点在固定节点的协调下进行通信,并通过固定节点接入骨干网,因此固定节点也常称为接入点(AP)。此类网络大多使用集中式的协议,协议过程都由接入点执行,移动节点只需要执行一小部分的功能,其复杂性及成本大大降低,目前应用十分广泛。除上述三大主流标准之外,IEEE 还制定了一系列改进版本的标准:802.11d 是 802.11b 使用其他频率(非 2.4 GHz)的版本;802.11e 是在 MAC 层加入 QoS(服务质量)方面的要求而制定的标准;802.11f 是为解决漫游问题而制定的标准;802.11h 是欧洲制定的 5 GHz 频段的标准,旨在减少对 5 GHz 频段雷达的干扰;802.11i 是为加强安全性而进行优化;802.11j 是为适应日本在 5 GHz 以上不同频段而制定的标准;802.11n 工作在双频模式下(包含 2.4 GHz 和 5.8 GHz),兼容 11a/11b/11g,其速率可达 108 Mbps,应用了 MIMO 及 OFDM、智能天线等先进技术。

　　随着 WLAN 多个标准的实施和产品的推广,在众多应用领域都出现了 WLAN,如社区、游乐园、机场、旅馆、车站、办公大楼、校园、企事业单位、医疗、金融证券等。

3. 无线城域网

　　无线城域网可由城市或大型社区中不同网络之间的互联构成,也可由无线局域网通过骨干线路桥接而成,实现了几百米至几十千米范围内通信用户的互联,用于企业和行业的接入、家庭和个人的接入,并逐步从固定走向移动,从专业应用走向公众应用。

　　1999 年 IEEE 成立了 IEEE 802.16 工作组,研究固定无线接入技术规范,几家知名企业共同成立了 WiMAX(World Interoperability for Microwave Access)论坛,共同推动全球统一的宽带无线接入标准的发展。

　　IEEE 802.16 标准适用于 2～66 GHz,包括物理层和媒质层的相关规范,其中 2～11 GHz 频段的系统应用于非视距传输,主要采用 OFDM 和 OFDMA 技术;11～66 GHz 频段的系统应用于视距范围,主要采用单载波调制技术。

　　根据是否支持移动特性,IEEE 802.16 标准系列又可分为固定和移动两类标准,其中 IEEE 802.16、802.16a 和 802.16d 属于前者,而 802.16e 属于后者,在 2～6 GHz 的特许频段内支持低速的移动终端,是 802.16d 的补充方案,实现了宽带无线接入的移动化。对于载波带宽,IEEE 802.16 并未做具体规定,可以在 1.25～20 MHz 之间选择,如 1.25 MHz 的倍数 1.25/2.5/5/10/20 MHz 和 1.75 MHz 的倍数 1.75/3.5/7/14 MHz 等。10～66 GHz 的固定无线接入系统,还可以采用 28 MHz 的载波带宽,提供更高的接入速率。

4. 无线广域网(WWAN)

无线广域网是支持广域范围的移动宽带无线接入网,2002 年 9 月成立的 IEEE 802.20 工作组研究制定将基于 IP 的空中接口方案拓展到移动通信领域,工作频段为 3.5 GHz,在 250 km/h 的条件下单用户峰值速率可达 1 Mbps 以上,能够为移动用户提供高速互联网服务。但是,目前 WWAN 在中低速移动环境下受到 802.16 的冲击,中高速应用环境下受到 3 G 系统的挤压,体现了移动通信领域竞争日益激烈的趋势。

10.2.2 3G 的长期演进

为了保持 3G 技术的竞争力,3GPP 和 3GPP2 在 4G 到来之前又推出了演进型 3G (E3G),以便与以 WiWAX 为代表的带宽无线接入系统竞争。2004 年 11 月,3GPP 正式提出 3G 长期演进计划(Long-Term Evolution,LTE),主要目标是开发更多数据速率和更低时延的无线接入技术,确保 3G 技术 10 年以上的持续竞争力。该计划从 2005 年 3 月至 2007 年 6 月的两年多的时间内分两个阶段完成了可行性研究及核心技术规范的制定,其技术目标包括以下几个方面:

1) 在 20 MHz 频谱内上行峰值速率达 50 Mbps,下行峰值速率达 100 Mbps;

2) 频谱利用灵活,支持 1.25 MHz、2.5 MHz、5 MHz、10 MHz、15 MHz 及 20 MHz 等多个频段带宽,并可工作在对称或非对称状态;

3) 无线接入时延低于 10 ms,并支持与其他系统协调工作;

4) 系统容量与性能折中实现,各种业务并存,低速、高速用户共享;

5) 频带相邻或位置相邻的运营商共存。

3GPP2 于 2005 年启动了 cdma2000 空中接口研究项目(简称 cdma2000 AIE 项目),其目标与 3GPP 有许多类似之处,同时也有一些特色,包括:

1) 相对于 cdma2000 1X,提高话音质量;

2) 多样化业务并存的同时,提供更好的端到端 QoS 保证;

3) 支持与其他无线接入技术的无缝切换。

10.2.3 4G 的发展

21 世纪以来,世界上许多国家在推动第三代移动通信(3G)产业化的同时,已经将研究的重点转入下一代移动通信技术,期望其性能和应用产生新的飞跃。国际电联(ITU)将此移动通信系统称为后三代(B3G,Beyond IMT-2000),也常称为 4G,是 3G 和宽带无线接入共同走向未来的新型移动通信系统(图 10.2 所示为移动通信发展简图)。

2000 年 ITU 正式启动工作组研究 B3G 课题,2002 年对技术要求达成了一定的共识,2005 年将其名称统一为"IMT-Advanced",并制定了时间表,希望在 2015 年前投入商用。基于此,中国、日本、韩国、欧盟及北美的一些著名企业均启动了相应的研究计划和项目,也有一些技术论坛、合作组织和标准化组织共同致力于此技术的研究。总体来说,IMT-Advanced 技术包含以下几个重要特征:

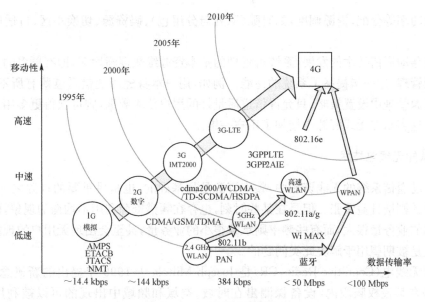

图 10.2　移动通信发展简图

1）突破了移动通信的限制，将 IP 协议、无线广播电视及多媒体业务融合起来；将现有系统兼容进来，用户可自主地选择系统，也可自适应地选择用于不同目的的服务；

2）频谱效率较 3G 提高 10 倍以上，运行环境峰值传输速率可达 1 Gbps，适用于大动态范围业务（8 k～100 Mbps）；

3）基于 IPv6 实现核心网与 Internet 互联互通。

10.3　未来移动通信技术

为了适应未来移动通信发展的需要，目前出现的新型传输技术、天线技术、IP 协议及微电子、集成电路设计技术等都将发挥重要的作用，而且还有可能出现当前未知或不可预测的其他新技术。另外，移动通信用户移动性的特点决定了其位置的不固定，而位置信息对于系统本身的资源管理具有一定的作用，同时也日益成为用户所关注的焦点。基于位置的服务产业正在形成之中，因此通信系统中嵌入定位功能，或者说定位作为通信系统的附加业务已被人们所接受，相应的定位新技术也日益为人们所关注。利用无线电所实现的定位服务，其基础仍为无线通信，求解信号在传输过程中的波形畸变量、多普勒频移、相位变化、幅度变化等均与所设计的信号体制相关，与天线的工作形式也密切相关。总的来说，未来移动通信系统所涉及的通信理论和通信技术很多，下面介绍几个较为流行的技术。

1. 无线资源管理技术

移动通信系统所利用的无线资源是有限的，其类别包括频率（如带宽、保护频带、调制模式等）、时间（如时隙、导频符号）、能量（功率）、空间（天线角度、天线位置）、正交码等，无线资源管理（Radio Resources Management，RRM）就是对这些资源进行统一规划和调度，在用户动态变化、信道特性动态变化的环境下，优化系统性能，保证服务质量（QoS）。管理的内容大致分为三个部分：资源控制，如接入、拥塞、切换、功率、速率控制；资源分配，如小区、信道、队列、功率等分配;资源调度,如时隙(队列与分组包)、码资源、切换小区、自适应链路等调度。

随着移动通信技术的发展,系统可管理的基本资源维数逐渐增多,即有更多的参数参与无线资源管理,进一步提高了系统的性能。例如,用户本身经历的信道衰落有所不同,如果在无线资源管理中设置策略,只允许信道质量好的用户传输数据,则可获得更多用户的最大吞吐量。这表示在无线资源中增加了用户一维。

2. 认知无线电技术

在移动通信系统的无线资源中,频率资源是最基础的,也是最重要的资源之一,且随着用户数量的剧增日益紧张。但是在某些时刻,也存在频谱资源利用不均衡的现象,即有些频率上承载的业务量很大,而有些频率则承载很小的业务量,甚至会出现无用户的现象。认知无线电正是被期望用于解决此类问题的。

认知无线电(Cognitive Radio,CR)是 Joseph Miltola 于 1999 年提出的新概念,其基本出发点是在某授权频段内,设备探测出在时域、空域和频域中出现的可以被利用的频谱资源(即"频谱空洞"),从而合理利用频谱资源,使各个频段的业务量均衡,使整体利用率提高。此技术是基于软件无线电扩展,并以软件无线电为基础,采用在无线电域基于模型的方法,对电磁环境、频谱规则、网络环境、用户应用场景等进行描述、推理,通过学习,不断地感知外界环境的变化,自适应地调整其内部通信机制,充分利用所探测到的频谱资源。对于软件无线电所具有的系统功能模块的可重构性,认知无线电技术有所继承,但实现起来更为困难。

3. MIMO 技术

MIMO 技术,即多输入多输出(Multiple Input Multiple Output)技术。这项技术来源于 20 世纪 90 年代中后期 Bell 实验室的一系列研究成果。Telatar 和 Foschini 等分别于 1995 年和 1998 年给出了 MIMO 技术可提高有噪信道容量的结论;1996 年 Foschini 首次试验了由 8 根发送天线和 12 根接收天线组成的 MIMO 系统,获得了 40 bps/Hz 的频谱效率。这些工作引起了各国学者的极大关注,在社会上兴起了 MIMO 技术的研究热潮。

MIMO 技术实质上是充分利用多径因素,综合考虑空域与时域、发射与接收,从空时信号处理角度提高通信质量和频谱利用率。具体来说,MIMO 技术有两类:

1) 空间复用技术,旨在提高系统容量。在多径效应较为严重的应用场合,同一个频带中使用多个发射和接收天线,在每组发射—接收天线间的通道响应独立的前提下,可构建相互独立且并行的多个空间子信道,分别传输信息以提高数据速率。如贝尔实验室的分层空时编码(Bell Labs Layered Space-Time,BLAST)。

2) 空间分集技术,旨在提高分集增益。在发射端对不同天线的发射信号进行空时编码,给接收机提供信息符号的多个独立衰落副本,以达到减小误码率的目的。如空时网格编码(Space-Time Trellis Codes, STTC)和空时分组编码(Space-Time Blocde Codes,STBC)。

MIMO 技术在不额外增加信号带宽和总发射功率的前提下改善了移动通信系统的性能,与传统空间分集技术的不同之处在于有效地使用了编码重用,可获得接收分集增益、发射分集增益和编码增益。

MIMO 技术的发展主要表现在以下两方面：

1）虚拟式 MIMO。由于移动通信终端功耗和成本的限制，多数情况下仅配备一个天线，使 MIMO 技术无法应用。为此，出现了协同通信的概念，即多个用户之间可以共享彼此的天线，通过无线中继的方式形成一个虚拟的多天线阵列，从而构建虚拟式 MIMO 系统，以获得 MIMO 技术所带来的优势。但是，用户之间的协同策略、协议及协同信号处理等问题仍需研究解决。

2）分布式 MIMO。小区内基站通过光纤连接分布在不同位置的多个天线，多天线移动终端与附近的多个天线进行通信，从而建立 MIMO 链路，即分布式 MIMO 系统。此时，不同天线与移动台之间形成不相关通道，可提升信道容量。当然，不同天线到达移动台的延时不同所引起的同步、信道估计和信号检测等诸多问题仍有待解决。

4. 智能天线技术

智能天线是安装在基站现场的双向天线，通过一组带有可编程电子相位关系的固定天线单元获取方向性，并可以同时获取基站和移动台之间各个链路的方向特性。

与传统天线不同，智能天线利用信号统计检测与估计理论、信号处理及最优控制理论，通过调节各天线阵元的信号幅度和相位加权因子，使天线方向性图可以在任意方向上具有尖峰或凹陷。发射机和接收机均可利用智能天线将波束对准所需要的信号，并将天线零点对准其他无用信号加以抑制。同时，智能天线技术利用各个移动用户信号空间特性的差异，通过阵列天线技术在同一信道上接收和发射多个用户信号而不会发生冲突。

智能天线技术用于基站，可以提高系统性能和容量，增加天线系统的灵活性，是解决频率资源匮乏的有效途径。智能天线技术是一个具有良好的应用前景但尚未得到充分开发的技术，是第三代移动通信系统中不可或缺的关键技术之一。

习题

10.1 移动通信的应用分类主要有哪些？

10.2 理想通信的定义是什么？

10.3 简述常见 WLAN 系统组网方式的种类及相应优缺点。

10.4 MIMO 技术分为哪几种？简述其定义。

10.5 3G 长期演进计划的目标是什么？

10.6 简述 IMT-Advanced 技术的特点。

10.7 简述当前出现的新型移动通信技术。

参考文献

[1] 蔡跃明,吴启晖,田华. 现代移动通信. 北京:机械工业出版社,2007.

[2] 夏克文. 卫星通信. 西安:西安电子科技大学出版社,2008.

[3] 曹达仲,侯春萍. 移动通信原理、系统及技术. 北京:清华大学出版社,2004.

[4] Pahlavan K, Krishnamurthy P,著. 无线网络通信原理与应用. 刘剑,安晓波,李春生,等,译. 北京:清华大学出版社,2002.

[5] 郭梯云,邬国扬,李建东. 移动通信. 西安:西安电子科技大学出版社,2005.

[6] 吴伟陵,牛凯,编著. 移动通信原理. 北京:电子工业出版社,2005.

[7] 啜钢,王文博,常永宇,等. 移动通信原理与应用. 北京:北京邮电大学出版社,2002.

[8] 储钟圻,主编. 现代通信新技术. 北京:机械工业出版社,2004.

[9] (美)Bates R J, Bates M,著. 语音与数据通信原理. 周哲海,译. 北京:清华大学出版社,2007.

[10] 蒋同泽. 现代移动通信系统. 北京:电子工业出版社,1998.

[11] 贾玉涛,等. 实用移动无线电通信. 北京:国防工业出版社,1996.

[12] 曹志刚,钱亚生. 现代通信原理. 北京:清华大学出版社,1995.

[13] 聂景楠. 多址通信及其接入控制技术. 北京:人民邮电出版社,2006.

[14] Lin Yi bing, Chlamtac I. 无线与移动网络结构. 方旭明,等,译. 北京:人民邮电出版社,2002.

[15] Tse D, Viswanath P. Fundamentals of Wireless Communication. Cambridge University Press,2005.

[16] Lee J S, Miller L E. CDMA Systems Engineering Handbook. Artech House Publishers,1998.

[17] 孙宇彤,赵文伟,蒋文辉. CDMA 空中接口技术. 北京:人民邮电出版社,2004.

[18] 张智江. 3G 业务技术与应用. 北京:人民邮电出版社,2007.

[19] Murase A, Symington I C, Green E. Handover Criterion for Macro and Microcellular System. In Proc. VTC'91,1991.

[20] 章坚武. 移动通信. 西安:西安电子科技大学出版社,2003.

[21] Lee C Y. Mobile Cellular Telecommunications Systems. New York:McGraw-Hill,1990.

[22] Soldani D, Li Man, Cuny R. QoS and QoE Management in UMTS Cellular Systems. JOHN WILEY & SONS, LTD,2006.

[23] Lee W C Y. 无线与蜂窝通信(第3版). 陈威兵,黄晋军,张聪,等,译. 北京:清华大学出版社,2008.

[24] 姜波. WCDMA 关键技术详解. 北京:人民邮电出版社,2009.

[25] 张传福,卢辉斌,彭灿,等. 第三代移动通信——WCDMA 技术、应用及演进. 北京:电

子工业出版社,2009.

[26] 吴伟陵. 移动通信中的关键技术. 北京:北京邮电大学出版社,2000.

[27] 纪越峰,等. 现代通信技术. 北京:北京邮电大学出版社,2002.

[28] 廖建新,等. 移动通信新业务——技术与应用. 北京:人民邮电出版社,2007.

[29] 冯建和,王卫东. 第三代移动网络与移动业务. 北京:人民邮电出版社,2007.

[30] 张传福,等. 移动通信新业务开发必读. 北京:人民邮电出版社,2005.

[31] 王学龙. WCDMA 移动通信技术. 北京:清华大学出版社,2004.

[32] 王月清,柴远波,吴桂生. 宽带 WCDMA 移动通信原理. 北京:电子工业出版社,2001.

[33] Theodore S. Rappaport. 无线通信原理与应用. 北京:电子工业出版社,1998.

[34] 宣丽萍,高玉龙. IS-95 CDMA 系统信道编码的 FPGA 实现. 哈尔滨工程大学.

[35] CDMA 的语音编码与信道编码. http:// www. docin. com/p-217246. html.

[36] 彭木根,王文博. TDD-CDMA 系统中支持非对称业务的动态信道分配算法研究[J]. 电子与信息学报,2004,26(7):1038-1044.

[37] 鲁艳玲,田悦. WCDMA 与 TD-SCDMA 网络优化的分析与比较. 中国数据通信,2004,6(7):85-89.

[38] 朱志刚,石定机. 数字图像处理[M]. 北京:电子工业出版社,1998.

[39] 沈兰荪,魏海. 图像的无损压缩研究[J]. 数据采集与处理,1999(4).

[40] 钟玉琢,王琪,贺玉文. 基于对象的多媒体数据压缩编码国际标准——MPEG-4 及其校验模型[M]. 北京:科学出版社,2000.

[41] 毕厚杰,主编. 新一代视频压缩编码标准——H. 264/AVC[M]. 北京:人民邮电出版社,2005.

[42] 吴苗,等. 无线电导航原理及应用. 北京:国防工业出版社,2008.

[43] 北斗卫星定位导航系统的发展应用关键在政府政策. http://www. cnsa. gov. cn/n1081/n7619/n7875/40466. html.

[44] 伽利略、GLONASS、GPS 三大卫星导航系统争霸. http://yp. pcauto. com. cn/gpsdh/jczs/0807/679568. html.

[45] 陶建华. GSM 移动定位系统及其应用. 江苏通信技术,2003,19(5):20-23.

[46] 范平志,邓平,刘林,著. 蜂窝网无线定位. 北京:电子工业出版社,2002.

[47] 修娜,陆旭东. Ad Hoc 网络和 RFID 技术的无线定位系统的研究与实现. 信息与电脑,2009(9):62-63.

[48] 林国军,余立建,等. 基于混合 GPS/蜂窝网的无线定位算法研究及性能分析. 信息通信,2008(4):33-34.

[49] 刘国梁,容昆璧. 卫星通信. 西安:西安电子科技大学出版社,2002.

[50] 孙学康,张政. 微波与卫星通信. 北京:人民邮电出版社,2002.

[51] 孙海山,李转年. 数字微波通信. 北京:人民邮电出版社,1996.

[52] 宋铮. 无线与电波传播. 西安:西安电子科技大学出版社,2004.

[53] 王秉钧,王少勇. 卫星通信系统. 北京:机械工业出版社,2003.

[54] 张乃通,张中兆,李英涛,等. 卫星移动通信系统. 北京:电子工业出版社,2000.

[55] 高 级 国 际 移 动 通 信 （ IMT-Advanced ）. http://www. cww. net. cn/tech/

techHtml/323. htm.

[56] 李白萍,姚军,编. 微波与卫星通信. 西安:西安电子科技大学出版社,2006.

[57] 智能天线. http://www. cww. net. cn/tech/techHtml/326. htm.

[58] 孔明,林中. 未来3G 移动定位在物流中的应用研究[D]. 北京:北京邮电大学自动化研究所,2006.

[59] 林墨. 深空测控通信技术发展趋势分析. 飞行器测控学报,2005,24(3):6-9.

[60] 尹志忠,王建萍,等. 深空通信. 北京:国防工业出版社,2009.

[61] Akyildiz I F,Akan O B,Chen C,et al. InterPlaNetary inter-net:state- of-the art and research challenges[J]. IEEE Communication Magazine,2004,42(7):108-118.

[62] 于益农,等. NASA 深空网导航测量技术. 无线电通信技术,2002,28(5):65-69.

[63] 黄薇. 深空通信中的网络技术. 飞行器测控学报,2004(4).

[64] 王远玲. 深空测控系统测距信号体制分析. 电讯技术,2008,48(5):1-6.

[65] 于志坚. 深空测控通信系统. 北京:国防工业出版社,2009.

[66] 高玉东,郗晓宁,王威. 地月空间飞行轨道分层搜索设计. 宇航学报,2006,27(6):1157-1161.

[67] 啜钢. CDMA 无线网络规划与优化[M]. 北京:机械工业出版社,2004.

[68] 刘林,王歆. 月球探测器轨道力学. 北京:国防工业出版社,2006.

[69] 郗晓宁,曾国强,任萱,等. 月球探测器轨道设计. 北京:国防工业出版社,2001.

[70] 郗晓宁,王威,高玉东. 近地航天器轨道基础. 长沙:国防科技大学出版社,2003.

[71] Rogstad D H,et al. 深空网的天线组阵技术. 李海涛,译. 北京:清华大学出版社,2005.

[72] 施浒立,孙希延,李志刚,著. 转发式卫星导航原理. 北京:科学出版社,2009.